電子電路－控制與應用

葉振明　編譯

全華圖書股份有限公司　印行

序言

　　電子電路是結合電子元件與控制系統的電路裝置，由於產業發展日新月異，在電路的應用技術適用性上，各有巧妙不同。一般電子電路書籍，均偏重於理論的探討而忽略了實用性，有鑑於此，本書理論與實務並重，使讀者閱後，能對電子電路之結構、原理、控制方法及應用技術有所認知與瞭解。

　　本書內容可分為四部份，第一部份為第一章及第二章闡釋電子電路之涵義，控制系統種類及方法、繼電器與換能元件等。第二部份為第三章到第十章，介紹各種基本電子電路，有電源電路、開關電路、振盪電路、檢知電路、指示電路、轉換電路、計時電路及鎖相迴路等。第三部份為第十一章到第十七章，說明各種控制電路，有時間延遲控制電路、相移控制電路、馬達控制電路、同步系統控制電路、大電流控制電路、程序控制與比例積分微分控制等。第四部份為第十八章，列舉各種實務上應用電路，有調光控制電路、電子日光燈電路、汽車電子照明電路、廣告燈電路、光電控制電路、溫度控制電路、微波烹飪爐電路、點焊機電路、定時電路、調速電路、液位控制電路、遙控電路、金屬探測電路、感應控制電路、瓦斯煙霧警報電路、有線對講機電路、無線麥克風電路、AM/FM超外差式接收機電路、FM 145MHz收發機電路、PAM 電路、PSK 電路及 TDM 電路等等。

　　本書之能付梓，感謝陳本源先生及內人余饒卿女士之鼓勵與協助，然而，本書係於公畢課餘之暇，所編撰而成，雖經多次細心校閱，疏漏錯誤之處，仍恐難免，敬請學術界先進及讀者不吝賜教指正為祈，則不勝感銘。

葉振明　謹識

編 輯 部 序

　　「系統編輯」是我們的編輯方針，我們所提供給您的，絕不只是一本書，而是關於這門學問的所有知識，它們由淺入深，循序漸進。

　　在這日新月異的時代，電子電路是一不可或缺的技術，而電子電路是結合電子元件與控制系統的電路裝置。但市面上有關於電子電路的書籍，皆較偏重於理論的研究而忽略了實用性，而本書由基本的電路知識到各種控制電路皆有詳細的解說，從基本的結構、原理去學習控制的方法與應用技術，進而應用於生活上。本書適用於私立大學、科大電子、電機、資工系「電子電路」課程使用。

　　同時，為了使您能有系統且循序漸進研習相關方面的叢書，我們以流程圖方式，列出各有關圖書的閱讀順序，以減少您研習此門學問的摸索時間，並能對這門學問有完整的知識。若您在這方面有任何問題，歡迎來函連繫，我們將竭誠為您服務。

相關叢書介紹

書號：0206602
書名：工業電子學(第三版)
編著：歐文雄.歐家駿
20K/520 頁/380 元

書號：0247602
書名：電子電路實作技術
　　　(修訂三版)
編著：蔡朝洋
16K/352 頁/390 元

書號：0585103
書名：泛用伺服馬達應用技術
　　　(第四版)
編著：顏嘉男
20K/272 頁/340 元

書號：0295902
書名：感測器應用與線路分析
　　　(第三版)
編著：盧明智
20K/864 頁/620 元

書號：05280
書名：小型馬達技術
編譯：廖福奕
20K/224 頁/250 元

書號：06186036
書名：電子電路實作與應用(第四版)
　　　(附 PCB 板)
編譯：張榮洲.張宥凱
16K/296 頁/450 元

書號：05180037
書名：電力電子分析與模擬(第四版)
　　　(附軟體、範例光碟)
編著：鄭培璿
16K/488 頁/480 元

◎上列書價若有變動，請
　以最新定價為準。

流程圖

書號：0601572
書名：電子學(第三版)
　　　(精裝版)
編著：楊善國

書號：0206602
書名：工業電子學
　　　(第三版)
編著：歐文雄.歐家駿

書號：03126027
書名：電力電子學(第三版)
　　　(附範例光碟片)
編譯：江炫樟

書號：0630001/0630101
書名：電子學(第十版)
　　　(基礎理論)/(進階應用)
編譯：楊棧雲.洪國永
　　　張耀鴻

書號：0597002
書名：電子電路－控制與應用
　　　(第三版)
編著：葉振明

書號：0295902
書名：感測器應用與線路
　　　分析(第三版)
編著：盧明智

書號：04157036
書名：電子電路(附習作簿)
編著：高瑞賢

書號：0247602
書名：電子電路實作技術
　　　(修訂三版)
編著：蔡朝洋

書號：0502602
書名：電子實習與專題製作
　　　－感測器應用篇
　　　(第三版)
編著：盧明智.許陳鑑

目 錄

CONTENTS

第 5 章　振盪電路...5-1

Chapter

1

概　論

➡ **本章學習目標**

⑴瞭解電子電路之涵義。

⑵熟悉控制系統之分類與原理。

⑶瞭解何謂數位控制與微電腦控制。

⑷瞭解控制電路之結構與分類。

⑸認識換能元件－轉換器與感測器之原理。

　　隨著時代的進步，電子科技日新月異，電子設備及各種控制系統性能亦不斷地突飛猛進，這主要歸功於檢知裝置、轉換器(Transducer)及感測器(Sensor)等換能元件，配合半導體、積體電路(Integrated Circuit)等電子電路所提供之優越功能。因而，對於各種應用之電子電路與控制元件或裝置，從認識到加以使用，是工程技術從業人員投入產業自動化及提升生產效率所必須瞭解的課題。

1-1　電子電路之涵義

　　電子電路為電子學的一部分，主要為研究各種電子元件與裝置在電路上之應用，其範圍包括從認識電子元件之基本結構、規格與特性，進而組合電子電路，並探討其工作原理，而加以有效地使用。電子元件與裝置，如電阻、電容、電感及二極體、電晶體、閘流體等半導體元件，或是將溫度、濕度、壓力、準位及流量等物理現象的量轉換成電信號之轉換器等換能元件。而電子電路是控制系統之界面電路或邏輯控制電路，它是將換能元件所檢知拾取的信號，加以放大推動、整形及濾波、隔離和抵補等處理技巧，以提供適當準位且線性之信號供系統使用，或是將信號數位化，由微處理機或微電腦電路加以處理，以達到程式化控制之目的。由於微電腦數位控制之發展，數位系統元件與裝置，如邏輯閘、正反器、計數器、顯示器等，也是電子電路所必須熟悉的。

　　因此，電子電路是應用在產業技術上的電子工程學，它不僅討論各種電子元件與裝置之構造、特性及應用，而且是敘述控制方法及產業上實際控制系統電路的一門科學。

1-2 電子電路系統之控制

在日常生活中，我們實際進行了各種不同的控制，如讀書需要適當的照明、打開電源開關點燈及就寢或外出時關燈等，這種操作就是控制。電子電路之控制是為了達到某種特定的目的，而給予機器設備必要的動作。隨著科技的進步，為了能有效地使用能源及裝置，電子電路控制程序和系統有了較大的變化及快速的發展，故電子電路控制是要使操作人員能輕鬆巧妙地使用機器設備，有效地加速生產工作，以達到提升生產效率之目的。

1-2-1 控制系統的分類

一般而言，若以人手來操作機器而達到控制目的者為手動控制；若不用人手，由機器本身的控制裝置能依人的指示，自動地進行啟動、調節或停止動作者為自動控制。依控制系統來分類有：(1)前饋控制(Feed-Forward Control)，(2)順序控制(Sequence Control)，(3)回饋控制(Feed-Back Control)等三種。

1. 前饋控制：為已知外來的干擾雜訊，在它未出現影響控制系統以前，就預先作必要的修正動作，它並不依據控制結果作修正的動作，故是一種開迴路控制(Open-Loop Control)。

2. 順序控制：是預先設定好順序或條件，逐次進行各階段的動作，以達到某種特定目的的一種控制，如圖 1-1 所示，為順序控制系統方塊圖。此系統控制結果並不與設定的目標值相比較，以作自我修正的動作，其迴路是開路狀態，故為開迴路控制系統。順序控制除了可用機械結來達成順序控制之目的外，有以繼電器為主之繼電器順序控制，又稱有接點順序控制；若用二極體、電晶體及積體電路等構成之順序控制，稱無接點順序控制。

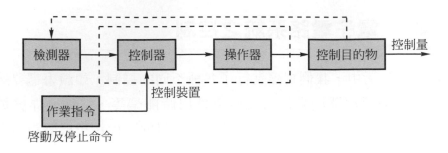

圖 1-1　順序控制系統方塊圖

3.　回饋控制：此種系統是將輸出回饋至輸入，由輸入與輸出感測取樣作比較產生誤差，去作自我修正其控制對象者，圖 1-2 所示為回饋控制系統方塊圖。控制目的物所產生之控制量回饋至設定點，與設定目標相比較，其誤差經由控制器及操作器組成之控制裝置大或整形，產生操作量去修正控制目的物，使其控制量與目標值一致。而檢測器是將控制量轉換成與目標值同一型態之回授量，以便可與目標值相比較。由於此系統迴路是封閉的，故又稱閉迴路控制(Closed-Loop Control)，普遍用於產業上之程序控制。

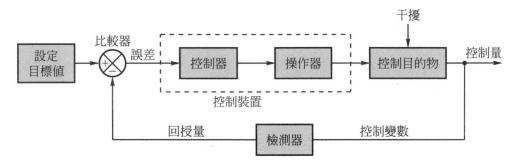

圖 1-2　回饋控制系統方塊圖

1-2-2　依控制目的物分類之控制系統

　　控制目的物就是操作者的控制對象，而不同之控制對象就有不一樣的控制系統。

1. 程序控制(Process Control)：控制目的物為溫度、流量、壓力及準位等，其控制方法類似於石油或化學工廠所進行的工業程序之回饋控制系統，控制方式有比率控制及串級控制兩種。

2. 伺服控制(Servo Control)：以物體之角度、位置及方向作為控制量，在目標值變化時，其控制量能正確地追隨目標值變化。它是一種回饋控制系統，依使用之動力有電機式、油壓式及氣壓式三種。

3. 自我校正控制(Self Adjustment Control)：為對電流、電壓、速度及頻率等電氣性或機械性數量作控制量的回饋控制，它類似於程序控制，但程序控制要求的響應速度並不快，而自我校正控制要求響應速度要限快，且其電路結構及補償方式均有不同。

1-2-3　依目標值型態分類之控制系統

　　目標值有預先設定的固定型態者，也有任意變化者，或是數值型態者，可分為不同的控制系統。

1. 定值控制(Fixed Value Control)：目標值為固定的控制系統，即使有外來干擾促使控制量偏離目標值，也不會使控制量偏離目標值。

2. 追縱控制(Follow-up Control)：目標值任意變化之一種控制，即控制量追縱目標值或控制命令之控制系統。

3. 程式控制(Program Control)：目標值隨預先設定好之程式變化，控制量亦隨程式而變化。

4. 數值控制(Numbericla Control)：簡稱NC，是以數值形態作機械控制者，如車床、銑床等，並以卡片、紙帶或磁帶之電碼(Code)作指令控制。

1-2-4　依控制器控制動作分類之控制系統

控制器即是控制系統中之調節器，它是將由檢測器接收到的信號或是作業指令的信號，判斷應以怎樣的操作加到控制對象，然後才對操作器發出指令，以作適當的控制。因此，依據其動作可分為：

1. 兩位置控制(Two Position Control)：是藉著控制器元件全開(Full Open)或全閉(Full Close)作用而達到控制之目的，故可稱為ON-OFF控制或開關控制。

2. 比例控制(Proportional control)：具有連續的操作範圍，其修正操作是與系統回授比較所得的誤差成正比。

3. 積分控制(Integral Control)：此控制可將比例控制之存在穩態誤差消除，以得到完全的零誤差和正確的補償。

4. 比例＋積分控制(PI Control)：比例控與積分控制結合而成，其應用於控制量與設定目標值變動大的系統上，可得很好的控制效果。

5. 微分控制(Derivative Control)：此控制為先測出系統的變化率或誤差的導函數，再加進一常數以作控制器的修正，以達準確的控制。

6. 比例＋微分控制(PD Control)：應用於伺服控制系統上，是一種快速的程序控制。

7. 比例＋微分＋積分控制(PID Control)：又稱為三模式控制(Three-mode Contrl)，此種控制適合於任何程序的變化，能夠消除比例控制之抵補誤差，並且壓制程序振盪現象。

1-2-5 數位控制與微電腦控制

數位控制(Digital Control)是硬體(Hard Ware)控制，又稱配線邏輯 (Wired Logic)控制，它是由電子元件與基本數位邏輯閘連接而成，電路 控制功能被固定，若要變更控制功能就要修改電路。

微電腦控制(Microcomputer Control)是軟體(Soft Ware)控制，又稱 程式邏輯(Programmed Logic)控制，如圖 1-3 所示，其控制原理是將編 寫好的程式預先儲存在記憶體，再逐次式可改變電路之控制功能，而不 必修改電路。

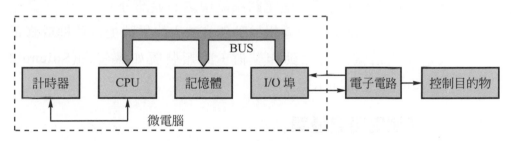

圖 1-3　微電腦控制系統

1-2-6 控制電路之構成

工業電子控制電路是為了執行某種控制行為所組成的電路，它可分 為輸入、邏輯推動及輸出三部分，方塊圖如圖 1-4 所示。

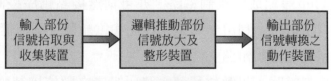

圖 1-4　電子電路控制系統

1. 輸入部分：此為信號拾取(Pick-up)與轉換部分，它是包括將溫度、光的強度及物體位移等物理量轉換成電壓、電流或電阻等電氣量，或是將操作者因使用裝置所產生之各種不同輸入之物理量，如按鈕開關、近接開關等加以拾取收集處理的供應信號部分。

2. 邏輯推動部分：為信號處理部分，它是據輸入部分信號之接收與輸出部分之需要加以處理的電路，電路由電晶體、積體電路、數位邏輯電路或繼電器構成。因輸入部分所拾取之信號相當微弱，必須給予放大，並加以分析、整形濾波、補償或線性化，然後再予以電力放大，才能去推動控制輸出負載裝置，它決定了整個電路系統之特性與功能，是電路系統中之心臟部分。

3. 輸出部分：此部分是將邏輯推動部分放大的信號加以轉換或修正成為可用信號形式之動作裝置，此類裝置如螺管閥(Solenoid Valve)、馬達或顯示器等。

1-2-7 控制電路之種類

控制電路由於組成之電子元件與半導體電路之不同，可分為下列五種電路：

1. 繼電器控制電路：利用開關(Switch)、繼電器所組成之順序控制電路，亦可稱有接點順序控制電路。

2. 邏輯控制電路：由基本邏輯閘，如AND、OR、NOT、NAND、Flip-Flop等組成之控制電路，亦可稱無接點順序控制電路。

3. 電子控制電路：利用半導體元件，如電晶體、閘流體、運算放大器所組成之控制電路。

4. 數位控制電路：以數位積體電路所組成之數位控制電路。

5. 微電腦控制電路：使用軟體程式配合微電腦硬體之控制電路。

1-3　換能元件

　　電子電路控制之優劣，取決於對控制變數是否有精確或快速的反應能力。而測量控制變數之方法，是將這些控制變數轉換成某種類型之電氣信號，再用電子電路來探測這些信號，以達到測量的目的。因此，所有的工業控制，對於能正確且有效地測量出控制變數值是必要的。最普遍的控制變數如溫度、濕度、流量、壓力、速度及準位等物理量，當這些物理量被測量出後，需導出正比於此類物理量電氣信號的輸出，此種裝置應使用換能元件－－轉換器(Transducer)或感測器(Sensor)來測量。

　　轉換器是將某種形式的物理量轉換成另一種能量形式的裝置，如將熱能轉換成電能，或是將光能轉換成電能，故轉換器是以變換能量為目的。它轉換的信號量(Quantity)大小取決於原來能量或是激源(Measurand)的多寡，因此轉換器應具變換準確、反應快速、低雜訊及有最大信號輸出特性，以供控制系統作可靠穩定的操作，表1-1所列為工業上常用的轉換器。

　　感測器是用來檢測、量度或記錄被測物所含訊的內容，它是代替人類之視覺、聽覺、嗅覺、味覺及觸覺等五種感覺的裝置，而且可感測如紅外線、超音波等人類無法感知的現象。在實用上，許多感測器附有轉換器的功能，可將某種物理量檢測轉為電氣信號輸出，圖1-5所示為轉換器與感測器之關係圖。

表 1-1　工業上常用之各種轉換器

轉換器名稱	轉換的物理量	基本工作原理
光電管 光敏電阻 光電晶體 光電池 光耦合器 發光二極體(LED)	（電流） 光→電　（電阻） （電流） （電壓） 電→光→電(電流) 電→光	光電效應
熱電耦 熱敏電阻 熱膨脹開關	（電壓） （電阻） 熱→電　（電流）	Seebeck 效應 熱使載子增加 熱脹冷縮
電阻應變片 壓電晶體 微音器(麥克風) 喇叭	應力→電　（電阻） 應力→電　（電壓） 聲壓→電　（電流） 電→聲	應力電阻效應 壓電效應 壓力使電阻變化 電磁效應
差動變壓器 電容變換器 磁敏電阻	機械→電　（電壓） 位移 　　→電　（電壓） 液位 厚度→電　（電阻）	磁感應 利用平衡電橋作二次轉換 磁感應
濕敏電阻	濕度→電　（電阻）	表面吸收現象
測速發電機 光電轉速計 磁電轉速計	轉速(數)→電　（電壓）	轉速與發電機電壓成正比 利用光電為媒介作二次轉換 利用運轉磁體作二次轉換
PH 儀轉換器	PH 值(化學)→電	電化學效應
電位器轉換器	旋轉角度→電(電壓)	電位器之分壓原理
差動變壓器 電容變壓器	流速　　（電壓） 　　→電 流量　　（電壓）	利用流力之差壓原理 利用流力差壓再作二次轉換
粒子計數管	放射線→電(電流)	放射線引起電離現象

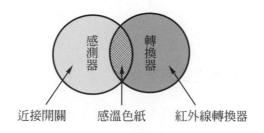

圖 1-5　轉換器與感測器之關係

1-3-1　轉換器之種類

轉換器之功能是用來探測或轉換一個激源變成一個電量(Eletrical Quantity)，激源為所量度的材料或能量，即激源可能是材料的數量，而不一定是能量。轉換器可分為主動式(Active)、被動式(Passive)及特殊式三種。

1. 主動式轉換器

　　係某些能量或力的變化而產生一個電的信號，信號的產生可由六種方法來達成，這些方法為靜電法(Electrostatic)、化學法(Chemical)、機電法(Electromechanical)、光電法(Photoelectrical)、壓電法(Piezoelectrical)及熱電法(Thermoelectrical)。前二種方法並不常用來作轉換器元件，後四種工業應用上較為普遍，原理分述於下：

(1) 機電元件(Electromechanical Element)

　　導體在磁場中移動，或是導體上磁場強度產生變化，或是兩者同時移動，導體均能產生電壓，是為著名的法拉第感應定律，由(1-1)式得知導體內產生之感應電壓V，會隨著穿越磁場導體之數目N或運動率增加而增加。

$$V \propto N\frac{d\phi}{dt} \qquad\qquad (1\text{-}1)$$

$\dfrac{d\phi}{dt}$：流經導體之磁通變化率

當負載電阻加於導體上時，感應電流會流經導體和負載電阻，其電流方向與磁場中運動方向相反。若不加負載電阻，導體可以很容易地穿越磁場，加上負載電阻，則導體不易移動，其原因是流過導體之電流會產生一個磁場，其方向與原來產生感應電壓之運動方向相反，所以楞次定律(Lenz's Law)修正了法拉第定律，如(1-2)式

$$V = -N\frac{d\phi}{dt} \qquad\qquad (1\text{-}2)$$

(1-2)式比(1-1)式多了個負號，表示增加負載電阻所產生之感應電壓與原感應電壓方向相反。

(2) 光電元件(Photoelectrical Element)

　　光照射於導電材料所產生的效應稱光電效應，通常有三種光電效應。第一種是光電放射(Photoemission)如圖 1-6(a)所示，在光電管的陰極上塗有對光極為敏感的材料，受光照射時，可放射與光強度成正比的電子。第二種是光電傳導(Photo-Conduction)如圖 1-6(b)所示，藉著光電傳導，光照射在光敏材料上會引起材料改變傳導特性。第三種是光伏打作用(Photo-Voltaic Actions)，如圖 1-6(c)所示，當光撞擊光電敏感材料時，會產生一個電壓。

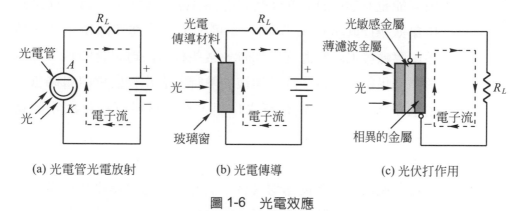

(a) 光電管光電放射　　　　　(b) 光電傳導　　　　　(c) 光伏打作用

圖 1-6　光電效應

(3)　壓電元件(Piezoelectrical Element)

　　　合成或自然晶體，如石英等均具有特殊之物理特性，即是
當晶體受擠壓時，導致形狀改變成歪曲，於是在表面產生一個
電壓。反之，壓電材料也有電伸縮現象(Electrostriction)，即
加電後材料會變形。例如陶瓷晶體所作的唱針，當它在唱片溝
紋中轉動，由壓力變化轉換成電訊號輸出。

(4)　熱電元件(Thermoelectrical Element)

　　　熱電元件可感測溫度，它利用三種熱電效應之原理製成。
第一種為西貝克效應(Seeback Effect)，湯姆士‧西貝克為德
國科學家，他將兩條不同材料之金屬線，如銅和鐵，熔接成一
條封閉迴路，然後在其中一端的接合面加熱，即發現電流會從
一條金屬線流至另一條金屬線，這就是熱電偶(Thermocouple)
的基本原理。第二種為柏爾提效應(Peltier Effect)，金恩‧柏
爾提為法國物理學家，他在二條不同材料金屬線上加上電流，
當電子由銅線流經鐵線時，金屬接合面的溫度會升高；而當電
子由鐵線流至銅線時，接合面的溫度則會降低，其原理是電子

由高能量狀態(鐵)至低能量狀態(銅)會釋放能量。第三種是法拉第效應(Faraday Effect)，麥可‧法拉第為英國科學家，他經由實驗發現，當溫度增加時，某些材料的電阻會降低，即具負溫度係數，如鈷、鎂及鎳被加熱時，氧化物的電阻會降低。由上所述，由於熱電效應之作用，熱電材料可提供固定的電壓-溫度關係。

2. 被動式轉換器

　　每一個被動式轉換器均具有一個元件，它是暴露於能量下而改變其溫度，大多數因力、壓力或機械位移而產生輸出訊號者，茲分述於下：

⑴　電容性元件(Capacitive Element)

　　電容性元件如圖1-7所示，係利用兩個金屬板間放置一絕緣體材料所構成之電容器，當激源來的施力移動一個或兩個金屬板，則可促使電容器的電容量改變。如(1-3)式，電容量與介質常數(Dielectric Constant)K及金屬板面積A成正比，與金屬板間距離D成反比。

$$G = K\frac{A}{D} \qquad\qquad (1\text{-}3)$$

K：空氣為1，雲母為3，陶瓷為100

⑵　感應性元件(Inductive Element)

　　感應元件係利用由激源來的施力推動一個膜片或鐵心，使它移動或轉動地靠近一個感應線圈，如圖1-8所示，當位移或轉動會使得磁通路徑上的空氣隙(Air Gap)改變，使得線圈的磁通量隨之改變。圖1-8(a)為一組線圈，當它置於穩定交流磁場中，線圈感應電壓可表示膜片位移的情況。圖1-8(b)所示為

兩組線圈，若其中一組施加交流訊號，另一組線圈的輸出可用
來表示膜片位移的狀況。

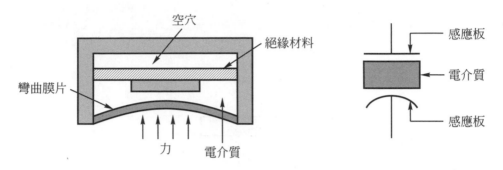

圖 1-7 電容性轉換元件

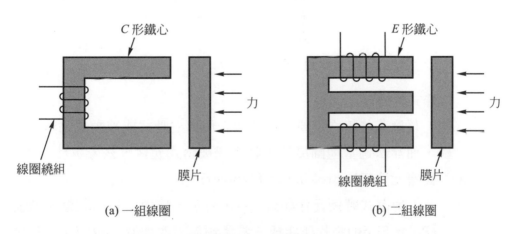

(a) 一組線圈　　　　　　　　　　(b) 二組線圈

圖 1-8 感應性轉換元件

(3) 電位計元件(Potentiometric Element)

電位計轉換元件係一種機電裝置，其為具有可動帚臂(Wiper)
或滑臂(Slider)的電阻性元件，利用激源所引發的作用力來驅
動電位計帚臂或滑臂，而使輸出電阻值改變，如圖 1-9 所示，
輸出端電阻值與帚臂之關係可為線性、三角函數、對數或指數

關係。若再將電阻之變化轉換成電壓的變化，如(1-4)式所示，
則電壓的大小與激源的施力大小有關。

$$E_{\text{out}} = E_{\text{in}} \frac{R_2}{R_1 + R_2} \tag{1-4}$$

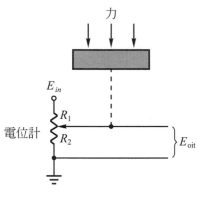

圖 1-9　電位計元件

3. 特殊式轉換器

　　係應某些特殊需要而具體地表現出主動式或被動式之轉換元
件，而無法適當地歸屬於主動式或被動式元件，茲分述於下：

⑴ 動電元件(Electrokinetic Element)

　　動電式轉換元件如圖 1-10 所示，係由一對內裝極性流體
(Polar Fluid)膜片所組成。當激源施力改變時，會使第一片膜
片彎曲，使小量的極性流體流過插入極性流體中的多孔圓盤，
第二片膜片亦產生彎曲，流體之流動使多孔栓板間產生一電位
差。反之，若加電位差於多孔栓板上，則會依序引起極性流體
流動，而導致膜片彎曲。

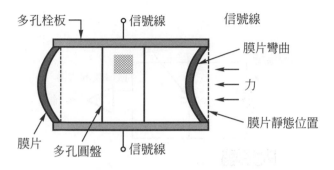

圖 1-10 動電式轉換元件

(2) 力平衡元件(Force Balance Element)

　　力平衡轉換元件如圖 1-11 所示，實際感測元件為電容器，為一良好的感應元件。激源所加施力於力總合電容器上，由於電容器之物理特性改變而使電容量改變，然後將可變信號輸入放大器放大，再推動伺服機構。回授信號將使力平衡元件回復至力激勵前之初始狀態，它可以用機械方式或電方式來回授。

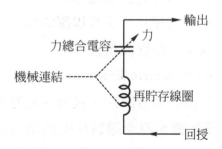

圖 1-11 力平衡轉換元件

(3) 振盪器元件(Oscillator Element)

　　振盪器元件是由固定電容器和可變電感線圈組成一個共振電路，如圖 1-12 所示，當激源所施力(水或氣壓之類)改變時，引起電感器之電感值發生變化，導致頻率改變，使電路產生共振。

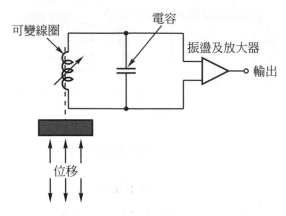

圖 1-12　振盪器轉換元件

(4)　差動變壓器元件(Differential Transformer Element)

差動變壓器轉換元件係由初級線圈、一對或多對繞組及一條鐵心所構成，如圖 1-13 所示。鐵心係由激源施力所移動，當激源改變時，鐵心在初級線圈之間移動。使初、次級線圈之間的感應電壓發生變化，次級線圈的輸出接至一個解調器(Demodulator)或是一個變流電橋。

(5)　光電元件(Photoelectric Element)

光電元件由力總合膜片、視窗、光源及探測器所組成，如圖 1-14 所示。當光源穿過膜片所調制的視窗時，由於光線的強弱會使視窗開啓或閉合，而光二極體從視窗接收到光照射後，會產生與光相對應的電流，再輸入到放大器作信號處理，輸出信號與激源施力的大小有關。

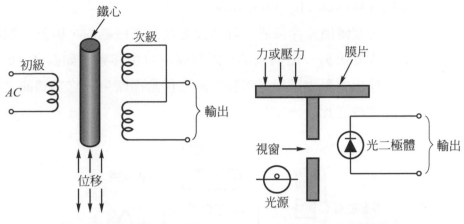

圖 1-13　差動變壓器轉換元件　　　　圖 1-14　光電轉換元件

(6)　振動元件(Vibrating-Wire Element)

　　　振動線轉換元件係利用一條細的鎢線，兩端拉緊穿過一強的磁場，使鎢線受磁力線影響為最大，如圖 1-15 所示。當激源引起施力變化時，線即以某一頻率振動，其頻率根據線長及所施之張力而定。當線在磁場中振動時，可輸出一個電訊號，送至放大器加以處理。回授信號可回授到振動線，以保持振盪頻率於期望值。

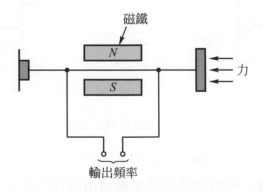

圖 1-15　振動線轉換元件

(7)　速度元件(Velocity Element)

　　速度轉換元件係置一可動線圈在一個磁場內，線圈一端附著於支點，另一端則在某一限制區內自由移動，如圖 1-16 所示。輸出電壓由磁場內可動線圈之移動而產生，它與線圈之移動速度成正比。

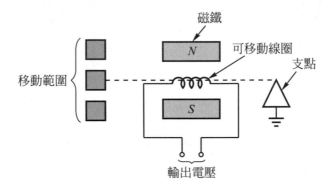

圖 1-16　速度轉換元件

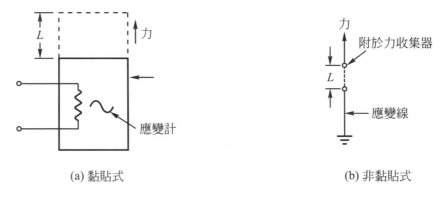

(a) 黏貼式　　　　　　　　　　　　　　(b) 非黏貼式

圖 1-17　應變計轉換元件

(8)　應變計元件(Strain-Gage Element)

　　應變計轉換元件是用來檢測由力作用所引起的移動量或長度，應變計所產生的電阻變化量正比於長度變化量。而應變計安裝於電橋電路中，作為電橋之一部分，以便將應變計受力變化轉換成電訊號輸出。應變計有黏貼式及非黏貼式二種，如圖 1-17 所示。

1-3-2　感測器之種類

感測器是用來感測或轉換一個激源(Measurand)變成一個電的信號，這個激源不一定是一種能量，有時是材料的數量。而依激源的性質來分類，最常用的感測器之種類茲分述於下：

1. 光感測器

   光感測器係利用光電轉換原理製成，為目前電子工業中取得資訊的重要方法之一，如電腦設備中之讀卡機(Card Reader)、讀帶機(Tape Reader)或照相機之測光計，亦可應用於自動門、自動驗票機及光電開關等設備。

2. 溫度感測器

   溫度感測器係利用熱電效應原理製成，可用來感測溫度或熱量之變化，依使用方法分為接觸性及非接觸性兩種。前者在使用時，是將感測器直接與待測之固體、液體或氣體接觸，而感測到溫度；後者則是將感測器遠離被測物，而由被測物輻射出來的紅外線來檢測其溫度。

3. 壓力感測器

   壓力感測器係利用半導體、壓電材料或強磁性材料所構成，用途包括作氣象中氣壓之測定、醫療設備之血壓測量、油壓控制系統之油壓測定等。

4. 濕度感測器

   由於近年來隨著空調設備的普及，為使生活環境舒適，人們對於濕度調節的要求亦漸提升。尤其是在製造半導體的工廠與醫院的手術房，溫度與濕度的控制更是極為重要的課題。

5. 氣體感測器

　　氣體感測器係用來感測某種特殊氣體用，主要應用於礦坑及化學工廠，作為檢測可燃性及有毒氣體或作各種氣體分析、量測之用，近年來亦應用於一般家庭作瓦斯漏氣感測用。

6. 磁性感測器

　　某種特殊物質於磁場中，其電子特性會發生變化，而可將磁場的有無或強度的大小轉換為電訊號的輸出。因此，磁性檢測器不僅可檢測磁性，亦可應用於近接開關、回轉感測、電流感測及功率感測等。

習　題

1. 試說明電子電路之涵義。

2. 何謂手動控與自動控制？

3. 列舉說明控系統之分類。

4. 試述依控制目的物分類有那幾種控制系統。

5. 請列舉依目標型態分類之控制系統。

6. 請依控制器控制動作分類，其控制系統有幾種？請說明之。

7. 何謂數位控制與微電腦控制？

8. 請繪圖說明電子電路控制系統之構成。

9. 試列舉出控制電路之種類。

10. 試說明轉換器與感測器之原理。

11. 何謂主動式與被動式轉換器？

12. 主動式轉換器用那幾種方法製成？請說明之。

13. 試述被動式轉換器之種類。

14. 特殊轉換器有那幾種？請列舉出來。

15. 請列舉說明最常用之感測器。

Chapter 2

繼電器與換能開關

➡ **本章學習目標**

(1)認識繼電器之種類、結構與應用。

(2)熟悉繼電器之特微與規格。

(3)瞭解電磁開關之結構及動作原理。

(4)明瞭熱斷路開關之結構與動作原理。

(5)認識近接開關、微動開關及光電開關的構造與原理。

　　電子電路隨著科技的發展，雖然已趨向高技術性及複雜性之微電腦程序控制，但在一般應用上，感測器將溫度、濕度、壓力、流量或光輻射等物理量轉換成電的量之輸出，並不足以推動如螺管線圈、馬達及燈泡等負載，必須使用放大器放大電的信號，以增加其功率去推動負載。若在放大器端用繼電器去控制流經繼電器接點之負載電流，就比較經濟實用。繼電器的構造雖然簡單，只要能適當地使用，即可作各種功能應用。在一些電子電路實際控制上，使用由半導體元件所構成之繼電器，或由電子與機械部分組成對時間、電壓或光度等感測之換能開關亦相當普遍。

2-1 繼電器

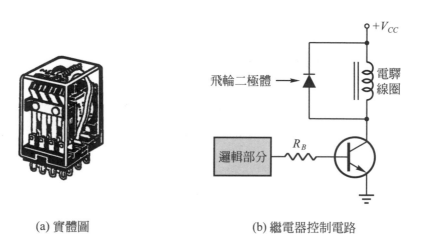

(a) 實體圖　　　　　　　　　(b) 繼電器控制電路

圖 2-1　電磁繼電器

　　繼電器(Relay)又稱電磁繼電器或電驛，如圖 2-1(a)所示，是工業電子中應用最廣之控制裝置。在很多的應用中，有各式各樣的結構與型式，它可用於高功率負載電路的控制、遙遠設備(Remote Equipment)的低壓控制及控制電路與負載電路隔離等用途。由於繼電器是電感性元件，在使用時，當線圈之電流減小時會產生反電動勢，故必須使用飛輪二極體以消除其反電動勢，如圖 2-1(b)所示。控制用繼電器大致可區分為有接點繼電器、無接點繼電器及特殊繼電器等三種。

2-1-1 有接點繼電器

有接點繼電器，在基本上是由一開關接點及一電磁鐵所組成之電氣裝置，它是利用機械接點之開與關，以控制信號電流之 ON 與 OFF。由於構造的不同，有唧筒型繼電器(Plunger Type Relay)、鉸鏈型繼電器(Hinge Type Relay)及簧片型繼電器(Reed Type Relay)等三種。

唧筒型繼電器：如圖 2-2 所示，其電磁部有對上下相對的 E 形鐵心，當電壓加於線圈時，由於電磁效應，上面之 E 形可動鐵心受磁吸引力向下方下降，此時與上方鐵心銜接之可動接點亦向下移動，而完成接點切換動作。由於為雙層啓斷方式，啓斷容量大，故可用於控制系統之終端輸出。

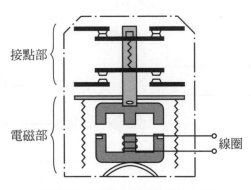

圖 2-2 唧筒型繼電器構造圖

　　鉸鏈型繼電器：如圖 2-3 所示，為最常用的一種繼電器，因其支臂是用鉸鏈裝置，故使其受線圈磁化吸引時可以移動。因可動接點安裝於支臂上，是故當線圈流過電流磁化鐵心時，會吸引可動支臂、斷開常閉(Normal Close N.C.)接點，而接通常開(Normal Open N.O.)接點。若線圈電流斷開時，電磁鐵去磁，由彈簧之回復力會使可動接點由接通的N.O.回到N.C.接點上，因此，它可以用小電力控制大電力，亦即有放大的作用，如圖 2-4 所示。

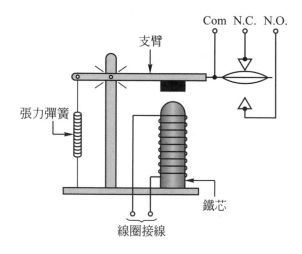

(a) 結構圖

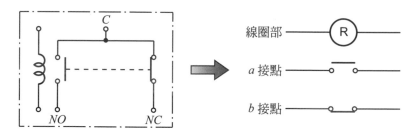

(b) 電路符號圖

圖 2-3　鉸鏈型繼電器

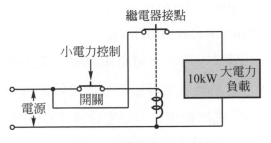

圖 2-4　繼電器之放大作用

　　簧片型繼電器：如圖 2-5 所示，其構造是將鎳鐵合金製成之兩個可磁化簧片，相對保持適當的間距，並與惰性氣體一同封入玻璃管內，再於管外配置線圈。當線圈通以電流產生磁場時，則可閉合兩簧片；若線圈電流斷開去磁時，簧片打開，即完成ON-OFF動作。磁簧型繼電器比鉸鏈型繼電器具有速度較快之優點，常用爲界面電路，作電壓準位之變換或隔離。

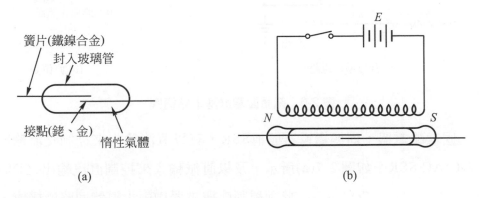

圖 2-5　簧片型繼電器基本結構

2-1-2　無接點繼電路

　　無接點繼電器並不像有接點繼電器，如電磁繼電器，具機械接點構造，而是以二極體、電晶體甚至積體電路等半導體電子電路所組成。開關之開與閉可依電子電路之動作而分類，有邏輯繼電器(Logic Relay)及固態繼電器(Solid State Relay SSR)兩種。

邏輯繼電器：如圖2-6所示，電路由電阻、電晶體所構成，當輸入端加入額定電壓時，電晶體產生導通狀態，使輸出為零。當無輸入額定電壓時，輸出端有額定電壓輸出，有如繼電器之OFF狀態(無電壓輸出，0狀態)及ON狀態(有電壓輸出，1狀態)。

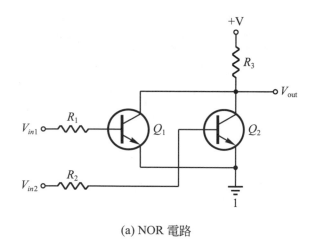

輸入		輸出
V_{in1}	V_{in1}	V_{out}
0	0	1
1	0	0
0	1	0
1	1	0

1：有額定電壓
0：無額定電壓

(a) NOR 電路　　　　　　　　　　(b) 真值表

圖 2-6　邏輯繼電器基本結構圖

固態繼電器：固態繼電器簡稱SSR，有以直流輸入來控制交流輸出之DC/AC SSR，如圖 2-7(a)所示，及以直派輸入來控制直流輸出之DC/DC SSR，如圖 2-7(b)所示。此兩種固態繼電器均由半導體回路所構成，動作開始或停止均發生於交流電壓的「零」附近，可避免突發性之電流造成電磁干擾。SSR之動作原理為在輸入端加入直流電壓，使光耦合器之輸入側有電流流過發光二極體使其發光，傳達到光耦合器輸出側之光電晶體而成導通狀態，再經驅動電路使輸出電晶體或閘流體動作，完成導通狀態。因其動作快速、消耗電力小，故可用來推動電磁線圈、馬達、電熱器及燈泡等負載。

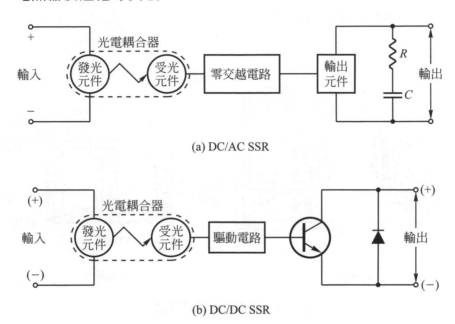

(a) DC/AC SSR

(b) DC/DC SSR

圖 2-7　固態繼電器的基本結構圖

2-1-3　特殊繼電器

　　工業電子控制系統有時為了特殊動作之應用，以電磁繼電器與電子電路裝配而成特殊繼電器，一般常用者有保持繼電器(Keep Relay)、定時繼電器(Timing Relay)及閃動繼電器(Flicker Relay)等三種。

　　保持繼電器：又稱閂鎖繼電器(Latching Relay)，當它受磁動作後，會形成保持狀態，直到以手動或電氣方式才能使其恢復原狀，可應用於記憶電路上，並可分機械式與電磁式兩種。如圖 2-8(a)所示為機械式，當動作用線圈通以電流時，可將銜鐵之末端的鉤裝置保持作用狀態，而在重置(Reset)時，可作用復原用線圈，以釋放鉤裝置。電磁式如圖 2-8

(b)所示，當電流流過線圈激磁後，銜鐵被吸向動作線圈，後由於永久磁鐵吸力之關係，持續保持動作狀態，重置時，復原側線圈加以電流使其作用，則銜鐵在復原側反轉吸持。

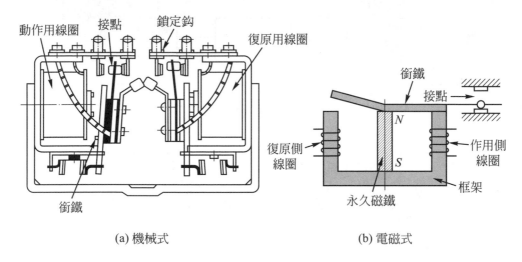

(a) 機械式　　　　　　　　　　　　　　　(b) 電磁式

圖 2-8　保持繼電器結構圖

　　定時繼電器：在工業電子自動控制回路上，以正確的時間控制回路之順序動作，定時繼電器擔任了重要的角色。由於動作方式的不同，可分為通電延遲繼電器(ON Delay Relay)及斷電延遲繼電器(Off Delay Relay)兩種。通電延遲繼電器是當線圈通以電流激磁後，其接點延遲至所設定的時間才動作，線圈電流斷開時，接點立即回復到原來未導電前之狀態。而斷電延遲繼電器是當線圈通以電流激磁後，接點立即動作，當線圈電流斷開後，接點延遲至所設定的時間才回復到原來未導電前之狀態。依其動作原理之不同，有馬達驅動、RC 充電、IC 計數及流體制動等方式。圖 2-9 所示為馬達式定時繼電器結構圖。

　　閃動繼電器：閃動繼電器為一種ON-OFF反覆動作之繼電器，即線圈通以電流激磁後，接點反覆使線圈斷流去磁，然後再予以接通激磁，完成 ON-OFF 連續不停地動作，圖 2-10 所示為閃爍繼電器電路應用實例圖，其用途有使用於旋轉控制器、廣告燈裝置、溫度控制及警報裝置。

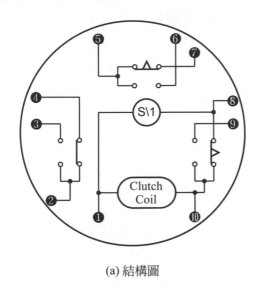 

(a) 結構圖　　　　　　　　　　　　　　　(b) 實體圖

圖 2-9　馬達式定時繼電器

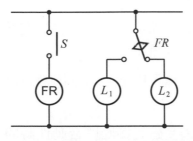

$L_1 L_2$：廣告燈
FR：閃動繼電器

圖 2-10　閃動繼電器應用實例

2-2　繼電器之特徵

　　若以繼電器作工業電子控制應用時，應瞭解其特徵，並且必須注意各種不同之繼電器具有不同之特性與規格，方能達到最經濟及最有效之使用。

1. 繼電器之特徵
   (1) 金屬接點，內部電阻小，ON-OFF阻抗比無限大。
   (2) 輸出、入電路完全隔離。
   (3) 不易受周圍溫度、濕度或電源電壓變化所影響。
   (4) 過載容量大且能簡單地控制比較大的容量。
   (5) 加入適當的延時元件可作延遲時間用。
   (6) 可容易取得輸入電路之和與差的信號。
   (7) 使用壽命長且價格低廉。

2. 繼電器之特性與規格
   (1) 額定電壓：為繼電器之輸入電壓，由於使用電源之不同，有交流與直流兩種繼電器，頻率有50Hz及60Hz兩類，使用電壓有6、12、24、48、50、100、200等多種規格。
   (2) 消耗電力：即吸持線圈(Holding Coil)輸入電壓後吸持可動接點，保持閉合狀態所消耗電力。
   (3) 接點極數：繼電器所有接點之容量，由於繼電器之大小形式及用途不同，接點數亦有不同。
   (4) 啟斷容量：繼電器在某種電壓下，功率因數$\cos\theta = 1$時，所能啟斷之負載容量。
   (5) 動作速度：指繼電器因受磁使接點閉合動作時間，與去磁使接點回復之釋放時間。
   (6) 使用壽命：繼電器於特性範圍內所能負荷接點之開閉(ON-OFF)次數。
   (7) 物理性質：包括大小尺寸、端子形狀、重量、裝配方法及保護蓋等。

(8) 其他規格：包括周圍溫度、工作溫度範圍及最大振動力、衝擊
    等限制。

2-3 電磁開關

　　產業上所應用之電子電路有時具有相當大的電力，繼電器作開關控
制時，容量將產生不足的問題，因此，必須使用大接點或耐壓高之繼電
器，這種繼電器稱為電磁接觸器(Electromagnetic Contactor)。若將能
對熱檢知的繼電器，即熱電繼電器(Thermal Relay)裝在同一盒子內作為
電路的開關器，就稱為電磁開關(Electromagnetic Switch)，如圖 2-11
所示。

(a) 實體圖

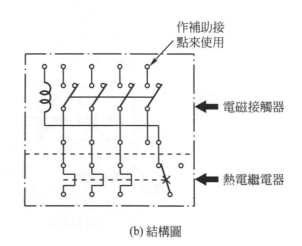

作補助接
點來使用

◀── 電磁接觸器

◀── 熱電繼電器

(b) 結構圖

圖 2-11　電磁開關

2-3-1　電磁接觸器

(a) 實體圖

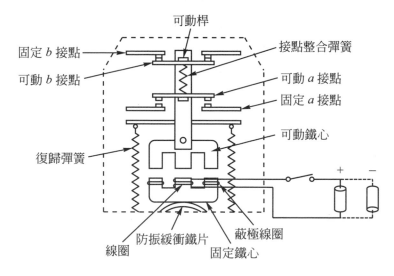

(b) 結構圖

圖 2-12　電磁接觸器

　　電磁接觸器如圖 2-12 所示，其結構由①電磁線圈②主接點③輔助接點④固定鐵心⑤可動鐵心⑥外殼等所組成。當電磁線圈通以電流後，線圈產生磁場磁化鐵心，使得上方可動鐵心受到下方固定鐵心磁力吸引，可動鐵心下移，帶動接點部分，使 a 接點接通。當線圈電流斷開時，可動鐵心受到復歸彈簧的彈力跳回原來位置，*a*接點打開，使*b*接點接通，動作與*a*接點相反，而蔽極線圈可消除交流所產生之振動，以減少噪音之干擾。

2-3-2 熱電繼電器

(a) 實體圖

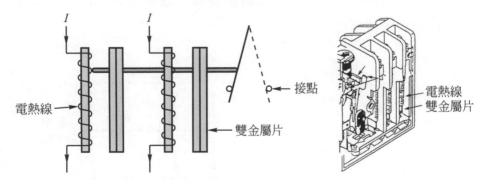

(b) 結構圖

圖 2-13　熱電繼電器

熱電繼電器是由電熱線(Heater)及雙金屬片(Bimetal)組合而成，其結構如圖2-13所示。當電流超過額定值發生過載時，電熱線所產生之熱量促使雙金屬片彎曲，而接點跳脫切斷控制線路，產生保護作用。因雙金屬片必須加熱一段時間後才能彎曲，而不會一有過載產生即行動作，故有延遲特性。

2-4   熱斷路開關器

熱斷路開關器(Thermal Circuit Breaker)因沒有保險絲裝置，又稱無熔絲開關器，具有啟斷故障電流之能力，其內部有一消除弧暈設備，在額定容量下可安全地切斷故障。熱斷路開關器的構造，是在開關內串接一組利用電流動作之電磁線圈，祇要有故障電流發生，便可立刻動作，不像熱電繼電器需要持續一段時間才能跳脫，故可避免線路被燒殼毀，因而也是一種保護開關，其結構如圖 2-14 所示。當連續過載發生時，會產生大量熱量，便一雙金屬條(Bimetallic Strip)彎曲，促使接觸點壓緊閂鎖(Holding Latch)，而能自動釋放，進而電路開路，以完成斷流，終而達到保護作用。

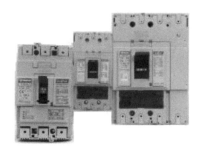
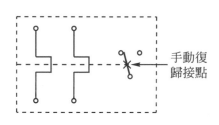

手動復歸接點

(a) 實體圖   (b) 結構圖

圖 2-14   熱斷路開關器

2-5 近接開關

　　近接開關(Proximity Switch)為電子式換能開關，其構造較為複雜。此種開關的動作原理為，當物體接近時，干擾檢出端的電感磁通，而引起後續電晶體相關電路之檢出動作。圖2-15所示為檢出線圈與接近體之關係。近接開關之方塊圖如圖2-16所示，若物體接近振盪線圈時，振盪電路之θ值發生變化，於是振盪準位發生變化，而準位由電壓檢出級檢出，經波形放大和整形後，使電晶體開關動作。由於負載型態的不同，可分為NPN型及PNP型兩種，如圖2-17所示。

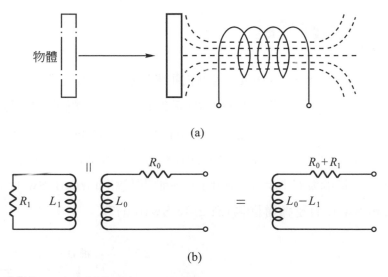

(a)

(b)

圖 2-15　檢出線圈與接近體之關係

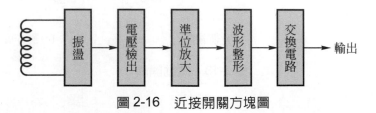

圖 2-16　近接開關方塊圖

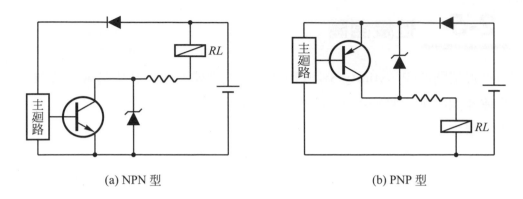

(a) NPN 型　　　　　　　　　　　　(b) PNP 型

圖 2-17　近接開關兩種負載裝置

2-6　微動開關

　　微動開關(Micro Switch)之動作原理為利用簧片之彈力，以達到快速動作之目的的開關裝置，其構造如圖2-18所示。微動開關是最基本之機械轉換為電信號變化之換能開關，因用途不同而有不同的稱呼，如限制開關(Limit Switch)、壓力開關(Pressure Switch)、準位開關(Level Switch)、流量開關(Flow Switch)、熱動開關(Thermal Switch)、凸輪開關(Cam Switch)及彈跳開關(Toggle Switch)等。

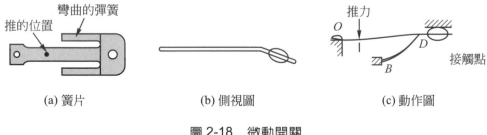

(a) 簧片　　　　　　　　(b) 側視圖　　　　　　　　(c) 動作圖

圖 2-18　微動開關

2-7　光電開關

　　光電開關是應用半導體元件之光電晶體(Phototransistor)，受光時光電晶體導通，無光時截止。所以，光電晶體之動作實為一種換能開關，如圖 2-19 所示，光電開關常用於精密位移控制系統中，作為限制開關，它安裝於細小金屬片之行程上，當細小金屬片行進至遮光位置時，光電開關動作。另一型之光電開關如圖 2-20 所示，為接受肉眼看不到之紅外線才能動作之光電晶體所構成之開關或近接開關，它由紅外線光放射二極體及紅外線光電晶體配對使用，當物體接進時，光放射二極體所放射之紅外線被物體所反射到光電晶體使其動作，因此，常用作防盜裝置。此兩光電開關均有不需與移動物體接觸之優點，而其缺點為不適宜在有污染之場所使用。

圖 2-19　光電開關

圖 2-20　光電近接開關

習 題

1. 有接點繼電器有那幾種？試說明之。

2. 請列舉說明無接點繼電器之種類。

3. 試述保持繼電器之結構與原理。

4. 請說明定時繼電器之構造與工作原理。

5. 試述閃動繼電器之原理。

6. 請列舉繼電器之特徵。

7. 試述繼電器之規格與特性。

8. 何謂電磁開關？請說明之。

9. 試說明熱斷路開關之結構與原理。

10. 請繪近接開關之方塊圖，並簡述其工作原理。

11. 何謂微動開關？

12. 請說明光電近接開關之結構，並說明原理。

Chapter 3

電源電路

➡ **本章學習目標**

(1)認識半波、全波及橋式整流電路之結構與
  原理。
(2)瞭解多相整流電路之原理與電路構造。
(3)熟悉閘流體整流電路原理。
(4)瞭解濾波及倍壓電路之種類與功能。
(5)瞭解穩壓電路及轉換式穩壓電路之結構與
  原理。
(6)認識電源保護電路之類型與功能。

　　許多電子、電機裝置，如馬達、焊接機及固態數位控制等系統，均需要直流電源供給，而直流電源供給系統之電力來源為交流電源。由於工業技術的進步與設備日趨精密，用電量可謂與日劇增，因而往往造成供電電壓的不足與不穩定，為此，在交流電源供應上必須有不中斷且穩定的電源，才能符合某些產業上的需求。然一般交流電力供應系統有單相、三相或六相以上的多相交流，以配合應用於高功率之工業控制上。直流電壓是由交流電源經半波、全波或橋式電路整流濾波而來，而交流電壓也可利用變流器由直流電源轉換而加以取得。因此，不論交流直流電源、單相或多相電流，應用於電子電路上，均要求一個電流保持一定的定電流源，且電壓維持一定的定電壓源。

3-1　直流電源

　　在電子電路中，大部分控制系統必須供以直流電源，因此，可用電源是電子設備上不可或缺的電路，電路所使用的元件裝置有半導體、SCR 或 IC 電路等。而所使用之電力系統有單相或三相，其依據負載電流所需之功率來決定。直流電流供給可分為整流、濾波、穩壓及限流或保護電路等四部分。而在許多電子電路應用上，有時可能需要高電壓、小電流之電源供應，即可用電壓倍增(Voltage Multiplying)原理來達到所需之高電壓。

3-1-1　整流電路

　　整流是利用二極體單向導電和逆向截止的特性，把交流電轉換成脈動直流。直流供應電路所應考慮的因素是，直流輸出電壓及電流，二極體之逆向峰值電壓(Peak Inverse Voltage PIV)、二極體電流、輸出漣波百分率及變壓器之整流效率等。一般常用電路有半波整流、中間抽頭全波整流及橋式整流三種。

1. 單相半波整流

為最簡單之整流電路，如圖 3-1 所示，若輸入為正弦波電壓，則經整流後輸出負載電壓為正弦半波電壓。設正弦波輸入電壓為

$$E_{in} = E_m \sin \omega t \dotfill (3-1)$$

式中E_m為電壓瞬時最大值，ω為頻率，單位為徑／秒，整流後負載電壓平均值

$$E_{av} = \frac{1}{2\pi} \int_o^\pi E_m \sin \omega t d\omega t = \frac{E_m}{\pi} = 0.318 E_m = E_{dc} \dotfill (3-2)$$

二極體逆向峰值電壓

$$PIV = E_m \dotfill (3-3)$$

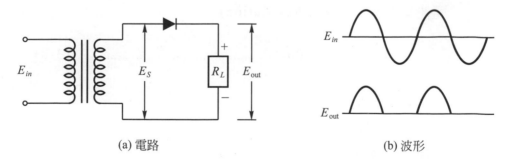

(a) 電路	(b) 波形

圖 3-1　單相半波整流

漣波因數：漣波(Ripple)為整流後輸出直流電壓上的交流成分，而漣波電壓之有效值$E_{R(rms)}$對直流輸出電壓E_{dc}之比為漣波因

數(Ripple Factor)

$$r\% = \frac{E_{R(\text{rms})}}{E_{dc}} \times 100\% \ldots\ldots\ldots\ldots\ldots\ldots\ldots\ldots\ldots\ldots (3\text{-}4)$$

漣波電壓值E_{rms}為輸出直流電壓E_{dc}與漣波電壓$E_{R(\text{rms})}$之總電壓有效值

$$E_{R(\text{rms})} = \left[\frac{1}{2\pi}\int_0^\pi E_m^2\sin^2\omega t\, d\omega t\right]^{\frac{1}{2}} = \frac{E_m}{2} \ldots\ldots\ldots\ldots\ldots\ldots (3\text{-}5)$$

$$E_{R(\text{rms})} = [E_{\text{rms}}^2 - E_{dc}^2]^{\frac{1}{2}} = \left[\left(\frac{E_m}{2}\right)^2 - \left(\frac{E_m}{\pi}\right)^2\right]^{\frac{1}{2}}$$
$$= E_m\left[\left(\frac{1}{2}\right)^2 - \left(\frac{1}{\pi}\right)^2\right]^{\frac{1}{2}} = 0.385E_m \ldots\ldots\ldots\ldots\ldots (3\text{-}6)$$

漣波因數

$$r\% = \frac{E_{R(\text{rms})}}{E_{dc}} \times 100\% = \frac{0.385E_m}{0.318E_m} \times 100\% = 121\% \ldots (3\text{-}7)$$

電壓調整率(Voltage Regulation)

$$\alpha\% = \frac{E_{NL} - E_{FL}}{E_{FL}} \times 100\% \ldots\ldots\ldots\ldots\ldots\ldots\ldots\ldots\ldots (3\text{-}8)$$

E_{NL}：無載電壓

E_{FL}：滿載電壓

變壓器次級圈電壓有效值E_s

$$E_s = \left[\frac{1}{\pi}\int_o^\pi E_m^2\sin^2\omega t\, d\omega t\right]^{\frac{1}{2}} = 0.707E_m \ldots\ldots\ldots\ldots\ldots (3\text{-}9)$$
$$E_s = 0.707E_m = 0.707\pi E_{dc} = 2.22E_{dc} \ldots\ldots\ldots\ldots (3\text{-}10)$$

變壓器次級圈電流有效值I_s

$$I_s = \left[\frac{1}{2\pi} \int_o^\pi \frac{E_m^2}{R^2} \sin^2 \omega t d\omega t \right]^{\frac{1}{2}} = 0.5 \frac{E_m}{R}$$

$$= 0.5\pi \frac{E_{dc}}{R} = 0.5\pi I_{dc} = 1.57 I_{dc} \dotfill (3\text{-}11)$$

變壓器整流效率(Rectification Efficiency)：輸出直流功率P_{dc}
與交流輸入功率P_I之比

$$\eta_T = \frac{P_{dc}}{P_I} \times 100\ \% \dotfill (3\text{-}12)$$

$$P_{dc} = E_{dc} I_{dc}$$

$$P_I = E_s I_s$$

$$\eta_T = \frac{E_{dc} I_{dc}}{E_s I_s} \times 100\ \% = \frac{E_{dc} I_{dc}}{2.22 E_{dc} \times 1.57 I_{dc}} \times 100\ \%$$

$$= \frac{1}{3.49} \times 100\ \% = 28.6\ \% \dotfill (3\text{-}13)$$

單相半波整流電路僅適用於允許高漣波、低效率的電路，若負
載電路之電流要求不高，可於輸出加裝一濾波電容器，即可獲
得較平穩輸出直流電壓。

2. 中間抽頭全波整流

　　如圖 3-2 所示之電路，再增加一二極體及變壓器次級線圈，
即構成全波整流。

　　中間抽頭全波整流變壓器次級圈之A點與B點的電壓大小相
等，相位相差 180°，當交流輸入電壓使A點電壓較B點電壓為正
時，D_1為順向偏壓，D_2為逆向偏壓，電流經D_1及負載R_L，得A之
半週電壓輸出。當輸入交流電壓使B點電壓較A點為正時，D_1為
逆向偏壓，D_2為順向偏壓，電流流經D_2及負載R_L，得B之半週電

壓輸出，因此，交流輸入電壓不論正負半週，負載均有電流流動。

整流後負載電壓平均值

$$E_{av} = \frac{2E_m}{\pi} = 0.637E_m = E_{dc} \text{.....................................} (3\text{-}14)$$

二極體逆向峰值電壓

$$\text{PIV} = 2E_m \text{...} (3\text{-}15)$$

漣波電壓

$$E_{R(\text{rms})} = \left[E_{\text{rms}}^2 - E_{dc}^2 \right]^{\frac{1}{2}} = \left[\left(\frac{E_m}{\sqrt{2}} \right)^2 - \left(\frac{2E_m}{\pi} \right)^2 \right]^{\frac{1}{2}}$$

$$= E_m \left[\frac{1}{2} - \frac{4}{\pi^2} \right]^{\frac{1}{2}} = 0.308E_m \text{.....................} (3\text{-}16)$$

漣波因數

$$r\% = \frac{E_{R(\text{rms})}}{E_{dc}} \times 100\% = \frac{0.308E_m}{0.637E_m} \times 100\%$$

$$= 48.4\% \text{...} (3\text{-}17)$$

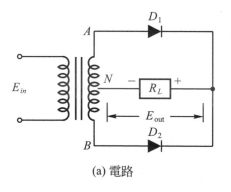

(a) 電路

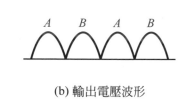

(b) 輸出電壓波形

圖 3-2　中間抽頭全波整流

電壓調整率與半波相同

$$\alpha\% = \frac{E_{NL} - E_{FL}}{E_{FL}} \times 100\% \quad\text{...(3-18)}$$

變壓器次級圈電壓有效值E_s

$$E_s = \frac{E_m}{\sqrt{2}} = \frac{\pi E_{dc}}{2\sqrt{2}} = 1.11 E_{dc} \fallingdotseq E_{dc} \quad\text{.............................(3-19)}$$

變壓器次級圈電流有效值I_s

$$I_s = \frac{I_m}{2} = \frac{\pi I_{dc}}{4} = 0.785 I_{dc} \quad\text{...(3-20)}$$

變壓器整流效率

$$\begin{aligned}
\eta_T &= \frac{P_{dc}}{P_I} \times 100\% = \frac{E_{dc} I_{dc}}{2 E_s I_s} \times 100\% \\
&= \frac{E_{dc} I_{dc}}{2 \times E_{dc} \times 0.785 I_{dc}} \times 100\% \\
&= \frac{1}{1.57} \times 100\% \\
&= 63.7\% \quad\text{...(3-21)}
\end{aligned}$$

中間抽頭全波整流較單相半波整流改良許多，漣波因數降至48
%，變壓器整流效率提高至0.636，此整流器多了一個二極體及
中間抽頭變壓器，故費用較高。二極體之PIV必須大於變壓器
次級圈交流電壓的峰對峰值。

3. 單相橋式整流

　　單相橋式整流電路與中間抽頭式全波整流有以下的特點：1.
利用四個二極體，每一半週均有二個二極體在做整流工作；2.使
用的電源變壓器較小；3.二極體逆向峰值電壓$PIV = E_m$，故橋式

整流可適合高電壓的應用；4.變壓器整流效率提高為 90 ％。電路如圖 3-3 所示。

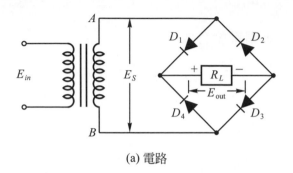

(a) 電路

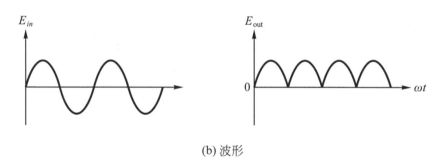

(b) 波形

圖 3-3　橋式整流

輸入交流電壓使A點較B點為正時，二極體D_1、D_3受順向偏壓而導電，D_2、D_4逆偏而截流，電流由A點流經D_1、R_L及D_2回到B點。當B點較A點為正時，二極體D_2、D_4受順向偏壓而導電，D_1、D_3逆偏而截流，電流由B點流經D_4、R_L及D_2回到A點，因此，不論輸入交流電壓正負半週，均有電流流經R_L，故為全波整流。

3-1-2　多相整流

在許多的應用方面，多相整流可獲得比單相整流有更近似平穩的直流電壓。而多相整流電路，必須注意變壓器初、次級繞組間之磁力平衡。

1. 三相半波整流

　　若負載容量增加時,使用單相電源已不實用,且不經濟。圖 3-4(a)所示為使用 230V 或 460V 最簡單之三相半波整流電路,二極體連接在變壓器 Y 形接法的次級圈之每一繞組上,每一相電壓大小相等、相位相差 120°,繞組與繞組間的線電壓大於相電壓。圖 3-4(b)所示為變壓器次級側各繞組電壓之相位關係。

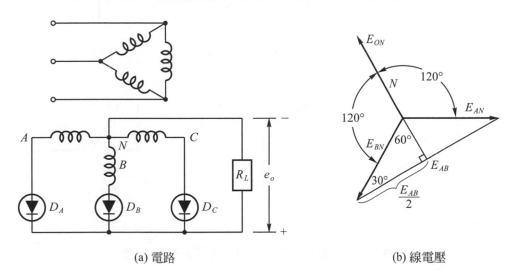

(a) 電路　　　　　　　　　　　(b) 線電壓

圖 3-4　三相半波整流

　　由圖 3-4(b)得知

$$\cos 30° = \frac{\frac{E_{AB}}{2}}{E_{BN}} \quad\dotfill (3\text{-}22)$$

$$E_{AB} = 2\cos 30° E_{BN} \dotfill (3\text{-}23)$$

因　$\cos 30° = \frac{\sqrt{3}}{2}$

$$E_{AB} = 2\frac{\sqrt{3}}{2}E_{BN} = \sqrt{3}E_{BN} \dotfill (3\text{-}24)$$

由(3-24)式知，三相變壓器 Y 形次級繞組與繞組間之線電壓較各繞組的相電壓大 $\sqrt{3}$ 倍。

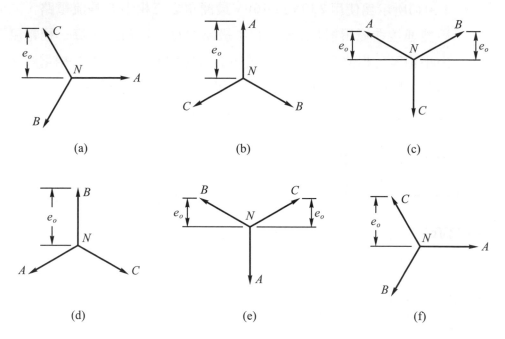

(a)　　　　　　　　(b)　　　　　　　　(c)

(d)　　　　　　　　(e)　　　　　　　　(f)

圖 3-5　三相半波整流的輸出電壓瞬時相位圖

三相半波整流在任何時間內，只有兩端順向電壓在大的二極體才導電，且在同一時間僅有一只二極體導電。如圖 3-5 所示為在一個週期中不同時間變壓器的相電壓。圖 3-5(a)是二極體 D_C 的順向電壓最大而導電，輸出電壓為 E_{CN} 相電壓之垂直分量，經 90° 相移後，如圖 3-5(b)所示，此時 D_A 二極體的順向最大電壓而導電，此時輸出電壓為 E_{AN}，再經 60° 相移後，如圖 3-5(c)所示，D_A 與 D_B 兩二極極受同樣順向電壓，此即為 D_A 要轉換為 D_B 導電的轉換點。若再經 60° 相移，如圖 3-5(d)所示，D_B 受有最大順向電壓而導電，此時輸出電壓等於 V_{BN}，再經 60° 相移，D_B 與 D_C 兩二極

體的順向電壓相等，又是D_B轉換為D_C導電的轉換點，如圖 3-5(e)
所示，再經 90°相移，D_C二極體的順向電壓為最大而導電，此時
又回到圖 3-5(a)的情況。圖 3-6 為圖 3-5 各點連續的輸出電壓波
形，其漣波在相位轉換一週時重覆三次，故漣波頻率為交流線電
壓頻率的 3 倍。

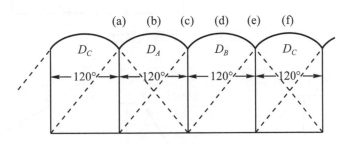

圖 3-6　三相半波整流的輸出電壓波形

2. 三相橋式整流

在許多的應用方面，三相整流經常使用橋式整流電路，如圖
3-7 所示，三相橋式整流電在任何時間需有兩只二極體導電以供
給負載電流。圖 3-8 所示，各瞬間顯示二極體在陽極電壓最正者
導電及二極體陰極電壓最負載導電。

圖 3-8(a)所示，如當繞組A電壓是為最正時，由於此電壓供
給 2D陽極，2D導電，此時繞組B與繞組C負電壓相等，此點即為
轉換點，導電由 3D轉換為 5D，即為圖 3-9 所示之a點。圖 3-8(b)
所示，當B繞組電壓最正，4D導電，由於繞組C電壓為最負，故
5D亦將導電。由此類推，交流電流在一週期內有 6 次轉換情況發
生，每一只二極體導電 120°，根據圖 3-8(a)到(f)，橋式整流之
輸出電壓波形如圖 3-10 所示。

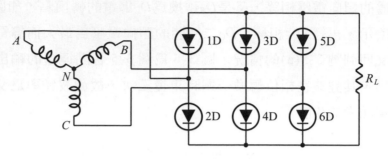

圖 3-7　三相橋式整流

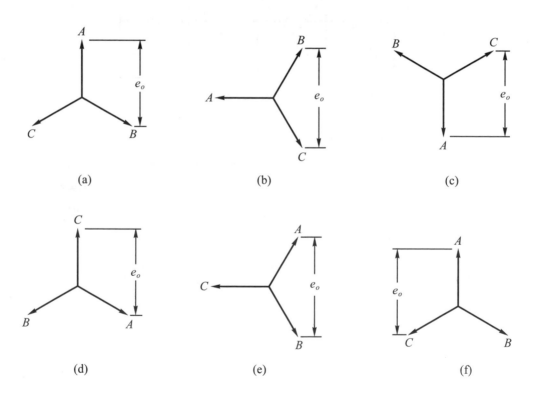

圖 3-8　橋式整流輸出電壓的瞬時相位圖

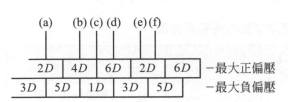

圖 3-9　相位圖中瞬時導電的二極體

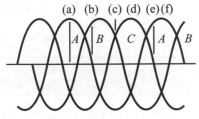

圖 3-10　三相橋式整流的輸出
　　　　電壓波形

3. 六相星形整流

　　六相星形整流為工業上常用之另一種多相電源整流，若將三相變壓器之三個次級繞組中間抽頭連接在一起，即可得到 6 個正弦波輸出電壓，如圖 3-11(a)所示，每一輸出電壓相位相差 60°。將每一繞組上裝置一只二極體，即形成六個半波整流，而陽極受有最正電壓之二極體導電以供給負載電流。每經 60° 形成一次導電轉換，如圖 3-11(c)所示為輸出電壓波形。交流電壓在每一個週期中，每一只二極體僅導電 60°，其漣波百分率減至 4.2 %。

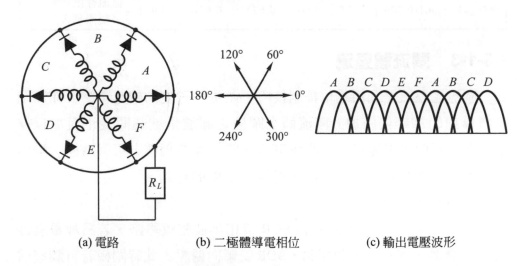

(a) 電路　　　　　　(b) 二極體導電相位　　　　(c) 輸出電壓波形

圖 3-11　六相星形整流

表 3-1 所示爲各種整流電路之數據摘要與參數。

表 3-1　整流電路的摘要與參數

整流電路 參數	單相 半波	中間抽 頭全波	單相橋 式全波	三相 半波	三相 橋式	六相 星形	備註
直流電壓 E_{dc}	E_{dc}	E_{dc}	E_{dc}	E_{dc}	E_{dc}	E_{dc}	整流輸出電壓之 平均值
直流電壓 I_{dc}	I_{dc}	I_{dc}	I_{dc}	I_{dc}	I_{dc}	I_{dc}	高電感性負載整流 輸出電流之平均值
使用二極體數	1	2	4	3	6	6	
二極體的 PIV	$3.14\,E_{dc}$	$3.14\,E_{dc}$	$1.57\,E_{dc}$	$2.09\,E_{dc}$	$1.05\,E_{dc}$	$2.09\,E_{dc}$	
每只二極體 平均電流	I_{dc}	$I_{dc}/2$	$I_{dc}/2$	$I_{dc}/3$	$I_{dc}/3$	$I_{dc}/6$	假設高電感性負載
漣波頻率	f	$2f$	$2f$	$3f$	$6f$	$6f$	f爲交流電源的頻率
漣波百分率	121 %	48 %	48 %	18.3 %	4.2 %	4.2 %	紋波E_{rms}/E_{dc}
變壓器次級每 一邊電壓	$2.22\,E_{dc}$	$1.11\,E_{dc}$	$1.11\,E_{dc}$	$0.855\,E_{dc}$	$0.428\,E_{dc}$	$0.740\,E_{dc}$	rms 值
變壓器效率 η_r	0.286	0.636	0.90	0.675	0.636	0.951	直流輸出功率 ／交流輸入

3-1-3　閘流體整流

　　閘流體整流是利用相位控制技巧，產生一可變的輸出電壓，亦即閘流體導通的週期依施加於閘流體上閘極之脈波信號時間變化而加以控制。在一般的工業應用上，改變SCR之閘極脈波相位，可對陽極、陰極間之電壓產生相對性偏移，而取得輸出電壓的控制。

1.　單相半波整流

　　　　如圖 3-12(a)所示爲 SCR 單相半波整流電路，若爲純電阻性負載，當在正半週期間，SCR受順向偏壓，此時閘極若有觸發信號即會導通，輸出電壓如圖 3-12(c)所示。

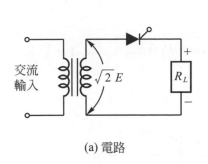

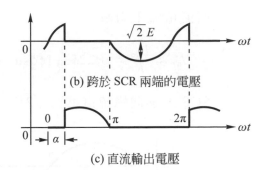

(a) 電路　　　　　　　　　　　(c) 直流輸出電壓

圖 3-12　單相 SCR 整流

電阻性負載之直流電壓平均值

$$E_{dc} = \frac{1}{2\pi} \int_o^\pi \sqrt{2}E \cdot \sin\theta d\theta$$
$$= 0.225E(1 + \cos\alpha) \dots\dots\dots\dots\dots\dots\dots(3\text{-}25)$$

E為A_C電源電壓的有效值(rms)，而延遲角 $0° < \alpha < 180°$，直流電流平均值

$$I_{dc} = \frac{E_{dc}}{R} = 0.225 \frac{E}{R}(1 + \cos\alpha) \dots\dots\dots\dots\dots\dots(3\text{-}26)$$

SCR 之逆向峰值電壓為$\sqrt{2}E$

E為電壓有效值

　　若負載為電感性，當閘流體 SCR 受逆向偏壓時，存在負載電感的儲存電磁能量會送回去，並持續一下降的順向電流流經閘流體，如圖 3-13 所示。

電感性負載之直流電壓平均值

$$E_{dc} = \frac{1}{2\pi} \int_o^{\alpha+\theta_1} \sqrt{2}E\sin\theta d\theta$$
$$= 0.225E[\cos\alpha - \cos(\alpha + \theta_1)] \dots\dots\dots\dots\dots(3\text{-}27)$$

直流電流平均值

$$I_{dc} = \frac{E_{dc}}{R} = 0.225 \frac{E}{R}[\cos\alpha - \cos(\alpha + \theta_1)] \dots\dots\dots (3\text{-}28)$$

SCR 之逆向峰值電壓為 $\sqrt{2}E$

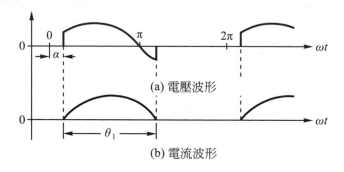

(a) 電壓波形

(b) 電流波形

圖 3-13　電感性負載

2. 中間抽頭式全波整流

　　閘流體中間抽頭式全波整流如圖 3-14(a)所示，在每一個半週期間，均有一個 SCR 被施加順向偏壓，若加閘極觸發脈波時將予導通，以供應負載電流。若負載為電阻性，則每個 SCR 被施加逆向偏壓時，它會轉變為截止，負載電流也會停止到下一個 SCR 導通為止，故供給到負載的電流為不連續性。若為電感性負載，有持續性電流流經負載，此乃電感儲存能量所致。輸出電壓波形如圖 3-14(b)所示。

直流電壓平均值

$$E_{dc} = \frac{2E_m}{\pi}\cos\alpha = 0.90E\cos\alpha \dots\dots\dots\dots\dots (3\text{-}29)$$

直流電流平均值

$$I_{dc} = \frac{E_{dc}}{R} = 0.90 \frac{E}{R} \cos\alpha .... (3\text{-}30)$$

SCR 之逆向峰值電壓為 $2\sqrt{2}E$

　　單相中間抽頭式整流電路，實際上很少用它，因為它的功率容量被單相電源所限制，所以在工業應用上，通常都是使用三相閘流體整流方式。

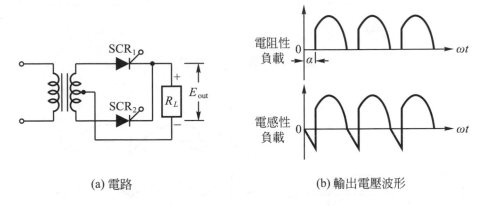

(a) 電路　　　　　　　　　　　　(b) 輸出電壓波形

圖 3-14　中間抽頭式閘流體全波整流

3. 單相橋式整流

　　單相橋式整流電路有混合電橋電路如圖 3-15(a)所示，及電橋電路如圖 3-15(b)所示兩種，其與中間抽頭式整流主要區別為總是有兩個閘流體同時導通，因此其電壓降為中間抽頭式整流電路的兩倍，且橋式整流之控制電路較為複雜，而加到閘流體之峰值逆向電壓為$\sqrt{2}E$。

　　圖 3-16 所示為橋式整流電路之輸出電壓及電流波形圖，(a)為電阻性負載，(b)為高感抗性負載輸出電壓及電流波形圖。

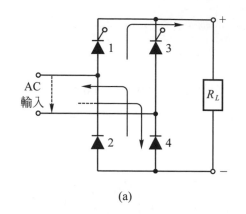 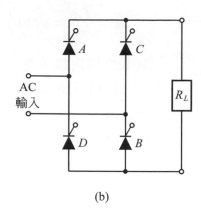

(a)   (b)

圖 3-15　單相橋式整流

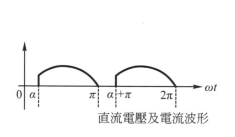 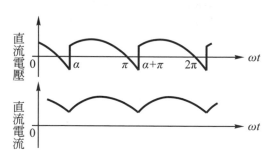

(a) 電阻負載   (b) 高感抗性負載

圖 3-16　單相橋式整流之輸出電壓及電流波形

4. 三相半波整流

　　如圖 3-17(a)所示為三相半波閘流體整流，每個閘流體在其被施加順向偏壓時即觸發導通。每個閘流體導通 120°，截止 240°，最大逆向電壓等於變壓器次級側繞組之線電壓，亦即 $\sqrt{3}$ 相電極，漣波頻率為 $3f$，閘流體的電流為 $\dfrac{I_{dc}}{3}$。

直流電壓平均值

$$E_{dc} = \frac{3\sqrt{3}E_m}{2\pi}\cos\alpha = 1.17E\cos\alpha \quad\text{.................................}(3\text{-}31)$$

直流電流平均值

$$I_{dc} = \frac{E_{dc}}{R} = 1.17\frac{E}{R}\cos\alpha \quad\text{.................................}(3\text{-}32)$$

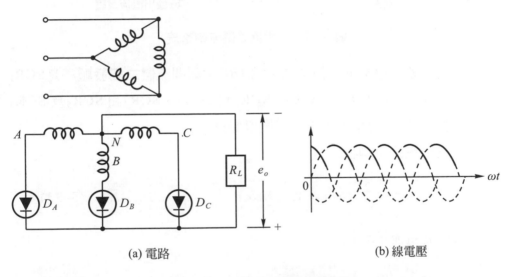

(a) 電路　　　　　　　　　　　　　　(b) 線電壓

圖 3-17　三相半波閘流體整流

5. 三相橋式整流

　　三相橋式閘流體整流電路如圖 3-18(a)所示，它比三相半波整流在相同之交流電壓輸入下，有兩倍的平均直流電壓輸出，漣波成分降低二分之一，頻率為 $6f$，且交流電源可直接接到電路上，可免用變壓器。閘流體之峰值逆向電壓為 $\sqrt{2}E$。

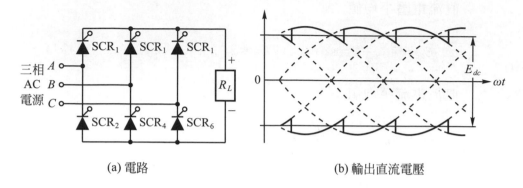

(a) 電路　　　　　　　(b) 輸出直流電壓

圖 3-18　三相橋式閘流體整流

　　若供應電壓的相位順序為 ABC，則閘流體之觸發順序是 SCR_1 和 SCR_2、SCR_2 和 SCR_3、SCR_3 和 SCR_4、SCR_4 和 SCR_5 及 SCR_5 和 SCR_6，每隔 $60°$ 產生交換導電動作。

直流電壓平均值

$$E_{dc} = \frac{3\sqrt{2}E}{\pi}\cos\alpha = 1.35E\cos\alpha \text{......................................(3-33)}$$

直流電流平均值

$$I_{dc} = \frac{E_{dc}}{R} = 1.35\frac{E}{R}\cos\alpha \text{..(3-34)}$$

E 為線電壓之有效值。

6. 六相半波整流

　　多相整流電路若相數愈多，整流效果愈好，如圖 3-19(a)所示為六相半波閘流體整流電路，當 SCR_1 導通時，其他 SCR 之陰極電位成為 e_1，因此 $SCR_2 \sim SCR_6$ 上之電壓分別為 $e_1 - e_2$、$e_1 - e_3$、…等逆向電壓，其中以 SCR_4 之逆向電壓為最高，可參考圖 3-19 (b)波形圖所示，因 $e_1 - e_4 = 2\sqrt{2}E$。

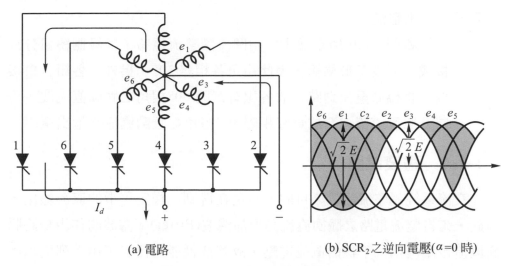

(a) 電路　　　　　　　　　　(b) SCR$_2$ 之逆向電壓(α=0 時)

圖 3-19　六相半波閘流體整流

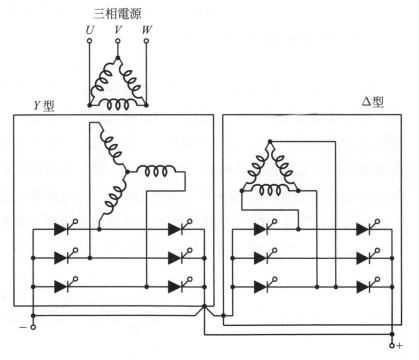

圖 3-20　十二相閘流體整流

7. 十二相整流

如圖 3-20 所示爲十二相閘流體整流電路，次級側繞組分別接成△形及 Y 形兩組，因此相角各相差30°。另外，各組各自接成三相橋式整流迴路，故各相有每隔60°相角之脈動直流波，再將此脈動直流波合成爲每相隔30°相角之脈動直流之輸出電壓。

3-1-4　濾波電路

交流電經過整流的最終目的，乃是在得到一穩定平滑的直流輸出，因此，來自整流電路之脈衝直流必須加濾波(Filter)。濾波的作用是將脈衝直流電壓濾爲一平穩的直流電壓，故濾波性能的優劣可由下列兩項因素來決定，即漣波因數與電壓調整率。通常使用的濾波器有：電容濾波器(Capacitor Filter)、電感濾波器(Inductor Filter)、L 型濾波器(L-Section Filter)、π型濾波器(π-Type Filter)。

1. 電容濾波器

電容濾波器是利用二極體導電期間儲存能量，而在截止期間將此能量傳送到負載上，進而把電流流經負載的時間延長，藉以減低漣波之大小，濾波電路如圖 3-21 所示。圖 3-22 所示爲濾波後輸出電壓波形，此種濾波器未接負載時，輸出電壓幾乎維持在 E_m 值；若接上負載，則電壓平均值略低於 E_m。此種濾波器的缺點爲，當負載容量大時，電壓調整差，且濾波效果差，會產生高漣波，而漣波是與負載電阻及電容大小成反比。

漣波電壓有效值

$$E_{R(\text{rms})} = \frac{I_{dc}}{4\sqrt{3}\,fC} \cdot \frac{E_{dc}}{E_m} \quad \text{...} (3\text{-}35)$$

漣波因數

$$r \% = \frac{E_{R(\text{rms})}}{E_{dc}} \% = \frac{I_{dc}}{4\sqrt{3}\,fCE_{dc}} \% = \frac{1}{4\sqrt{3}\,fR_LC} \% \cdots\cdots (3\text{-}36)$$

輸出直流電壓

$$E_{dc} = E_m - \frac{E_{R(\text{P-P})}}{2} = E_m - \frac{I_{dc}}{4fC}\frac{E_{dc}}{E_m} = \frac{E_m}{1 + \dfrac{I_{dc}}{4fCE_m}} \cdots\cdots (3\text{-}37)$$

$$E_{R(\text{rms})} = \frac{E_{R(\text{P-P})}}{2\sqrt{3}} \cdots\cdots\cdots\cdots\cdots\cdots\cdots\cdots (3\text{-}38)$$

$E_{R(\text{P-P})}$：漣波電壓峰對峰值

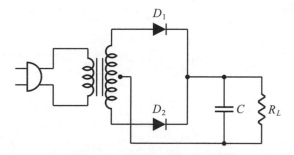

圖 3-21　電容濾波器電路

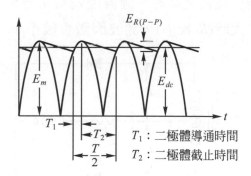

T_1：二極體導通時間
T_2：二極體截止時間

圖 3-22　輸出電壓波形

2. 電感濾波器

　　電感濾波器為利用楞次定律(Lenz Law)電感有反對電流突然變化之特性，將電路中可能發生之突變電流用電感予以平滑，藉以維持穩定之負載電流。在使用上，它是以一個電感器來達成穩流作用，故又稱抗流線圈濾波器(Choke Filter)，可適用於大容量之負載，電路如圖3-23所示。

輸出直流電壓

$$E_{dc} = \frac{2E_m}{\pi} - \frac{4E_m}{3\pi}\cos 2\omega t \quad ....(3\text{-}39)$$

漣波因數

$$r\% = \frac{2}{3\sqrt{2}} \cdot \frac{1}{\sqrt{1 + 4\omega^2 L^2/R_L^2}} \quad ....(3\text{-}40)$$

當 $\dfrac{4\omega^2 L^2}{R_L^2} \gg 1$ 時

$$r\% = \frac{1}{3\sqrt{2}} \cdot \frac{R_L}{\omega L} \quad ....(3\text{-}41)$$

電感濾波器於任何負載時，漣波因為與電感值大小成反比；當負載容量較大時(R_L較小)，漣波因數會較小。

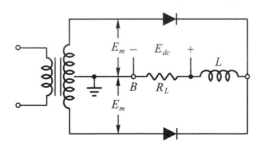

圖 3-23　電感濾波器電路

3. L型濾波器

　　L型濾波器係利用電感器對高次諧波所呈現之高阻抗及電容器對高次諧波所呈現的低阻抗特性，把整流後輸出電流平滑化，電路如圖 3-24(a)所示。

輸出直流電壓

$$E_{dc} = \frac{2E_m}{\pi} \cdot \frac{R_L}{R_l + R_L} \quad\text{(3-42)}$$

漣波因數

$$r\% = \frac{2X_C}{3X_L}\% = \frac{\sqrt{2}}{12\,\omega^2 LC} \quad\text{(3-43)}$$

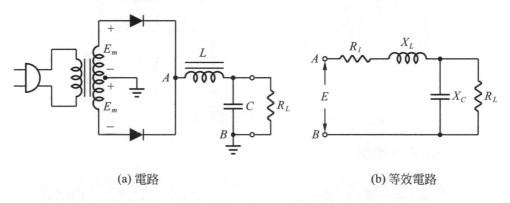

(a) 電路　　　　　　　　　　　　(b) 等效電路

圖 3-24　L 型濾波器電路

4. π型濾波器

　　π型濾波器有π型 LC 濾波器如圖 3-25 所示，及π型 RC 濾波器如圖 3-26 所示兩種。它可視為 C_1 送出近似三角波之輸出，經 $L_1 C_2$ 或 $R_1 C_2$ 所組成之濾波器加以濾波，輸出電壓等於 C_1 之電壓減去 L_1 或 R_1 上之直流電壓降，漣波則被 $L_1 C_2$ 或 $R_1 C_2$ 之濾波器所降低。

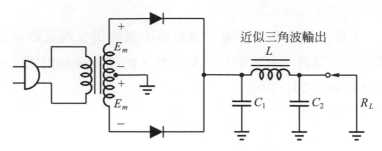

圖 3-25　π型*LC*濾波器電路

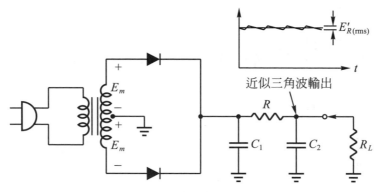

圖 3-26　π型*RC*濾波器電路

輸出直流電壓

$$E_{dc} = \frac{2E_m}{\pi} \cdot \frac{R_L}{R_l + R_L} \quad\text{..(3-44)}$$

漣波因數

$$r\% = \frac{\sqrt{2}I_{dc}X_{C1}}{E_{dc}} \cdot \frac{C_{C2}}{X_L}\% = \sqrt{2}\,\frac{X_{C1}}{R_L} \cdot \frac{X_{C2}}{X_L}\%$$

$$= \sqrt{2}\,\frac{\dfrac{1}{2\omega C_1}}{R_L} \cdot \frac{\dfrac{1}{2\omega C_2}}{2\omega L}\% = \frac{1}{4\sqrt{2}\,\omega^3 C_1 C_2 L R_L}\% \quad\text{........(3-45)}$$

輸出直流電壓

$$E_{dc} = \frac{2E_m}{\pi} \cdot \frac{R_L}{R + R_L} \quad\text{.............................(3-46)}$$

漣波因數

$$r\% = \frac{X_{C2}}{\dfrac{R \cdot R_L}{R + R_L}} \cdot \frac{E'_{R(\text{rms})}}{E_{dc}}\% = \frac{X_{C2}}{R'} \cdot r\% \quad\text{.......................(3-47)}$$

$$\frac{R \cdot R_L}{R + R_L} = R' \quad \frac{E'_{R(\text{rms})}}{E_{dc}} = r$$

輸入電容型濾波器從整流電路之電流爲間歇性流入濾波電路，其輸出直流電壓較高，漣波電壓較大，電壓調整率較差，適用於輕載。而輸入電感型濾波器從整流電路之電流爲連續性流入濾波電路，負載電流變化時，輸出電壓變化較小，適用於負載容量大，電壓變動小之工業電路裝置。

3-1-5　倍壓電路

倍壓器是一種供給負載電流小而高電壓的電源供應電路，其輸出直流電壓可達到輸入電壓峰值的整數倍，其原理係利用交流電源的正負脈波調變時，對於電容器進行充放電的工作，以達到電壓倍增的效果。它的優點是可以不需使用變壓器提升電壓來取高電壓，通常n倍之倍壓器需要n個二極體及n個電容器。

1. 二倍半波倍壓器

如圖 3-27 所示之電路，當輸入E_m爲正半週時，A端爲正，B端爲負，D_1導通，D_2截止，C_1充電至E_m。當輸入E_m爲負半週時，A端爲負，B端爲正，D_1截止，D_2導通，C_2充電至$2E_m$，而獲得兩倍倍壓效果，C_1、C_2耐壓爲E_m，而二個二極體之 PIV 爲$2E_m$。

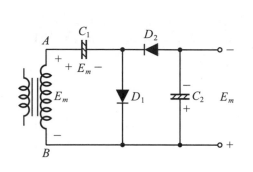

圖 3-27　半波倍壓器　　　　　圖 3-28　全波倍壓器

2. 二倍全波倍壓器

　　如圖 3-28 所示之電路，當輸入 E_m 為正半週時，A 端為正，B 端為負，D_1 導通，D_2 截止，C_1 充電至 E_m。當輸入 E_m 為負半週時，B 端為負，A 端為正，D_2 截止，D_1 導通，C_2 充電至 E_m，而輸出跨於 C_1 及 C_2 串聯電容兩端，故輸出電壓為 $2E_m$，C_1 及 C_2 耐壓為 E_m，而二個二極體之 PIV 為 $2E_m$。

3. 三倍與四倍壓器

　　如圖 3-29 所示之電路，當第一個正半週輸入時，D_1 導通，C_1 充電至峰值壓 E_m。第一個負半週輸入時，D_1 截止，D_2 導通，則 C_2 充電至 $2E_m$。第二個正半週輸入時，D_1 導通，C_1 充電至 E_m，D_3 導通，C_3 充電至 $2E_m$。到第二個負半週輸入時，D_2 導通，C_2 充電至 $2E_m$，D_4 導通，C_4 充電至 $2E_m$，故可獲得二倍、三倍及四倍的電壓輸出，若要更高的電壓輸出，可多增加幾節的二極體及電容器。因為二極體本身受放大功能，故於倍增電壓後，相對地倍減電流，因此，僅適合輕負載之電源電路，電容器之耐壓值除了 C_1 為 E_m 外，其餘 C_2、C_3 及 C_4 均為 $2E_m$，而每個二極體之 PIV 為 $2E_m$。

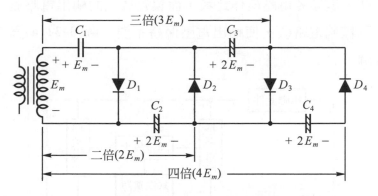

圖 3-29　三倍與四倍倍壓器

3-1-6　穩壓電路

　　工業電子電路為了能獲得良好之工作性能及增加穩定性，就必須有一個穩定化電源，不論輸入電壓或溫度及負載條件如何變化，而電源電路均能提供負載一定的穩定電壓與電流。如圖 3-30 所示為使用稽納二極體最基本的穩壓電路。

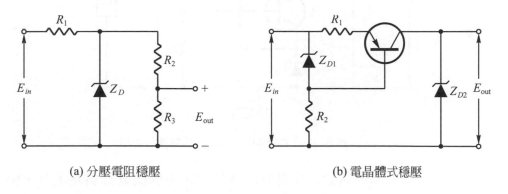

(a) 分壓電阻穩壓　　　　　　　　　　(b) 電晶體式穩壓

圖 3-30　稽納二極體穩壓電路

1.　如圖 3-31(b)電路所示為控制電路Q_1與負載並聯，輸入電壓E_{in}經由R_5接到負載，負載的電壓則經回授電路(R_1及R_2)送到誤差放大器Q_2，與參考電壓E_2作比較，而誤差放大的輸出電壓就可以控制並聯控制電路Q_1，使輸出電壓保持不變，圖 3-31(a)為其電路方塊圖。

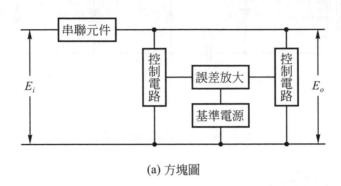

(a) 方塊圖

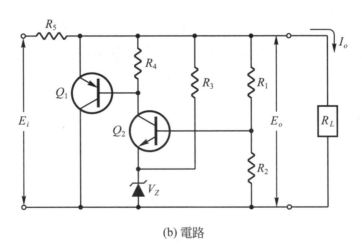

(b) 電路

圖 3-31　並聯回授控制式壓電路

　　工作原理為當輸出電壓E_o增加時，由於Q_2基極電壓上升，使Q_2集極電流上升，於是Q_2集極電壓下降，而使Q_1基極順向較大，Q_1射極電流上升，則I_o下降，促使輸出電壓E_o保持不變。

輸出電壓

$$E_o = (V_{BE} + V_Z) \cdot \frac{R_1 + R_2}{R_2} \dots\dots\dots\dots\dots\dots\dots(3\text{-}48)$$

輸出電流

$$I_o = \frac{E_i - E_o}{R_5} - I_B \dots\dots\dots\dots\dots\dots\dots\dots\dots(3\text{-}49)$$

I_B為消耗於控制電路Q_1之電流。

2.　串聯回授控制式穩壓器

　　　如圖 3-32(b)電路所示，其控制電路與負載串聯，當輸出電壓增高時，Q_2基極電壓上升，於是Q_2的集極電流上升，而集極電壓下降，促使Q_1較為逆偏，Q_1射極電壓下降，則輸出電壓E_o減少，使輸出保持不變。圖3-32(a)為電路方塊圖。

　　輸出電壓

$$E_o = (V_Z + V_{BE}) \cdot \frac{R_1 + R_2}{R_2} \dots\dots\dots\dots\dots\dots(3\text{-}50)$$

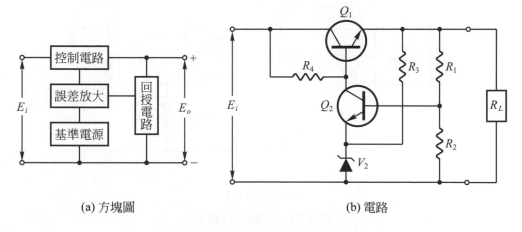

(a) 方塊圖　　　　　　　　　　　(b) 電路

圖 3-32　串聯回授控制式穩壓電路

3. 積體電路穩壓器

　　積體電路穩壓器是一種單晶片穩壓器，體積小，價格低，且提供了優越的穩壓性能，廣為電腦功率調整設備，航空電子系統及各種儀器之電源供給系統所應用。它的規格有固定或可變電壓、正或負輸出電壓、高輸出電流、高輸出電壓及單輸出或雙輸出等多種。

　　圖 3-33(a)所示為三端子穩壓 IC 電路方塊圖，其由①控制電晶體②誤差放大器③參考電壓源④保護電路⑤輸出電壓檢出電路等五部分所構成。保護電路除了有電流限制作用外，還可檢出溫度，若溫度高於設定值，會立刻將輸出電流加以限制。若施加於控制電晶體之電壓過高時，亦會限制電流輸出，其等效電路如圖 3-33(b)所示，Q_1、Q_2 及 Q_3 組成參考電壓產生電路，其 V_{ref} 約為 1.2 伏特，具溫度補償作用。Q_4 及 Q_5 組成差動放大器，作為誤差放大

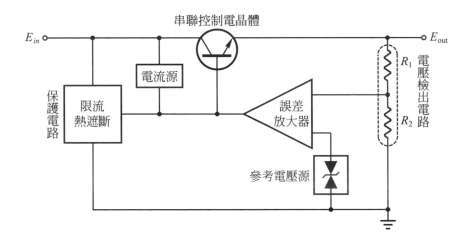

(a) 電路方塊圖

圖 3-33　三端子穩壓 IC

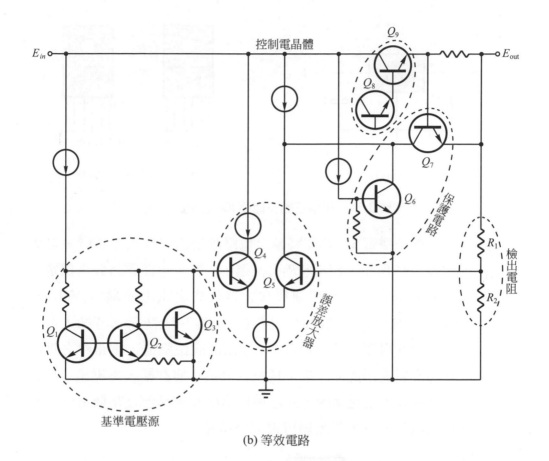

(b) 等效電路

圖 3-33　三端子穩壓 IC(續)

之用。Q_8 及 Q_9 為達靈頓(Darlington)電路連線，作為串聯控制電晶體。Q_6 為溫度檢出電晶體，具有熱遮斷(Thermal Shutdown)功能。Q_7 為限流用電晶體，而 R_1 及 R_2 組成輸出電壓檢知電路。

　　三端子穩壓 IC 有 78 系列及 79 系列，其在使用上如圖 3-34 (a)所示，C_{in} 為旁路電容，藉以維持電路的穩定度，而 C_o 為消除穩壓 IC 之高頻雜訊旁路電容，一般高品質之鉭質電容器，其值為 0.1μF 左右。圖 3-34(b)為 78 及 79 系列之接腳圖。

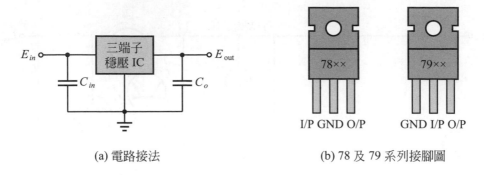

(a) 電路接法　　　　　　　　　　　(b) 78 及 79 系列接腳圖

圖 3-34　使用三端子穩壓 IC 電路接法

　　三端子穩壓 IC 若要將輸出電壓設定為其他電壓值時，可使用如圖 3-35 所示。將 R_1 及 R_2 阻值選小一點，可使電路較為穩定，或將電壓輸出部分改用運算放大器作成之電壓隨耦器(Voltage Follower)來控制，電路將更穩定，如圖 3-36 所示。若輸入電壓過高，可利用圖 3-37 之接法，應用前置穩壓器，電路中之稽納二極體 Z_D 需選用近於三端子穩壓式之最小容許輸入電壓值，R_5 值需選在輸入變化範圍內，尚足夠供給 D_z 及電晶體之基極電流。若負載電流較大時，電晶體可接成達靈頓型。

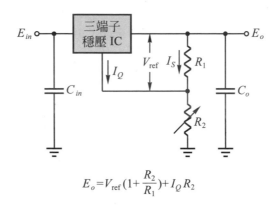

$$E_o = V_{ref}(1 + \frac{R_2}{R_1}) + I_Q R_2$$

圖 3-35　可調輸出穩壓電路

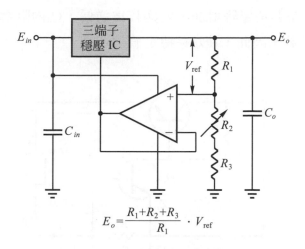

$$E_o = \frac{R_1 + R_2 + R_3}{R_1} \cdot V_{ref}$$

圖 3-36　電壓隨耦器控制電路

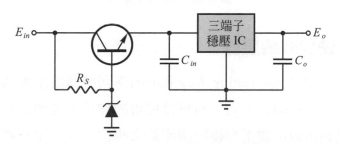

圖 3-37　輸入電壓過高之電路

4.　定電流電路

　　使負載電流保持一定者爲定電流電路，如圖 3-38 所示之電路，其原理爲負載與電阻R_1串聯，產生電壓降$E_{R1} = I_L R_1$，將R_1兩端之電壓E_{R1}作爲定電流電路之控制電壓，與稽納二極體Z_D作比較，將Q_1輸出去推動Q_2電晶體，以達到定電流控制之目的。

　　若負載電流I_L增加，則R_1兩端電壓降E_{R1}亦增加，與Z_D兩端定電壓比較，促使Q_1較爲順偏，Q_1集極電流上升，而Q_1集極電壓下降，於是R_2壓降增加，使Q_2較為逆偏，Q_2內阻增加，限制電流流入負載，因此，使I_L保持定值。

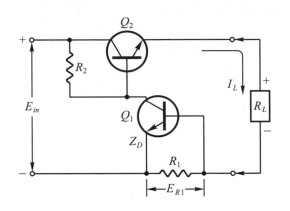

圖 3-38　定電流電路

3-1-7　轉換式穩壓器

　　轉換式穩壓器(Switching Regulator)係利用轉換用電晶體，使流經電感器之電流以斷續之方式，而獲得穩壓的作用，其他還有使用變壓器之方式，或利用商用頻率來控制閘流體之相位方式。由於轉換方式的不同，有①將轉換頻率維持一定，增減轉換器 ON 之時間，即增減脈衝寬度，改變工作週期來控制輸出電壓之脈寬控制式；②將 ON 之持續時間或是OFF之期間，兩者之中有一個大致固定，增減其週期，改變工作週期以控制輸出電壓之頻率控制式；③改變轉換脈衝高度，即改變轉換輸入電壓以控制輸出電壓之振幅控制式等三種轉換控制方法。一般轉換式穩壓器有降壓型(Step-down)、升壓型(Step-up)及電壓反相型(Voltage-Inveter)三種。

1. 降壓型穩壓器

　　如圖 3-39(a)所示之電路為降壓型轉換式穩壓器，其輸出電壓比輸入電壓低，圖 3-39(b)所示為其等效電路圖。電晶體依負載之需要，調整工作週期，以對輸入電壓作開關動作。LC濾波器對輸出電壓有平滑作用。

　　當電晶體導通(ton)時，電容器進行充電，截止(t_{off})時則將電放掉。若電晶體導通時間長，則電容器充電會較多，輸出電壓增大，反之輸出電壓減少。調整Q_1之工作週期$\left(\dfrac{t_{on}}{t_{on}+t_{off}}\right)$，即可改變輸出電壓大小。電感器將電容器充電與放電所產生之電壓變動予以整平。

　　若輸出電壓減少時，Q_1導通時間增加，電容充電增加，使E_{out}增加至原有之值。若輸出電壓增大，則Q_1截電時間減少，電容充電時間下降，使E_{out}跟著減小，以保持到原有之值為止。

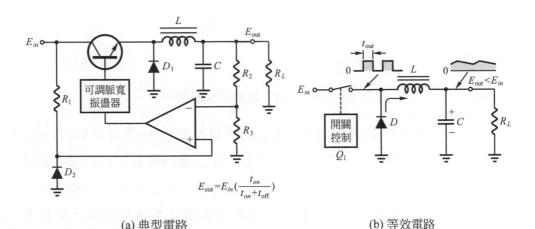

$$E_{out}=E_{in}\left(\frac{t_{on}}{t_{on}+t_{off}}\right)$$

(a) 典型電路　　　　　　　　　　(b) 等效電路

圖 3-39　降壓型轉換式穩壓器

2. 升壓型穩壓器

　　升壓型轉換式穩壓器如圖 3-40 所示，(a)為典型電路圖，(b)為等效電路圖。此型穩壓器為將輸入電壓升到所需之電壓準位，因此，輸入電壓小於輸出電壓，但若輸入電壓超過了穩壓輸出電壓的話，則穩壓工作停止。

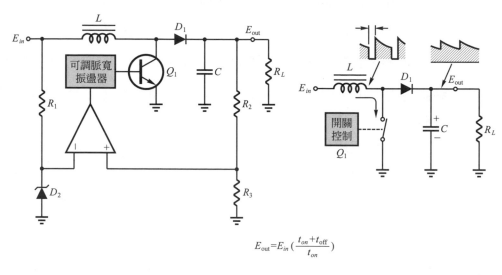

$$E_{out}=E_{in}\left(\frac{t_{on}+t_{off}}{t_{on}}\right)$$

(a) 典型電路　　　　　　　　　　　　(b) 等效電路

圖 3-40　升壓型轉換式穩壓器

　　當 Q_1 開始導通時，跨於 L 上之電壓 E_L 立刻上升至 E_{in}-$V_{CE(sat)}$ 值，且電感器之磁場亦急速增加。若 Q_1 繼續導通，E_L 自最大值往下減少，Q_1 導電時間愈長，E_L 電壓愈低。當 Q_1 截止，磁場消失，電感 L 感應電壓與電源相同，故使得輸壓比輸入電壓高，且 Q_1 截止期間，二極體順偏，電容器充電，由電容器充電與放電時間之長短，可改變輸出電壓之大小，此電壓再經 L 與 C 組成之濾波電路，整平成直流輸出。Q_1 導通時間愈短，電感 L 上之電壓降愈大，故輸出電壓心愈大；反之，Q_1導通時間愈長，電感壓降愈小，輸出電壓愈低。當負載增加或輸入電壓降低時，導致輸出電壓E_{out}降低，於是Q_1導通時間減小，補償輸出電壓降低之量。若當E_{out}增加時，Q_1導通時間亦增加，使E_{out}獲得補償，輸出電壓保持定值。

3. 電壓反相型穩壓器

此型穩壓器為輸出與輸入電壓反相，如圖 3-41(a)所示之電路，而圖 3-41(b)為其等效電路圖。當Q_1導通時，電感器上壓降即刻上升至E_{in}-$V_{CE(sat)}$值，且磁場迅速增加，此時二極體逆偏，電感上之壓降亦會自最大值往下降低。當Q_1截止時，磁場立刻消失，並感應一反向電壓，二極體變為順偏，電容器C開始充電，使輸出為負電壓。若Q_1重覆作ON與OFF動作，使電容器不斷地放電，經LC濾波電路整平後，即輸出與輸入反相之負電壓。

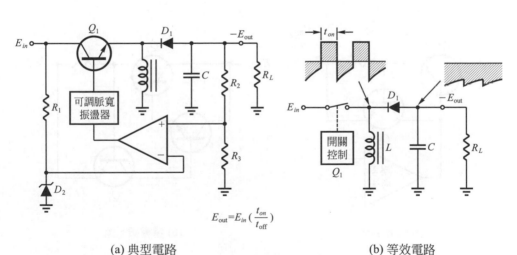

(a) 典型電路　　　　　　　　　　(b) 等效電路

圖 3-41　電壓反相型轉換式穩壓器

其原理與升壓器一樣，Q_1導通時間愈短，輸出電壓就愈高；反之，Q_1導通時間愈長，則輸出電壓愈低，轉換式穩壓器之頻率可能高於90％。

3-1-8　電源保護電路

電源保護電路之目的，不只是保護電源供給電路之安全，且對於整個電子裝置之可能發生的故障，具有及時防止的作用。電源保護電路有限流保護、過電壓保護、過電流保護、元件過熱保護或過載短路保護。

1. 限流保護

　　若電源電路因某種原因使得輸出電流超過設定額定範圍值時，能使電路內部電阻劇增，以限制輸出電流之電路為限流保護電路。如圖 3-42(a)所示，其原理為當電流過大時，由電流感知電阻R_S上產生電壓降，於是Q_2之V_{BE}上升，使Q_2導通，則Q_1截止，以達到限流的目的。R_S值之選定必須是在正常輸出電流情況下，使Q_1處於截止狀態。

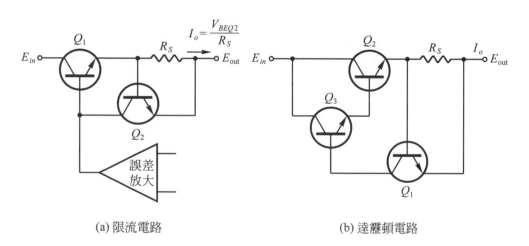

(a) 限流電路　　　　　　　　　　(b) 達靈頓電路

圖 3-42　限流保護電路

　　若誤差放大器之增益不太大時，輸出側上之感知電阻R_s會使輸出電阻增加，導致輸出電壓負載變動率增加，故可使用達靈頓電路接法，如圖 3-42(b)所示，擴大h_{fe}之值，以改良電路之電流特性及負載變動率。

　　圖 3-43 所示爲實驗室電源用限流電路，其原理爲利用T_2作爲可飽和之阻抗變換器，藉以限制施加於T_1之交流電壓，進而限制電流輸出。當負載電流增加時，OP輸出電壓下降，使Q_1截止，於是阻抗變換用變壓器T_2二次側阻抗較高，換算到一次側的阻抗亦較高，因而降掉一部分交流輸入電壓，使得電源變壓器T_1一次側電壓變小，故輸出亦小，得以限制電流的增加。

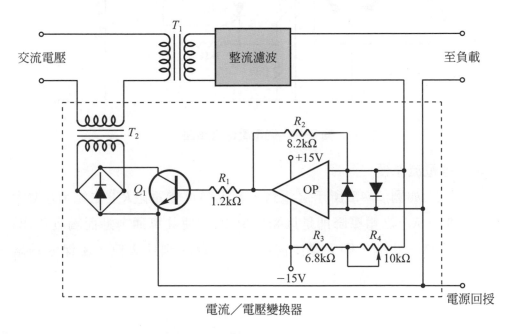

圖 3-43　實驗室電源用限流電路

2. 過電壓保護

如圖 3-44 所示電路，若輸出電壓超過正常值時，經由稽納二極體之回授，使SCR_1觸發導通，於是SCR_2亦被觸發導通，大量電流流經R_3，將此大電流反映到變壓器二次側，促使輸入保險絲(Fuse)熔斷，以防止輸出電壓升高。

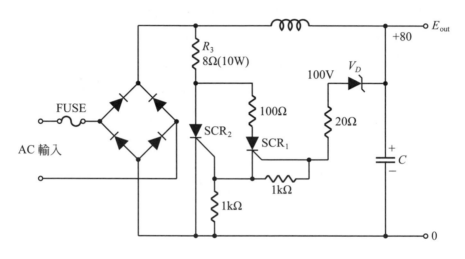

圖 3-44　過電壓保護電路

3. 過電流保護

如圖 3-45 所示之電路，若流經可變電阻R上之電流I_L增大時，R上之電壓降即是以觸發 SCR_1，使其導通，進而觸發 SCR_2 成導通狀態，則大電流流經R_3，再反映到輸入側，使保險絲熔斷，以防止輸出電流增加。

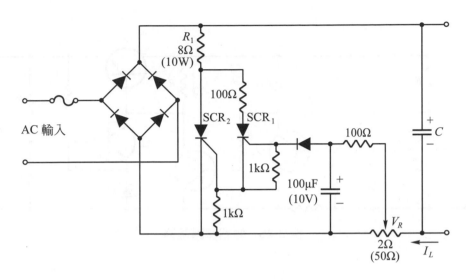

圖 3-45　過電流保護電路

4. 過載短路保護

　　如圖 3-46 所示，持用雙穩態(Bistable)電路作保護裝置。當電源接上瞬間，由於電路之設計($R_6 > R_7$)，Q_3、Q_4組成之雙穩態電路之Q_3導電Q_4截止，因此，Q_3集極電壓幾乎為零($V_{CE(\text{sat})} = 0.2\text{V}$)，導致$Q_5$截止，故對$Q_1$、$Q_2$、$D_Z$及$R_1$、$R_2$、$R_3$所組成之穩壓電路不發生作用，電路正常工作。當短路時，故障電流發生，此大電流使R_5之電壓降增加，使Q_3基射偏壓變為逆向，Q_3截止，Q_3集極電壓上升，致Q_5導電至飽和狀態，流過R_4之電流I_A全部為Q_5所吸收，則Q_1基極電流為零，Q_1截止，整個穩壓電路工作停止，而達到保護的目的。若將電流關閉後再開啟，穩壓電路可再恢復正常工作。

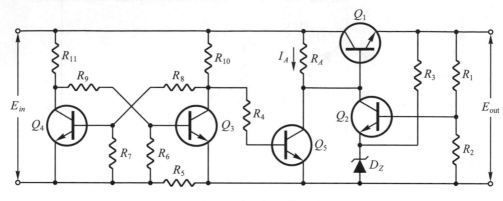

圖 3-46　短路保護電路

3-2　變流器

　　變流器(Inverter)是一種將直流電源轉換成交流電源的一種裝置，有時可用來做直流電壓轉換成交流頻率數之信號轉換器，其主要使用於計算機不中斷的電源、航空器電源、備用電源、直流高壓電力傳送系統中之直流、交流能量轉換，或是交流電動機之速率控制等。

1.　單相並聯變流器

　　　　如圖 3-47 所示之電路，其裝置有閘流體、電感器、轉流電容器(Commutating Capacitor)及輸壓器等元件。另外，完整之變流器尚有產生脈波之振盪器或多諧振盪器、脈波整電路及脈波變壓器。

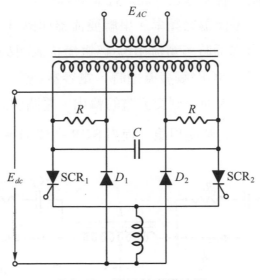

圖 3-47　單相並聯變流器

　　電路原理爲藉著閘流體 SCR 之交替導通，而達到交流輸出之功能。當閘流體SCR_1導通時，SCR_2截止，因而E_{dc}只加到輸出變壓器的一半繞組，輸出端則送出交流電的一個半週。當 SCR_2導通時，由於轉流電容器C上的電壓，使 SCR_1截止，E_{dc}又加到輸出變壓器另一半繞組，使輸出端送出另一半週交流電。電路中之D_1及D_2爲回授二極體，可防止輸出變壓器之一次側電壓高於電源電壓，以使得電路可在任何負載下送出交變方波，並且在轉流動作發生後，電感L儲存的能量，可經回授二極體，被電阻R所吸收。

2. 單相串聯變流器

　　串聯變流器之轉流動作可分爲①自轉流，即轉流取自於已導通的閘流體；②臨界轉流，即至某一臨界準位才發生轉流作用；③強迫轉流，利用輔助閘流體作強迫轉流等三種，除了強迫轉流，每一閘流體之導通時間之控制與頻率無關外，其餘兩種轉流完全取決於變流器之頻率。串聯變流器如圖 3-48 所示之電路，當 SCR 觸發導通時，電流由 E_{dc} 經電流抗流圈 L 和電容器 C 至輸出變壓器。等到 SCR_2 觸發導通時，電容器 C 經 SCR_2 放電，造成電流反向流動，因而得到交流電的輸出。電路中之 $C_1 R_1$ 及 $C_2 R_2$，為防止 $\dfrac{dv}{dt}$ 及 $\dfrac{dv}{dt}$ 的暫態現象，而對 SCR 造成損害。

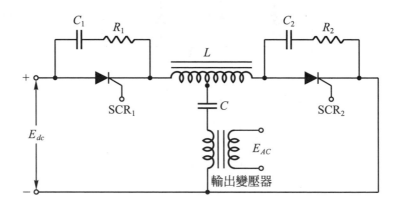

圖 3-48　單相串聯變流器

3. 三相變流器

　　三相變流器至少需要有六個閘流體所組成，電路形成橋式之裝置，由六個閘流體順序地轉換導電，以構成三相合成電壓之輸出。如圖 3-49 所示為三相變流器電路，其原理為採用自轉流的截止方式，即利用電感器迫使閘流體截止。當 SCR_1 導通時，SCR_4 截止；同樣的動作順序發生於 SCR_3、SCR_6，但相角落後 $120°$，而在 SCR_5、SCR_2，其相角則落後 $240°$。

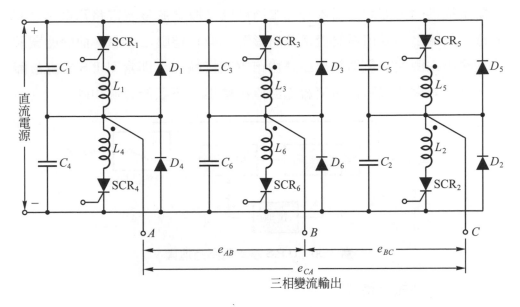

圖 3-49　三相變流器

3-3 不中斷電源

　　不中斷電源供給(Uninterrupted Power Supplies)系統簡稱 U.P.S，它主要的功能是提供一非常穩定且不間斷之電源，而其供給對象則以負載極為敏感之精密設備為主，包括複雜之程序控制器、電腦設備及通信裝置等。

　　圖 3-50 所示為 U.P.S 之基本電路方塊圖，電路包括整流充電電路、電池、變流器及靜態開關。一般的交流電源是由整流充電電路轉換成直流電源，平時一方面由換流器再轉換成交流輸出，另一方面作電池充電電源。當發生停電時，整流充電電路即停止工作，而電池所供應之直流電則經換流器轉變為交流電繼續供電。由於 U.P.S 之輸出交流電是由變

流器所提供的，而變流器本身之電源供應又取之於整流電路及電池之直流電，故輸出不受市電交流電源的影響，具有穩壓之作用。而靜態開關控制輸出電源由變流器輸出或是由市電直接輸出，即當 U.P.S 本身故障時，可由靜態開關將市電交流電源直接輸出，不致於電源中斷。

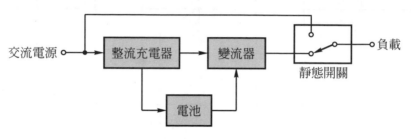

圖 3-50　U.P.S 基本電路方塊圖

1. 鐵心共振電路型

　　鐵心共振電路(Ferroresonant Circuit)型如圖 3-51 所示，電路可分為四部分，即以一個直流濾波網路濾除突發脈波，以保護電路不受損害。四個 SCR 構成一變流器，由振盪器來控制 SCR 導通時間，產生一方波的輸出，然後以共振鐵心提供變壓、穩壓、諧波消除及隔離與限流作用。此型是使用最廣也最久的一種開環式 U.P.S，其優點為結構簡單、元件很少，但缺點則是因其無回授而使電壓不能自動調節。

2. 方波變流器型

　　如圖 3-52 所示，其電路大致與鐵心共振電路型相同，也是以方波經濾波電路修正成正弦波的輸出，但因此型是利用輸出電壓與電流回授來控制振盪器，以改變 SCR 導通時間，故其穩定性較佳。

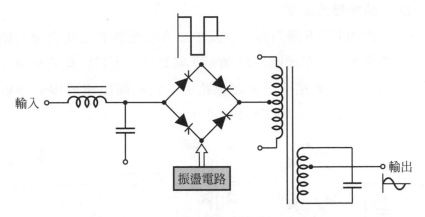

圖 3-51　鐵心共振電路型 U.P.S

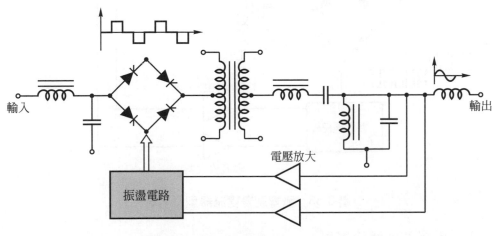

圖 3-52　方波變流器型 U.P.S

3. 脈寬調變變流器型

此種 U.P.S 是藉振盪器產生之方波波寬的變化而獲得輸出電壓波形者，電路如圖 3-53 所示，其電路中不只一組的 SCR 電路，故可使用在單相或三相之線路上。它的輸出波形因更接近正弦波，故不需要極大的濾波電路。

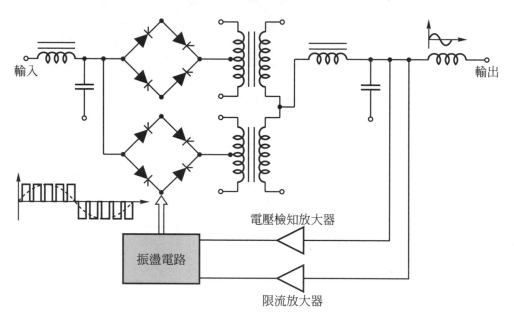

圖 3-53　脈寬調變變流器型 U.P.S

4. 階梯波式變流器型

如圖 3-54 所示之電路，是大功率三相 U.P.S。振盪電路控制每組之 SCR 電路，由各種不同導通時間之組合，形成一階梯式的輸出，若階梯愈多，表示愈接近理想的正弦波，而所需之濾波電路則大大的減少，並可節省體積，為大型三相 U.P.S 系統。

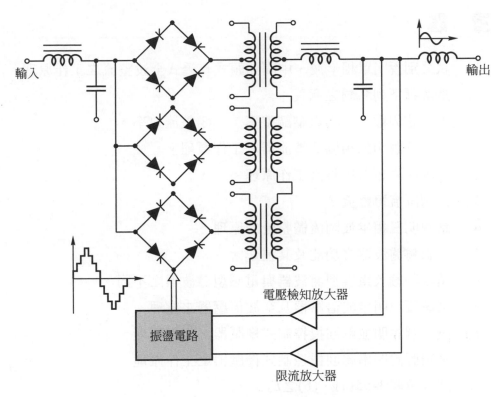

圖 3-54　階梯波式變流器型 U.P.S

習 題

1. 試分別說明單相半波、中間抽頭式及橋式全波整流之工作原理。

2. 請解釋下列名詞之意義：

   (1)漣波因數　　(2)電壓調整率　　(3)整流效率。

3. 試繪圖說明三相橋式整流器之工作原理。

4. 請說明六相星形整流工作原理。

5. 何謂閘流體整流？

6. 請說明三相半波閘流體整流的原理。

7. 試敘述濾波器之功能及其種類。

8. 請說明輸入電容型濾波器與電感型濾波器之不同。

9. 請繪圖說明半波倍壓器及全波倍壓器之原理。

10. 試繪圖說明並聯回授控制式穩壓器之工作原理。

11. 請繪圖說明串聯回授控制式穩壓器之工作原理。

12. 請計算圖 3-55(a)、(b)之 E_{out}。

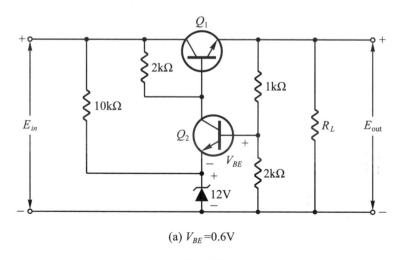

(a) V_{BE}=0.6V

圖 3-55

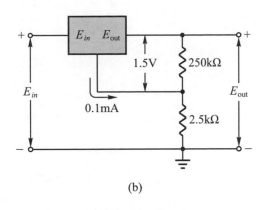

(b)

圖 3-55　(續)

13. 請繪圖說明定電流電路動作原理。

14. 請列舉說明轉換式穩壓器之種類。

15. 試繪圖說明實驗室電源用限流電路工作原理。

16. 請繪圖說明雙穩態電路作過載保護之電路原理。

Chapter

4

開關電路

→ 本章學習目標

(1)瞭解二極體及電晶體開關原理與應用。

(2)熟悉閘流體靜態開關、零壓開關及近接開關電路原理。

(3)瞭解 CMOS 之構成原理。

(4)瞭解類比開關之原理及其應用。

(5)認識邏輯開關所構成之警報電路結構及其作用。

(6)瞭解各種固態電子所組成的開關電路之動作原理。

　　開關電路(Switching Circuit)為處理電流路徑導通或切斷的一種電子電路裝置。在許多電子電路控制系統中，開關電路常會接收到系統中的各種狀況變化，並以處理，如機械的移動、溫度的變化、運轉速度的改變以及不同測試裝置的變化。因此，開關電路必須根據系統的要求與輸入信號作比較，來決定它下一步應該做的動作，如啟動或關閉馬達，對機械移動應進行或停止，或者是警報裝置應開啟或關閉等。固態電子裝置，如二極體、電晶體、FET、CMOS及閘流體等，均是優秀的開關元件，若與電阻、電容或電感等電子元件作適當的組合，即可構成理想的開關電路。

4-1　　二極體開關

　　二極體具有單向導電的作用，即二極體兩端加上順向偏壓時，二極體導通，相當於開關接點之『ON』；而二極體加上逆向偏壓時，二極體截止，相當於開關接點之『OFF』，故二極體可因施加偏壓之不同而形成了開關作用，如圖4-1所示。

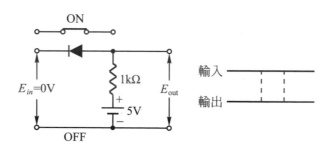

(a) 加順向偏壓(輸入端短路)

圖 4-1　二極體開關電路

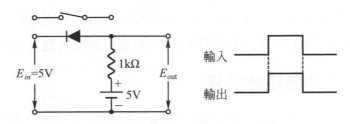

(b) 加逆向偏壓(輸入端加 5 伏以上電壓)

圖 4-1 二極體開關電路(續)

4-1-1 二極體之應用

將二極體開關組合應用，可形成邏輯功能之電路，如圖 4-2 所示。當 A 端輸入為高階(Hi)以及(AND)B 端輸入也為高階(Hi)時，輸出為高階(Hi)，此種電路所具有的邏輯開關功能，稱為 AND 電路。

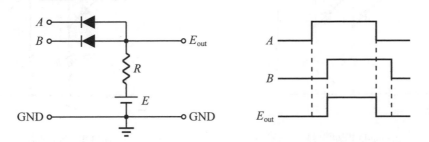

圖 4-2 二極體 AND 開關

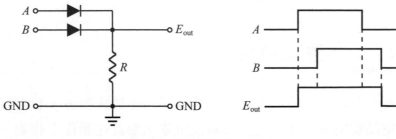

圖 4-3 二極體 OR 開關

如圖 4-3 所示，當 A 端輸入為高階(Hi)或(OR) B 端輸入為高階(Hi)時，輸出即為高階(Hi)，此種電路所具有的邏輯開關功能，稱為 OR 電路。

4-1-2 二極體矩陣開關

二極體之開關電路，若其輸入與輸出端有更多個時，即是具有多輸出之邏輯開關電路，這種結構可稱為二極體矩陣(Matrix)邏輯開關電路，如圖 4-4 所示，分別為二極體 OR 矩陣開關及二極體 AND 矩陣開關。

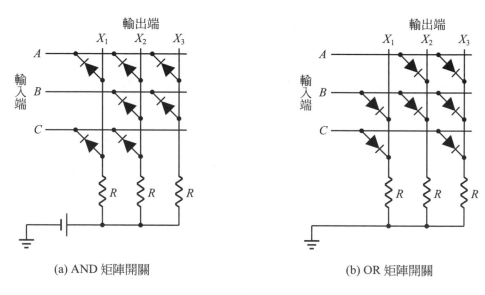

(a) AND 矩陣開關   (b) OR 矩陣開關

圖 4-4 二極體矩陣開關電路

4-2 電晶體開關

在電子電路控制系統中，電晶體除了可作放大器外，也可以作開關之用。電晶體開關不僅可代替電磁繼電器，而且在動作上也與一般機械接點式開關有所不同，其優於一般機械開關之特點如下：

1. 電晶體開關不具有活動式接點，故不致有磨損問題存在，可使用無限多次，且不像機械開關之接點易因污損而影響動作。因電晶體開關既無接點又是密封，是故無此顧慮。

2. 電晶體開關動作速度較快，一般機械開關啟閉時間以毫秒(ms)計，而電晶體開關則以微秒(μs)計。

3. 電晶體開關無躍動(Bounce)現象，一般機械開關在導通瞬間，會有快速連續啟閉動作後，才能達到穩定狀態，而電晶體開關則很穩定。

4. 電晶體開關推動電感性負載時，在開關開路瞬間，不致有火花(Spark)產生。而機械開關在開路時，瞬間切斷電感性負載上的電流，由於電感瞬間感應反電動勢，將在接點引起弧光(Arc)，而侵蝕接點表面，亦可能造成干擾或危險。

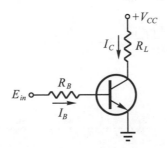

圖 4-5　基本電晶體開關

　　電晶體基本開關電路如圖 4-5 所示，負載電阻跨接於集極與電源之間，與主電流電路串聯，輸入電壓E_{in}決定電晶體開關之 ON 與 OFF 動作。電晶體呈 ON 導通狀態時，負載電流流動；呈 OFF 截止狀態時，負載電流被阻斷。也就是說，基極輸入低電壓時，基極沒有電流，集極亦無電流，連接於集極之負載亦無電流，相當於開關開路狀態，電晶體工作於截止區(Cut-OFF Region)。同理，當輸入基極為高電壓時，基極電流流動，於是集極電流流動，因此負載電路有電流流通而導通，相當於開關閉路狀態，電晶體工作於飽和區(Saturation Region)。

4-2-1　電晶體開關電路的設計

矽質電晶體因 V_{BE} 為 0.6V，故欲使電晶體截止，E_{in} 輸入電壓必須低於 0.6V，以使電晶體基極電流為零。通常在設計時，為了確定電晶體處於截止狀態，往往使 E_{in} 值低於 0.3V。輸入電壓愈接近零值，愈能保證電晶體開關處於截止狀態。

欲使負載能導通電流，電晶體必須處於導通狀態。因此，E_{in} 就必須達到夠高的準位，以推動電晶體進入飽和區工作。電晶體飽和後，集極電流相當大，幾乎使得整個電源電壓 V_{CC} 跨於負載電阻上，而 V_{CE} 接近於零(一般約為 0.2V)。

根據 KCL，集極飽和電流

$$I_{C(\text{sat})} = \frac{V_{CC} - V_{CE(\text{sat})}}{R_L} \quad\text{...............................} (4\text{-}1)$$

若 $V_{CC} \geq 10 V_{CE(\text{sat})}$ 則

$$I_{C(\text{sat})} \fallingdotseq \frac{V_{CC}}{R_L} \quad\text{...} (4\text{-}2)$$

則基極飽和電流

$$I_{B(\text{sat})} = \frac{I_{C(\text{sat})}}{\beta} = \frac{V_{CC}}{\beta R_L} \quad\text{...............................} (4\text{-}3)$$

β 為電晶體直流電流增益。

因此，為保證電晶體開關導通，則

$$E_{in} = I_{B(\text{sat})} R_B + 0.6\text{V} = \frac{V_{CC} R_B}{\beta R_L} + 0.6\text{V} \quad\text{...................} (4\text{-}4)$$

總之，一旦基極電壓符合(4-4)式，電晶體需導通，其作用就如同一只與負載串聯之機械開關一樣，形成開關閉路狀態，故電晶體是利用直流輸入電壓來控制的開關。

範例 4-1 如圖 4-6 所示，欲使電晶體開關導通，其輸入電壓為何？且其基極電流與負載電流為多少數值？

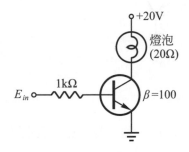

圖 4-6　電晶體燈泡開關

解

$$I_{C(\text{sat})} = \frac{V_{CC}}{R_L} = \frac{20\text{V}}{20\Omega} = 1\text{A}$$

$$I_{B(\text{sat})} = \frac{V_{CC}}{\beta R_L} = \frac{20\text{V}}{(100)(20\Omega)} = 10\text{mA}$$

$$E_{\text{in}} = I_{B(\text{sat})} + 0.6\text{V} = (10\text{mA})(1\text{k}\Omega) + 0.6\text{V} = 10.6\text{V}$$

從例題 4-1 可得知，欲控制電晶體開關 1A 負載電流，只需利用甚小之控制電壓及電流即可。

4-2-2 電晶體開關之改良

當輸入設定低電壓準位，未必就能使電晶體截止，尤其是輸入在接近 0.6V 時，更是如此。為保證在此臨界狀態下，電晶能截止，可在基極上串接一個二極體，而令基極電流導通的輸入電壓值提升了 0.6V，如

圖 4-7(a)所示，即使輸入信號源因誤動作而接近 0.6V，亦不致於使電晶體導通。

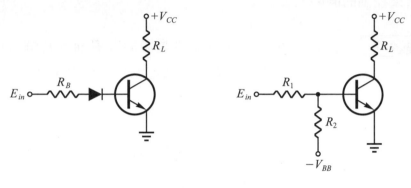

(a) 基極串入二極體   (b) 加入保持截止電阻

圖 4-7   電晶體開關改良電路

如圖 4-7(b)所示，在基極加上一個保持一截止(Hold-OFF)電阻R_2，適當地設計R_1、R_2及E_{in}值，可以臨界輸入電壓時，確保電晶體開關截止。

範例 4-2   分別計算輸入電壓在(1) 0.1V，(2) 0.6V，(3) 3.5V等三種情況下，電晶體的基極電壓值及處於導通或截止狀態？

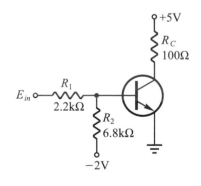

圖 4-8   例題 4-2 電路

解 (1)$E_{in} = 0.1V$ 時，兩電阻總電壓降爲 $+0.1V$ 與 $-2.0V$ 間

$$V_{R2} = (2V + 0.1V)\,\frac{6.8k}{6.8k + 2.2k} = 1.6V$$

基極對地電壓爲

$$V_B = -2.0V + 1.6V = -0.4V$$

由 $V_B = -0.4V$ 知，表示電晶體截止

(2)$E_{in} = 0.6V$ 時

$$V_{R2} = (2V + 0.6V)\,\frac{6.8k}{6.8k + 2.2k} = 1.9V$$

$$V_B = -2.0V + 1.9V = -0.1V$$

由 $V_B = -0.1V$ 知，表示電晶體仍然截止

(3)$E_{in} = 3.5V$ 時

$$V_{R2} = (2V + 3.5V)\,\frac{6.8k}{6.8k + 2.2k} = 4.1V$$

$$V_B = -2.0V + 4.1V = 2.1V$$

由 $V_B = 2.1V$ 知電晶體導通

　　若要加快電晶體開關之切換速度，可在基極串聯電阻R_B上並聯一只加速電容器(Speed-up Capacitor)，如此當E_{in}由零電壓上升並開始送電流至基極時，電容器無法瞬間充電，形同短路，因此R_B在瞬間被短路，此時瞬間有大電流由電容器流向基極，加快了電晶體開關導通速度。稍後待電容器充電完畢後，電容器形同開路，就不會影響電晶體開關正常工作。加速電容值約爲數百個微微法拉(pf)，可使電晶體開關減低切換時間至幾十分之一微秒(μs)以下。

4-2-3　電晶體開關之應用

　　電晶體受輸入電壓推動控制而產生ON-OFF開關動作之應用相當廣泛，由於負載元件的不同，有各種不同的開關型態。

1. 指示器開關

　　如圖 4-9(a)所示，利用電晶體開關推動指示燈，當輸入電壓
為高準位時，電晶體開關被導通，而令指示燈發亮。若輸入推動
信號電流容量太小，不足以驅動電晶體開關，可採用圖 4-9(b)之
改良電路，當輸入為高準位時，先驅動 Q_1 射極隨耦式電晶體作電
流放大，然後再推動 Q_2 使其導通，而令指示燈發亮。

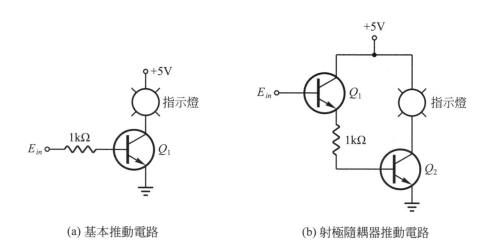

(a) 基本推動電路　　　　　　　　　(b) 射極隨耦器推動電路

圖 4-9　指示燈開關電路

　　如圖 4-10(a)所示為由電晶體開關組成之尼可希管(Nixie Tube)
推動電路。尼可希管有 10 個電極，各作成 0～9 之形狀，每一電
極接上一只電晶體開關，一解碼器決定那個字幕，只要推動讀字
幕之電晶體開關使其導通，即可使該字幕發亮。另一種為七段
LED(或 LCD)數字顯示器推動電路，如圖 4-10(b)所示，每一段
發光二極體由一只電晶體開關所控制，而產生數字顯示。

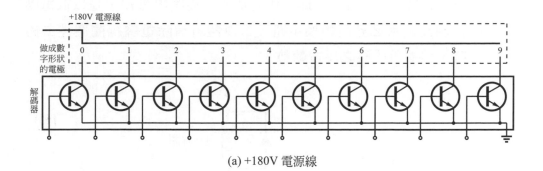

(a) +180V 電源線

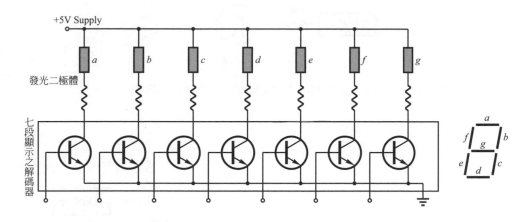

(b) 七段顯示器推動電路

圖 4-10　電晶體開關組成之解碼器推動電路

2. 界面轉換開關

　　電子電路控制系統可分為三部分：①輸入部分，②邏輯推動部分，③輸出部分。而電子設備之輸入和輸出部分，通常工作於較高電壓準位，而邏輯電路是操作於低電壓準位，故為使系統正常工作，必須使這兩種不同的電壓準位能夠溝通。這種不同電壓之匹配工作，即為界面(Interface)問題，而擔任界面匹配工作的電路，就稱界面電路。電晶體開關所組成之電驛(Relay)推動電路，如圖 4-11 所示，即可作此功能。從圖中可知，是以低電壓控制高電壓之界面轉換電路，二極體可消除電驛線圈突然去磁時，線圈所感應之反電動勢。

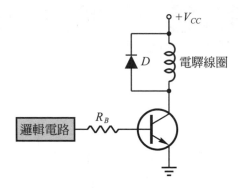

圖 4-11　電晶體開關作邏輯部分與輸出之界面

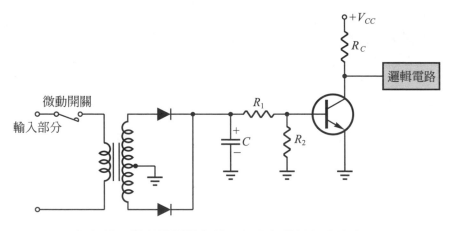

圖 4-12　電晶體開關作輸入部分與邏輯部分之界面

　　圖 4-12 所示，為輸入部分與邏輯部分之界面轉換電路，當輸入部分微動開關閉合時，降壓變壓器被導通，全波整流濾波電路輸出低壓直流控制信號，推動電晶體開關導通，集極電壓降為

零，送入邏輯電路負載，以表示微動開關處於閉合狀態。若微動開關開啓，變壓器不導電，電晶體開關截止，集極電壓上升至 V_{CC}，送入邏輯電路中，以表示微動開關開啓狀態。

3. 邏輯數位開關

　　由電晶體開關所組成之邏輯電路，如圖 4-13(a)所示。當 A、B、C三個輸入中，有一個輸入爲低準位時，即可使所連接之二極體獲得順向偏壓而導通，電流由 ＋5V 電源流經 R_1 與二極體至接地端。由於二極體之順向電壓不會超過 0.6V，Q_1 不導通，則 Q_1 集極電壓幾乎爲 5V，於是 Q_2 導通，Q_2 集極電壓降至幾乎爲零伏特，因此，電路輸出爲低電位(Lo)。反之，若 A、B、C 三個輸入均爲高電位，各二極體均截止，因此，電流由 ＋5V 經 R_1 流入 Q_1 基極，Q_1 導通，Q_1 集極電壓降到零，於是 Q_2 截止，Q_2 集極電壓升高至 5V，使輸出爲高電位(Hi)。由此可知，此電路且 AND 邏輯功能。

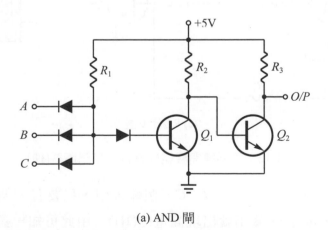

(a) AND 閘

圖 4-13　電晶體開關組成邏輯閘及記憶器

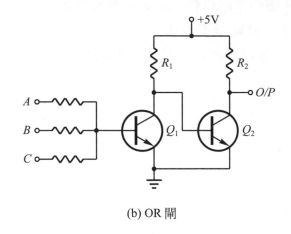

(b) OR 閘

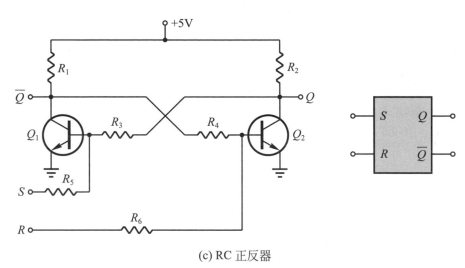

(c) RC 正反器

圖 4-13　電晶體開關組成邏輯閘及記憶器(續)

　　圖 4-13(b)所示，在 A、B、C 三個輸入中，只要有一個為高電位，Q_1 被導通，Q_2 截止，輸出就出現高電位(Hi)。由此可知，具 OR 邏輯功能。因此，電晶體開關除了可作上述邏輯閘電路外，還可以用來構成基本記憶器電路，即正反器(Flip-Folp)，如圖 4-13(c)所示。而利用正反器

加上一些邏輯閘，則可組成計數器電路。

　　總之，利用二極體，電阻及電晶體開關可組成各種邏輯閘(Logic Gate)數位開關電，圖 4-14 所示為各種邏輯閘電路之符號、真值表及其動作說明。

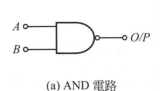

A	B	O/P
0	0	0
0	1	0
1	0	0
1	1	1

只當所有輸入為 H_i 時輸出才為 H_i
只要有任一輸入為 L_o 時，其輸出就為 L_o

(a) AND 電路

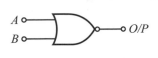

A	B	O/P
0	0	0
0	1	1
1	0	1
1	1	1

輸入只當有一個為 H_i，其輸出即為 H_i
只要在所有輸入為 L_o 時輸出才為 L_o

(b) OR 電路

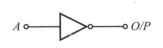

A	O/P
0	1
1	0

輸入為 L_o 時，輸出為 H_i
輸入為 H_i 時，輸出為 L_o

(c) NOT 電路

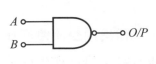

A	B	O/P
0	0	1
0	1	1
1	0	1
1	1	0

只有所有輸入為 H_i 時輸出為 L_o
輸入任一為 L_o 時，其輸出必為 H_i

(d) NAND 電路

圖 4-14　電晶體開關組成各種邏輯閘

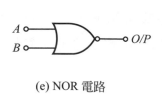

A	B	O/P
0	0	1
0	1	0
1	0	0
1	1	0

任一輸入爲H_i時,輸出則爲L_o。
只有當所有輸入均爲L_o時輸出才爲H_i

(e) NOR 電路

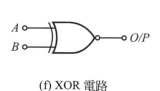

A	B	O/P
0	0	0
0	1	1
1	0	1
1	1	0

當兩輸入皆爲H_i或L_o時,輸出爲L_o。
但當只有一個輸入爲H_i時,輸出才爲H_i

(f) XOR 電路

圖 4-14 電晶體開關組成各種邏輯閘(續)

4-3 閘流體開關

閘流體 SCR 與 TRIAC 爲雙穩態元件,可應用於信號與功率之開關電路。閘流體導通時,有如機械開關之閉合動作;閘流體截止時,則如機械開關之開路狀態,而形成一種完全打開或關閉的電路動作,故閘流體可適用執行一般型式之開關作用。

4-3-1 靜態開關電路

閘流體靜態開關電路可分爲兩種型態,一種爲由交流電源操作,以線電壓反轉,使閘流體截止之交流靜態開關電路;另一種由直流電源操作,利用電容器瞬間充電,使閘流體截止的直流靜態開關電路。

1. 交流靜態開關

交流靜態開關爲提供交流負載功率之高速開關電路,如圖 4-15 所示,其爲重負載之理想控制電路,它可以完全消除傳統電磁繼電器、接觸器等之接點跳動與磨損，而且動作速度快。圖 4-15(a)為 TRIAC 開關電路，結構簡單，零件較少，應用頻率為 400Hz以下，RC電路可抑制$\dfrac{dv}{dt}$變化過大，以防止錯誤動作。若超過 400Hz 應使用圖 4-15(b)之電路，可使用於 TRIAC 無法處理之高頻率、高電壓及高電流的應用上。

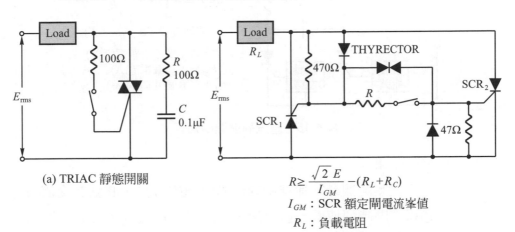

(a) TRIAC 靜態開關

$$R \geq \frac{\sqrt{2}\,E}{I_{GM}} - (R_L + R_C)$$

I_{GM}：SCR 額定閘電流峯值

R_L：負載電阻

R_C：控制開關閉合電阻

(b) 逆向並聯 SCR 靜態開關

圖 4-15　交流靜態開關電路

2. 直流靜態開關

　　如圖 4-16 所示，爲直流靜態開關電路，也是一種 SCR 自轉換電路，SCR_1 及 SCR_2 均爲使負載導電之元件。當兩只 SCR 在截止狀態時，電容器C中幾乎無電荷。若 SCR_1 閘極加正脈波觸發導通時，電流流經R_1、SCR_1 而供給負載電流，同時電流亦流經 R_2、SCR_1 向電容器C充電，其充電極性如圖 4-16 所示。當 SCR_2 受觸發導通時，SCR_2 之順向壓降約爲 1V 左右，因此，電容器C 兩端電壓跨於 SCR_1 之陽、陰極間，使得 SCR_1 受逆向電壓而截止，此時電流流經R_1、SCR_2及反方向往C充電。若 SCR_1受觸發導通時，電容器C又迫使 SCR_2截止，如此作轉換導電動作，可使用於無碳刷馬達之控制。

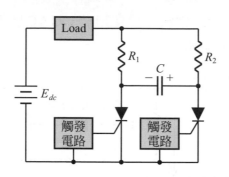

電阻性負載 $C \geq \dfrac{1.5\,t_{\text{off}}I}{E}$ (μF)

電感性負載 $C \geq \dfrac{t_{\text{off}}I}{E}$ (μF)

E：最小值流供應電壓(V)
I：最大負載電流(A)
t_{off}：SCR 截止時間(μs)

圖 4-16　直流靜態開關電路

3. 零電壓開關

　　零電壓開關是一種控制閘流體導通的方法，其為在交流電源剛通過零點時便使閘流體導通，它可避免於較高電壓時，閘流體突然導通，使低電阻負載產生湧浪電流，且對負載造成熱衝擊(Thermal Shock)，並可防止突然陡峭上升的電流，將產生高次諧波產生電磁干擾。

　　圖 4-17 所示，為半波零電壓開關電路，首先設電晶體Q_1截止，電源輸入正半週，SCR_1陽極為順向，電流流經D_3與R_4，而觸發 SCR_1導通，提供負載功率。當Q_1之基極加一順向偏壓而導通時，SCR_1閘極電流被Q_1旁路，使SCR_1在電流通過零點時自動截止。

　　S_1開關控制Q_1導通狀態。當S_1 OFF 時，電源負半週經D_1向電容器C_1充電至峰值電壓，電容器C_1經R_2與D_2放電，供給逆壓於Q_1基射極間，使Q_1截止。電源電壓若通過零點往正方向增加，提供一電流到SCR_1閘極，使SCR_1導通，直到負載電流通過零點時自動截止。當S_1 ON時，電容器C_1在負半週不會充電，因此，Q_1在正半週開始時，即先被推入飽和狀態，而使 SCR_1無法獲得觸發電流而截止。若S_1在 SCR_1導通期間 ON，則在 SCR_1電流通過零點而截止後，在下一個正半週因Q_1已被推入飽和，而使 SCR_1在以後的各週期截止，除非S_1再度開路。

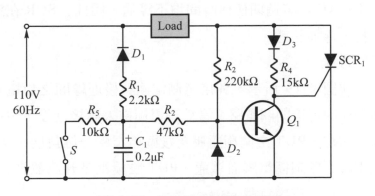

圖 4-17 半波零電壓開關電路

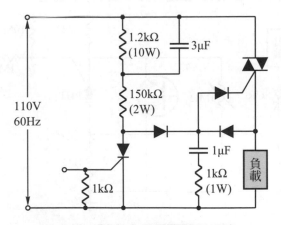

圖 4-18 TRIAC 零電壓開關電路

　　圖 4-18 為 TRIAC 零電壓開關電路，TRIAC 在電源正半週開始而 SCR 截止期間，經 3μF 電容器之電流所觸發，而負載電壓往 1μF 電容器充電，以使 TRIAC 在電源負半週期間再度觸發。在負半週時，TRIAC 之 T_2 為負時受到觸發，負載在 SCR 截止時獲得功率。當 SCR 在半週期間由截止轉為導通時，對 TRIAC 無影響，因 TRIAC 已被栓住於導通狀態。若 SCR 一開始就導通，則 TRIAC 在該週期任何時間均不導通，因此，SCR 在逆偏之前維持在導通狀態。

4.　近接開關

　　如圖 4-19 所示，利用感測電極與接地線間之靜電容量變化而動作的近接開關電路。當感測電極被人體接近後，由於靜電容量之增加，PUT 之閘極電壓落後閘極電壓一個角度，使 PUT 陽極電壓大於閘極電壓而導通，PUT 陰極電壓升高並推動 SCR 導通，使電流流經負載。

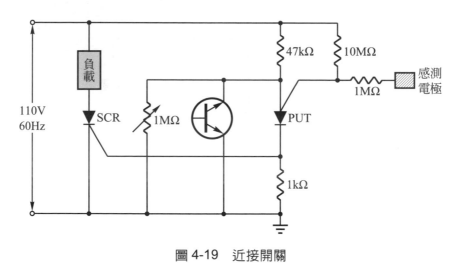

圖 4-19　近接開關

4-4　CMOS 開關

　　CMOS為互補式全氧半導體(Complementary Metal Oxide Semiconductor)，而 CMOS 邏輯開關是用兩個 MOS 所組成。如圖 4-20 所示，為以一個P通道 MOS 及一個N通道 MOS 構成一個反相開關器。

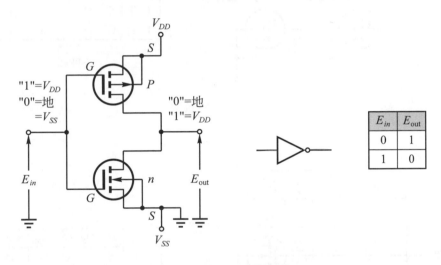

圖 4-20　CMOS 反相開關器

　　若輸入高電位，則 N 型通道 MOS 導通，P 型通道 MOS 截止，輸出端與V_{DD}開路，造成低電位輸出。當輸入低電位時，N 型通道 MOS 截止，P 型通道 MOS 導通，輸出與V_{DD}短路，造成高電位輸出，形成反相開關電路。

　　圖 4-21 所示，為以 CMOS 所構成之邏輯開關，圖(a)為二輸入 NOR 閘開關，圖(b)為二輸入 NAND 閘開關。

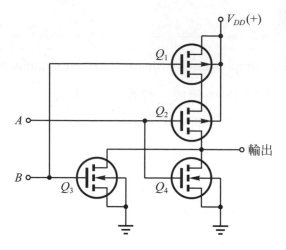

A B	Q_1	Q_2	Q_3	Q_4	輸出
0 0	S	S	O	O	H
0 1	O	S	S	O	L
1 0	S	O	O	S	L
1 1	O	O	S	S	L

S=短路
O=開路

(a) CMOS NOR 閘

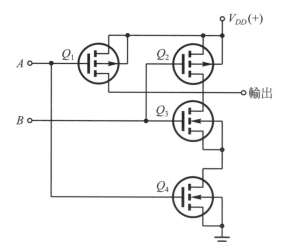

A B	Q_1	Q_2	Q_3	Q_4	輸出
0 0	S	S	O	O	H
0 1	S	O	S	O	H
1 0	O	S	O	S	H
1 1	O	O	S	S	L

S=短路
O=開路

(b) CMOS NAND 閘

圖 4-21　CMOS 邏輯開關

4-5 類比開關

電子元件所組合而成的開關稱電子開關，它和機械開關不同沒有可動部分，所以動作速度快，且無抖動現象。此種電子開關可用 FET 或 CMOS構成，當開路時有無限大的開路電阻，閉路時導通電阻為零。這種開關特性就是理想的類比開關(Analog Switch)。

4-5-1 FET 類比開關

圖 4-22 所示，為以 FET 構成之類比開關原理圖。當 ON-OFF 控制電壓 E_C 為 +10V 時，D_1 不導通，$V_{GS} \cong 0$，於是 FET 導通。當控制電壓為 −10V 時，D_1 導通，此時 $|V_{GS}|$ 大於夾止電壓 $|V_P|$，所以 FET 截止，而形成開關作用。

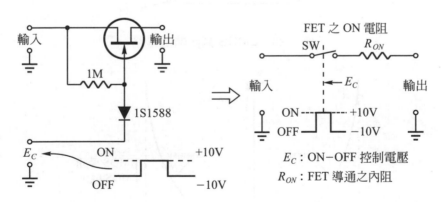

圖 4-22 FET 類比開關

4-5-2 CMOS 類比開關

圖 4-23 所示為 CMOS 類比開關，它是由 NMOS FET、PMOS FET 及反相器所構成，用控制電壓(Econtrol)來控制其 ON-OFF 動作。當 E_{in}

往正方向增加時，NMOS 之V_{GS}降低，使得導通電阻增大，同時 PMOS 之V_{GS}增加，導通電阻降低，補償了 NMOS 的導通電阻增大的影響，使總和電阻不太受E_{in}變化影響。圖 4-24 為輸入電壓與導通電阻$R_{on}(r_{ds})$之關係圖。

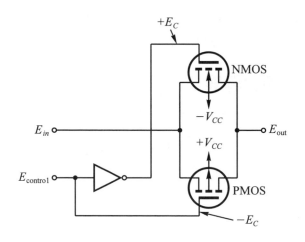

圖 4-23　CMOS 類比開關電路

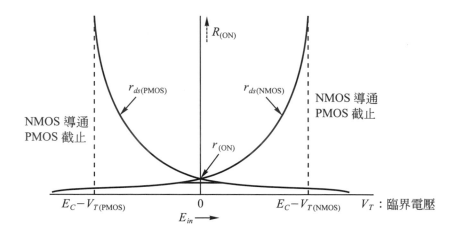

圖 4-24　導通電阻R_{on}與E_{in}之關係

如圖 4-25(a)所示，即是將 P-MOS 與 N-MOS 組合所構成傳輸閘 (Transmission Gate)開關，只要以邏輯準位相反的電壓加於控制閘G_1及 G_2上，則可控制此開關之導通(ON)與截止(OFF)。若將此傳輸閘與反相器配合，則只要用單一個控制電壓E_C，即可控制其ON-OFF動作，如圖 4-25(b)所示。當E_C為「1」時，傳輸閘開關為導通；若E_C為「0」時，則傳輸閘開關為截止，相當於機械開關之動作。

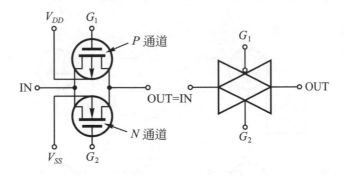

(a) COMS 構成之傳輸閘

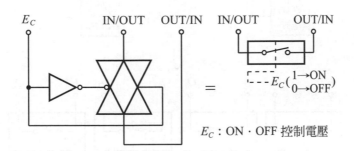

(b) 傳輸閘構成之類比開關

圖 4-25　CMOS 類比開關動作原理

4-5-3 四組雙向類比開關

一般類比開關是以 4 個雙方向類比開關在同一包裝內，它是四個獨立的單刀單擲(Single-Pole Single-Throw，SPST)FET 開關及附屬控制電路，如圖 4-26 所示之方塊圖。控制電路的作用在使開關導通電阻維持穩定，類比輸入信號在 $-10V$ 到 $+10V$ 之間變化時，導通電阻只改變大約 10Ω，導通電阻典型值為 150Ω，最大不超過 200Ω。

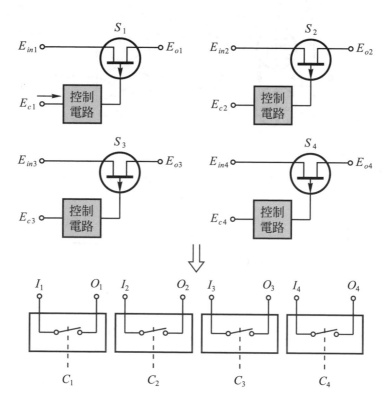

圖 4-26　四組雙向類比開關

控制電路如圖 4-27 所示。當 Q_1 輸入高電位時，Q_3 截止，Q_5 導通，FET J_6 之 $V_{GS} = 0$，所形成的電流 I_{DSS} 為電流源，流過 J_4 之電流 $I_4 =$

$\dfrac{I_{DSS}R_2}{R_2+R_3}$。因$I_D = I_{DSS}\left(1 - \dfrac{V_{GS}}{V_P}\right)^2$，故若$R_2$及$R_3$比值設計得當，$J_4$的$V_{GS4}$約等於二極體之壓降，即$V_{GS4} \cong V_D \cong 0.7V$，此時$V_{GS5} = -V_{D4} + V_{D5} + V_{D6} - V_{GS4} \cong 0$。$J_4$作為源極隨耦器，與$D_4$、$D_5$及$D_6$構成直流準位移位器，因而類比開關$J_5$之$V_{GSS}$接近於$0V$，而不受輸入信號振幅所影響，使得導通電阻$R_{on}$保持一定。當$Q_1$輸入為低電位時，$Q_3$導電，$Q_3$的電流在$R_2$上產生壓降，使$Q_5$射極電壓升高，導致$Q_5$截止，則$J_5$閘極電壓被提升至$+V_{DD}$，使$J_5$截止。

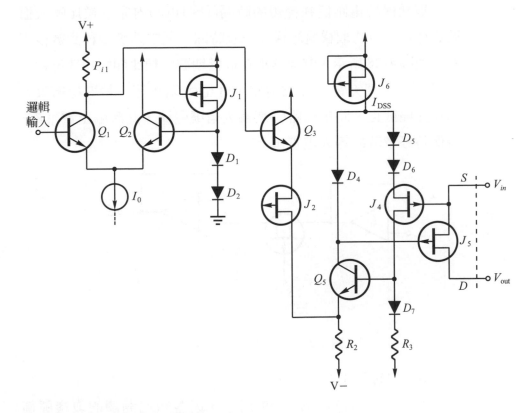

圖 4-27　類比開關之控制電路

4-5-4　類比開關之應用

　　類比開關之應用範圍很廣，可作①取樣與保持(Sample and Hold)電路，②類比多工(Multiplexing)器與解多工(Demultiplexing)器，③截波穩定放大器(Chopper-Stabilized Amplifier)，④數位類比轉換器(Digital-Analog converter)，⑤積分器的放電電路，⑥可設定運算放大器特性，如增益、頻率響應及相移的數位控制，⑦信號閘控制靜音(Squelch)控制。

1.　取樣與保持電路

　　　取樣保持電路能在極短的時間(1～10μs)內完成類比輸入信號之取樣，並將取樣電壓保持一段時間，通常為數毫秒到數秒不等。如圖4-28所示，其原理為在取樣期間內類比開關FET導通，電容器C_H迅速充電，C_H之電壓上升至與E_{in}相等。當取樣結束，類比開關截止，將電容器C_H與輸入信號隔開，此時輸出電壓V。將保持終了時的輸入電壓值上。

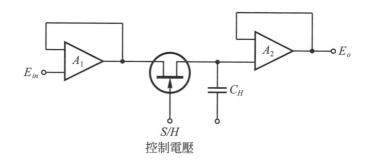

圖 4-28　取樣與保持電路

2.　類比多工與解多工器

　　　類比多工電路如圖 4-29 所示，因各類比開關的取樣脈衝(Sample Pulses)均不重疊，一次只有一個頻道的信號到達輸出端，這些信號依順序傳送出去，即成為多工信號。

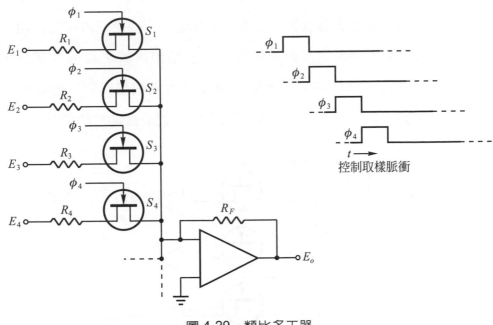

圖 4-29　類比多工器

　　如圖 4-29 所示之電路為類比解多工器，各類比開關之控制
脈衝信號必須與傳輸端之取樣脈衝同步，才能得到正確的信號。
當第一個頻道信號到達輸入端時，脈衝ϕ_1之作用使類比開關S_1
ON，接著第二個頻道信號到達時，由於ϕ_2作用，使S_2 ON，如此
使各頻道信號能正確地到達輸出端，再將這些信號分別通過低通
濾波器，而還原為原傳送信號。為了得到正確的信號，每一頻道
之取樣頻率必須至少為信號頻率的兩倍。

3. 截波穩定放大器

　　截波穩定放大器為用來放大甚低頻(≤10Hz)的微弱信號
(≤1mV)，其電路如圖 4-31 所示。由於C_2之直流阻隔作用，放大
器之抵補電壓(Offset Voltage)不會出現在輸出端，故不會影響準

確性。原理是當E_{in}輸入信號被類比開關S_1截波，產生振幅為E_{in}的方波，經放大器放大，產生峰值振幅為$\dfrac{AE_{in}}{2}$之交流信號。由於類比開關S_2與S_1同步動作，將放大器輸出信號之負極性部分短路，剩餘正極性部分通過低通濾波器得到振幅為$\dfrac{AE_{in}}{4}$的輸出電壓。為了降低失真，開關頻率至少為信號最高頻率的兩倍。

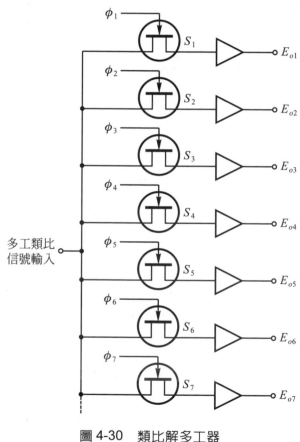

圖 4-30　類比解多工器

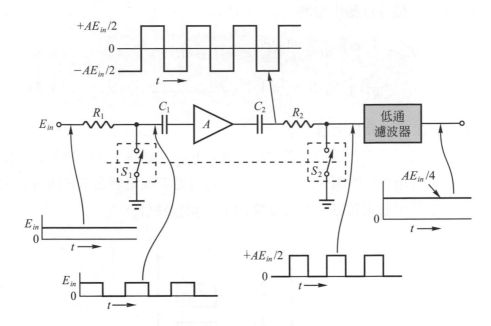

圖 4-31　截波穩定放大器

4. 積分器的放電電路

　　如圖 4-32 所示之電路，其中電容器 C 的充放電狀態由類比開關 S_1 所控制，當 S_1 開路時，電容器充電。當 S_1 閉合時，電容器經 S_1 放電，使電路能重新開始對輸入電壓積分。

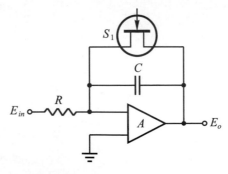

圖 4-32　積分器的放電電路

積分器輸出電壓

$$E_o = \frac{1}{C}\int_0^t I_{in}\,dt = \frac{1}{RC}\int_0^t (E_{in} - V_{OS})\,dt$$
$$= \frac{1}{RC}\int_0^t E_{in}\,dt - \frac{1}{RC}\int_0^t V_{OS}\,dt \,.............................\ (4\text{-}5)$$

5. 可設定運算放大器

可設定運算放大器如圖 4-33 所示之電路，其回授迴路的阻抗可用類比開關來設定，若阻抗是為電容或電感之電抗成分，則不但可設定增益，且可改變頻率及相移特性。

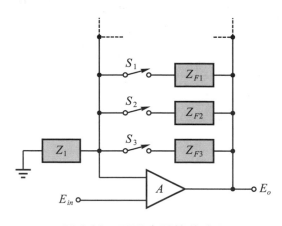

圖 4-33 可設定運算放大器

習題

1. 請說明二極體開關原理。

2. 請列舉電晶體開關之特點。

3. 計算圖 4-34 電晶體開關電路，當輸入在(1) 0.2V，(2) 2V，(3) 4.2V時，電晶體之基極電壓值及處於導通或截止狀態。

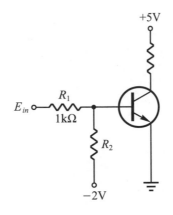

圖 4-34

4. 何謂界面電路開關？

5. 請說明閘流體靜態開關之種類。

6. 何謂零電壓開關？請繪圖說明其工作原理。

7. 請繪圖說明閘流體近接開關電路原理。

8. 試敘述 CMOS 反相器之原理。

9. 何謂類比開關及列舉其應用？

10. 請繪圖說明類比多工器及解多工器之工作原理。

Chapter 5

振盪電路

→ 本章學習目標

(1)熟悉振盪電路原理。

(2)瞭解哈特萊、考畢子等 LC 振盪電路結構與原理。

(3)瞭解晶體振盪器之結構與原理。

(4)瞭解負電阻振盪電路之原理。

(5)明瞭韋恩電橋、RC 相移、多諧振盪等 RC 振盪電路之結構與原理。

(6)認識三角波、鋸齒波振盪電路之結構與原理。

7.瞭解電壓控制振盪電路之原理與應用。

振盪是為電壓或電流於一特定的網路內，能連續產生一種具有週期性及波幅大小的變化，而振盪電路在基本上是一個放大器，不需要外加信號輸入，而由輸出端回授能量給輸入端，將直流供給功率轉變成各種頻率、各種波形的交流信號輸出之電路，其電路由穩定的直流電源供給器、頻率控制電路、正回授電路及高效率放大器所組成。振盪電路依振盪頻率範圍來區分，有一種為低頻(Audio Frequency 聲頻)振盪電路，如韋恩電橋振盪器、RC相移振盪器，此類振盪電路一般皆由電阻電容組成回授網路，故又稱RC振盪器。另一種為高頻(Radio Frequency 射頻)振盪電路，如哈特萊式振盪器、考畢子振盪器等，由電感電容組成諧振電路之LC振盪器。振盪電路若依輸出信號之波形，可分為正弦波振盪電路及非正弦波振盪電路，如方波、三角波、鋸齒波及脈波。

5-1　振盪原理

如圖 5-1 所示為一LC儲能電路，當開關S ON 時，電容器充電，然後開關S OFF，已充電之電容器經由線圈放電，在線圈上建立一磁場。根據楞次定律(Lenz's Law)，於電容器放電後，電流仍然流通於線圈中，電容器反向充電，充電後的電容器再度經線圈放電，如此重覆動作，能量在電容器和線圈之間往復循環，此作用稱振盪(Oscillation)。

欲使振盪電路工作，必須有正回授，即輸出端回授到輸入端之回授信號相位與輸入信號同相。如圖 5-2 所示為回授電路方塊圖，A為放大器增益，β為回授因數(Feedback Factor)。當振盪電路之迴路增益(Loop Gain)$|\beta A| = 1$時，稱為巴克豪生準則(Barkhausen Criterion)，振盪電路可持續振盪。

實際振盪電路$|\beta A|$略大於 1，以免電晶體因溫度或電壓改變以致增益變小，使振盪停止。振幅可由非線性放大器來限制，當振幅大到某個範圍時，讓增益下降抑制振幅上升，以維持等幅波之振盪。

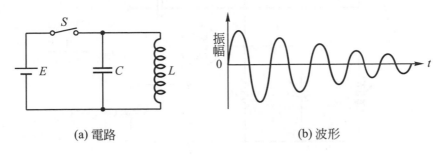

(a) 電路   (b) 波形

圖 5-1　LC振盪電路原理

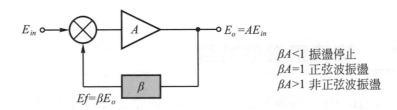

$\beta A<1$ 振盪停止
$\beta A=1$ 正弦波振盪
$\beta A>1$ 非正弦波振盪

圖 5-2　正回授方塊圖

5-2 回授線圈振盪電路

回授線圈(Tickler)振盪電路如圖 5-3 所示，L_2與C是並聯諧振電路，諧振信號經電晶體放大倒相 180°，放大後信號經L_1感應L_2，因L_1與L_2是倒相關係，信號在此又倒相180°，故形成正回授。若放大後的信號能彌補諧振電路的損耗，則振盪可持續。

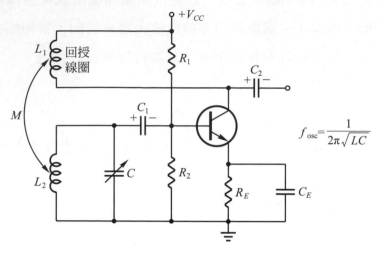

圖 5-3　回授線圈振盪電路

5-3　哈特萊振盪電路

　　哈特萊(Hartley)振盪電路為使用中間抽頭式線圈作電感性回授，如圖 5-4(a)所示電路。圖 5-4(b)為運算放大器之哈特萊振盪電路。L_T、C 組成調諧電路，L_4 為射頻抗流圈(Choke)，對直流阻抗為零，但對交流阻抗卻非常大，故可防止振盪信號對電源的影響。回授電壓由 C_C 交連到基極，因 L_1 與 L_2 相位反相 180°，故形成一正回授，使電路持續振盪。

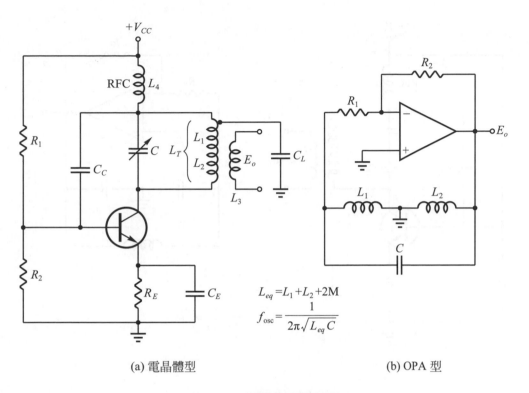

$$L_{eq} = L_1 + L_2 + 2M$$

$$f_{osc} = \frac{1}{2\pi\sqrt{L_{eq}C}}$$

(a) 電晶體型   (b) OPA 型

圖 5-4　哈特萊振盪電路

5-4　考畢子振盪電路

　　考畢子(Colpitts)振盪電路係利用電容分壓作為回授信號，如圖 5-5 (a)所示電路。振盪信號由L_2之電感性交連輸出。圖 5-5(b)所示為運算放大器電路。

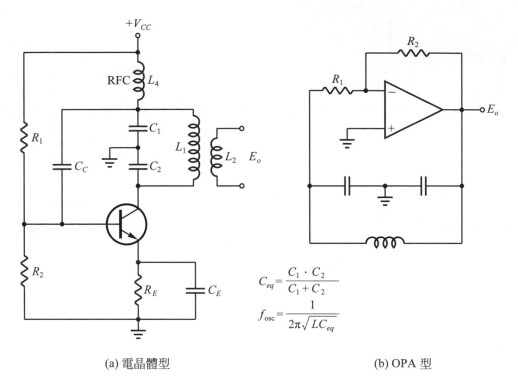

(a) 電晶體型　　　　　　　　　　　(b) OPA 型

$$C_{eq} = \frac{C_1 \cdot C_2}{C_1 + C_2}$$

$$f_{osc} = \frac{1}{2\pi \sqrt{LC_{eq}}}$$

圖 5-5　考畢子振盪電路

　　由於考畢子振盪電路之LC諧振電路電容量C_1與C_2串聯，而C_1與輸入端並聯，故電晶體輸入端電容會影響振盪頻率。若在LC儲能電路中串聯一小電容量之C_S，其容量比C_1及C_2小得很多，故C_1與C_2串聯容量幾近於C_S，形成克勒普(Clapp)振盪電路，如圖 5-6 所示。C_1及C_2為決定回授量之大小與振盪頻率無關，因此，電晶體輸入電容量與參數改變時，對振盪頻率沒有影響，故振盪電路穩定度提高。

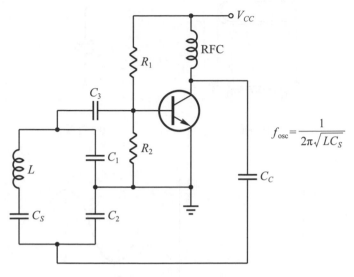

$$f_{osc} = \frac{1}{2\pi\sqrt{LC_S}}$$

圖 5-6　克勒普振盪電路

5-5　晶體振盪電路

　　晶體振盪電路是用一個壓電晶體(Piezoelectric Crystal)來作諧振電路，壓電晶體一般為石英(Quartz)作材料。當晶體之表面受到機械應力作用時，晶體二對面之間會產生一個電位差，稱之為壓電效應。相反地，將電壓加於晶體兩對面時，晶體內部的形狀會引起機械變形。依晶體材料、厚度及切割的不同，共諧振頻率也有所不同。圖 5-7 所示為晶體之外形、符號及等效電路。R為機械性磨擦之等效電阻，L相當於晶體之質量，C為晶體之順應性(Compliance)或機械性變化能力，C_M為晶體兩金屬固定電極(Holder)間之電容。晶體愈薄，自然共振頻率愈高。溫度變化可引起振盪頻率漂移，而石英晶體對溫度及時間較為穩定。晶體振盪頻率一般在 100kHz～10MHz 之間。

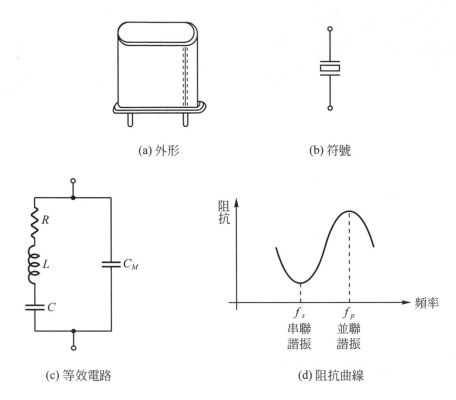

(a) 外形 　　　　　(b) 符號

(c) 等效電路 　　　　　(d) 阻抗曲線

圖 5-7 　壓電晶體

　　圖 5-8(a)所示為串聯式皮爾斯(Pierce)振盪電路，將晶體串接於回授路徑中，在串聯諧振頻率下，晶體阻抗最小而正回授量最大，電路起振盪。

　　圖 5-8(b)所示為並聯皮爾斯振盪電路，當電路工作於並聯諧振頻率時，電感最大，輸出電壓最大，經 C_1 及 C_2 分壓後，將此電壓交連至射極形成正回授，保持電路穩定振盪。

　　圖 5-9 所示為由 TTL 及 CMOS 所組成的數位晶體振盪電路，圖(a)之正回授由兩個反相器所提供，而圖(b)CMOS 消耗功率小，且在寬廣的

供給電壓下動作亦很穩定。兩電路之輸出接近於方波波形，適合推動計
數器和頻率分除電路。

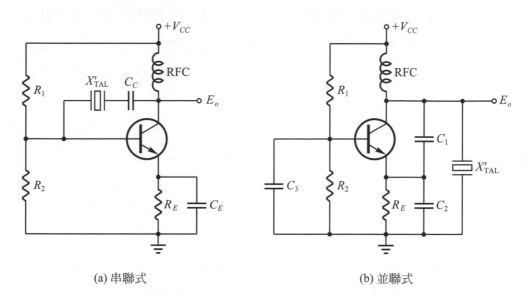

(a) 串聯式   (b) 並聯式

圖 5-8　皮爾式晶體振盪電路

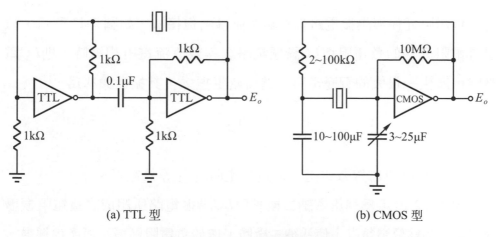

(a) TTL 型   (b) CMOS 型

圖 5-9　數位式晶體振盪電路

5-6   負電阻振盪電路

負電阻振盪電路是以負電阻元件或具有負電阻特性的電路作振盪元件。負電阻元件可分為電壓控制元件型,即電壓增加,電流減少,如透納二極體。另一電流控制元件型為電流增加,電壓減少,如單結合電晶體,其各別之特性曲線如圖 5-10 所示。

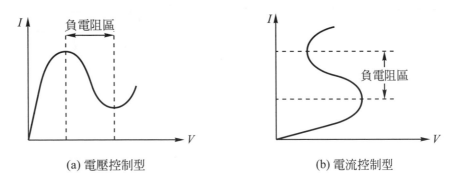

(a) 電壓控制型   (b) 電流控制型

圖 5-10   負電阻電壓電流特性曲線

負電阻元件與諧振電路有串聯與並聯兩種接法,如圖 5-11 所示,只要負電阻元件的負電阻與 LC 諧振電路之等效直流電阻相等時,則 LC 電路將可產生一很大的調變電壓,進而產生振盪,其振盪頻率為

$$f_{\text{osc}} = \frac{1}{2\pi} \sqrt{\frac{1}{LC}\left(\frac{R_N + R}{R_N}\right) - \frac{1}{4}\left(\frac{R}{L} + \frac{L}{R_N}\right)^2}$$

式中 R 為電感 L 串聯等效電阻,R_N 為負電阻元件等效電阻。

圖 5-12 所示為利用透納二極體與 LC 諧振電路所組成之負電阻振盪器,R_1 及 R_2 為偏壓電阻,使透納二極體工作於負電阻區域,而產生振盪。

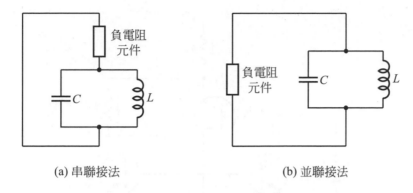

(a) 串聯接法　　　　　　　　　　(b) 並聯接法

圖 5-11　負電阻元件之接法

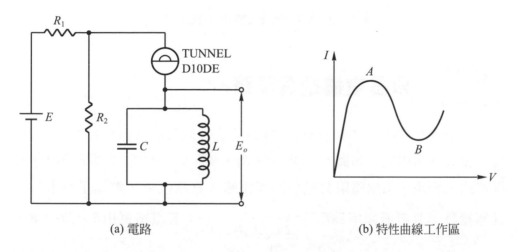

(a) 電路　　　　　　　　　　(b) 特性曲線工作區

圖 5-12　透納二極體振盪電路

　　圖 5-13 所示為電晶體組合之負電阻振盪電路，電阻 R_F 決定回授電流的大小。當 I_{B1} 增加時，I_{C1} 亦增加，造成 V_{C1} 下降，因而 I_{C2} 及 I_{C3} 減小，相當於基極輸入阻抗增加。反之，I_{B1} 減少時，輸入阻抗亦減小，使電路呈負電阻特性。

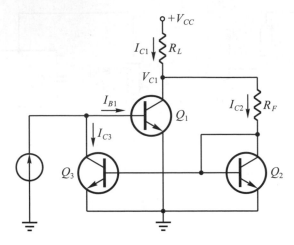

圖 5-13　電晶體組合負電阻振盪電路

5-7　韋恩電橋振盪電路

　　韋恩電橋(Wien-Bridge)振盪電路是由一個電橋網路與具有 360°相移之放大器所組成，如圖 5-14 所示，R_1、R_2、C_1、C_2組成電抗分壓正回授電路，而R_3、R_4為電阻分壓負回授電路。當諧振時，電橋呈電阻性，且無相移，其振盪頻率為$f_{osc} = \dfrac{1}{2\pi\sqrt{R_1 R_2 C_1 C_2}}$；若電路選用$R_1 = R_2 = R$、$C_1 = C_2 = C$，則振盪頻率$f_{osc} = \dfrac{1}{2\pi RC}$。$Q_1$及$Q_2$為$CE$放大器，每級倒相180°，兩級剛好為360°，而$R_3$為一個負溫度係數的熱敏電阻，當振幅增加時，流過$R_3$之電流會跟著增加，而$R_3$會因溫度上升而電阻下降，使負回授量增加，增益下降，使振幅減小。R_4可用正溫度係數之鎢絲燈代替電阻，亦可得到相同的作用，即若振盪振幅增加，流過R_4之電流增加，電流增加會使R_4鎢絲燈電阻增加，使負回授量增加，振幅減少，而維持了穩定的輸出振幅。

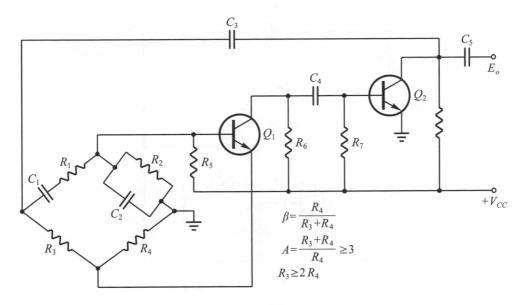

(a) 電路

$$\beta = \frac{R_4}{R_3 + R_4}$$

$$A = \frac{R_3 + R_4}{R_4} \geq 3$$

$$R_3 \geq 2\,R_4$$

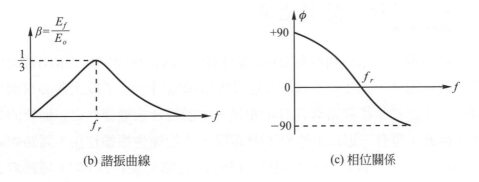

(b) 諧振曲線　　　　　　　(c) 相位關係

圖 5-14　韋恩電橋振盪電路

　　圖5-15所示之電路，係利用運算放大器組成之韋恩電橋振盪電路，FET為自動增益控制，振盪信號輸出被整流、濾波再送入FET閘極。當閘極電壓上升時(N通道為負)，則 FET 的內阻也上升，使增益下降，因此可降低信號振幅。

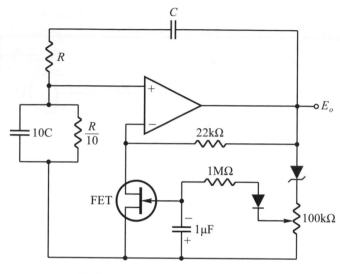

圖 5-15　OPA 韋恩電橋振盪電路

5-8　相移振盪電路

　　相移振盪電路係利用電阻R及電容器C組成相移(Phase Shift)電路與放大器所組成，其工作原理類韋恩電橋振盪電路，除了放大器必須倒相180°外，回授相移網路需有180°相移，才能符合振盪條件之正回授的要求。因此，需有三節以上的RC相移電路，才能產生振盪作用，電路如圖5-16所示。爲了滿足180°之相移，每節RC電路必須相移60°，電路增益不得小於29，其振盪頻率$f_{osc} = \dfrac{1}{2\pi\sqrt{6}RC}$。

　　圖 5-17 爲運算放大器之RC相移振盪電路，R_1、R_2、R_3、R_4與D_1、D_2組成波幅限制電路，VR 5k 爲電路之穩定性調整。當信號振幅大時，二極體順向偏壓而導通，使電路增益下降，可維持信號振幅在一定的範圍內。R_1、R_3及R_2、R_4的比值可改變限制準位大小。

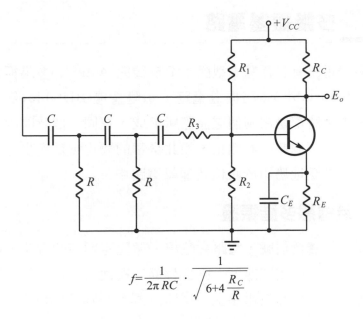

$$f=\frac{1}{2\pi RC}\cdot\frac{1}{\sqrt{6+4\dfrac{R_C}{R}}}$$

圖 5-16　*RC*相移振盪電路

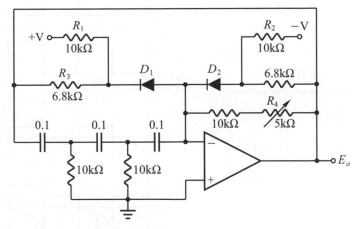

圖 5-17　OPA *RC*相移振盪電路

5-9　多諧振盪電路

　　多諧振盪電路有三種基本型態：①無穩態(Astable)多諧振盪電路，②單穩態(Monostable)多諧振盪電路，③雙穩態(Bistable)多諧振盪電路。這些振盪電路都是由兩個電晶體所構成，在同一個時間內，有一個電晶體導通，另一個電晶體截止，如此交替的變化，是產生方波或脈波的振盪電路，廣泛地應用於數位及邏輯電路中。

5-9-1　無穩態多諧振盪

　　不需要任何觸發信號，電路會輸出一個固定頻率的方波，電路中兩個電晶體永遠沒有穩定狀態，一直交替導通與截止，是一種自激式振盪電路，可應用於時序脈波電路上，電路如圖 5-18(a)所示。

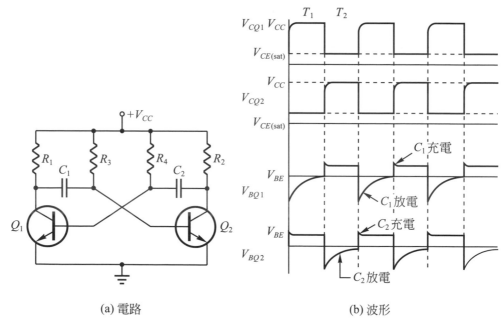

(a) 電路　　　　　　　　　　　　　　(b) 波形

圖 5-18　無穩態多諧振盪電路

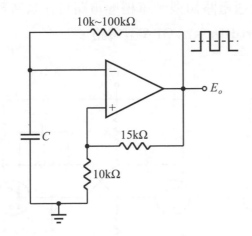

$R_3 = R_4$ $C_1 = C_2$ 對稱方波

$R_3 \neq R_4$ $C_1 \neq C_2$ 非對稱方波

$T_1 = 0.693$ $C_2 R_4 \doteqdot 0.7 C_2 R_4$

$T_2 = 0.693$ $C_1 R_3 \doteqdot 0.7 C_1 R_3$

若 $R_3 = R_4 = R$ $C_1 = C_2 = C$

$T = T_1 + T_2 = 1.4RC$

$f = \dfrac{1}{T} = \dfrac{1}{1.4RC} = \dfrac{0.714}{RC}$

(c) OPA 型

圖 5-18　無穩態多諧振盪電路(續)

電路動作原理為當電源加上瞬間，Q_1 及 Q_2 順向而導通，然電晶體特性並不完全相同，故設 Q_1 導電較 Q_2 為大，則形成 Q_1 飽和、Q_2 截止。Q_2 截止使 C_2 充電至 V_{CC}，而 C_1 經 R_3 Q_1 放電，使 Q_2 之逆向偏壓降低。由於 R_3 提供 Q_2 順偏，當 Q_2 之基射間電壓達到 0.6V 時開始導通。Q_2 導通後，集極電流上升、集極電壓下降，使 C_2 對 R_4 放電，Q_1 基射間出現逆偏截止。Q_1 截止，集極電壓上升，C_1 充電至 V_{CC} 使 Q_2 飽和，如此循環產生週期性方波。圖 5-18(c)所示為 OPA 型電路。

5-9-2　單穩態多諧振盪

單穩態多諧振盪電路如圖 5-19(a)及(b)所示，為兩級 RC 交連正回授放大器，無觸發脈波時，電路呈永久穩定狀態，即一個電晶體導通，另一個截止。若有適當的觸發脈波輸入，電路交換導電態，但經過一段短暫時間後又自動恢復原來之狀態，為半穩態(Quasisteady)，輸出頻率受輸入觸發脈波所控制。觸發電路是由 C_T 及 R_T 組成之微分電路來供給觸發脈波，有正緣觸發及負緣觸發兩種電路類型。單穩態電路可作延時整形電路及定時電路之應用。圖 5-19(d)所示為 OPA 型電路。

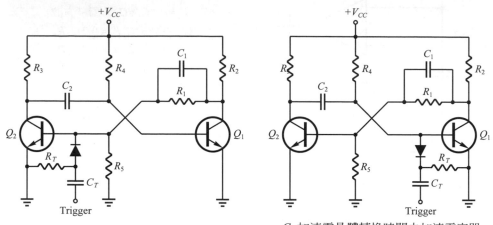

(a) 正緣觸發　　　　　　　　　　　　　　(b) 負緣觸發

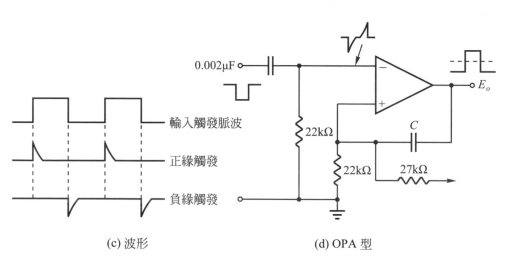

(c) 波形　　　　　　　　　(d) OPA 型

圖 5-19　單穩態多諧振盪電路

5-9-3 雙穩態多諧振盪

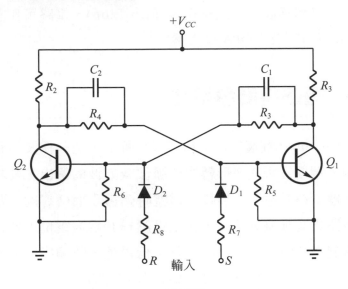

(a) 電路

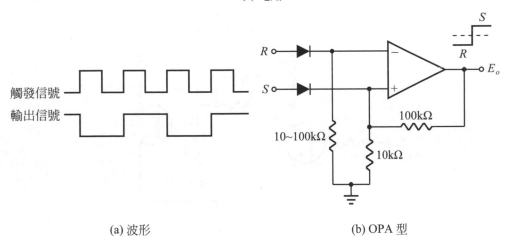

(a) 波形   (b) OPA 型

圖 5-20 雙穩態多諧振盪

雙穩態多諧振盪電路如圖 5-20(a)所示，為兩級反相器，是電阻分壓交連之正回授放大器，電路有兩個穩定狀態，其中一個電晶體導通，另一個截流，在任何一種狀態下都保持穩定，觸發脈波輸入一次，狀態才改變一次，又稱為起伏器或正反器(Flip-Flop)，電路可作計數及記憶功能。圖 5-20(c)所示為 OPA 型電路。

5-10 樞密特觸發電路

樞密特(Schmitt)觸發電路如圖 5-21 所示，是一種波形整形電路，可將任何輸入週期性調變波形轉換成脈波或方波的輸出，其具兩級正回授直流放大器，在常態下，無輸入信號時Q_1截止而Q_2導通。當輸入觸發信號大於電路之高觸發準位時，輸出電壓提升為高電位；若輸入觸發信號小於低觸發準位時，輸出電壓下降為低電位，故輸出形成方波。改變R_E電阻值可以決定輸入信號強度，C_1為加速電容器。

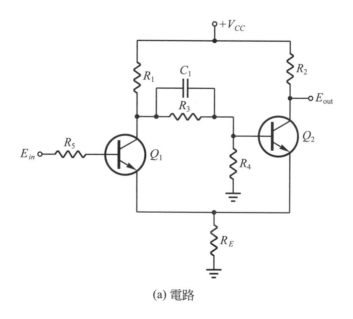

(a) 電路

圖 5-21　樞密特觸發電路

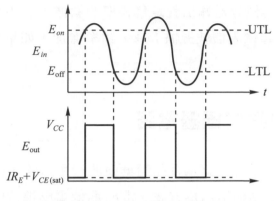

圖 5-21　樞密特觸發電路(續)

5-11 三角波振盪電路

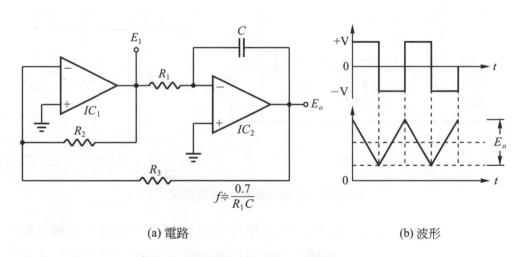

(a) 電路　　　　　　　　　　　(b) 波形

圖 5-22　三角波振盪電路

　　將方波積分即可獲得一三角波,電路如圖 5-22 所示。IC_1 為一個具有參考電壓準位由 R_2 及 R_3 比率所決定的磁滯型比較器,而 IC_2 為積分器。若 IC_1 輸出在負飽和狀態,輸入到積分器 IC_2 時,使 IC_2 輸出為一個正斜率的斜波，而 IC_2 積分器輸出就是負斜率的斜波。若 R_2 增加，則參考電壓準位下降，引起輸入信號振幅下降，頻率增加，如果 R_1 減小，則頻率增加。

5-12 鋸齒波振盪電路

如圖 5-23 所示之電路為電晶體鋸齒波產生電路，Q_1、Q_2 組成無穩態多諧振盪器，A 點輸出 V_A 為方波。當 E_A 為低電壓準位時，使 Q_3 電晶體截止，V_{CC} 經 R_6 電阻向 C_4 充電。當 E_A 為高電壓準位時，電晶體導通飽和，電容器 C_4 經電晶體 Q_3 放電，而產生鋸齒波的輸出。

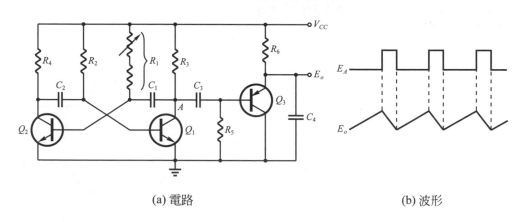

(a) 電路　　　　　　　　　　　　(b) 波形

圖 5-23　電晶體鋸齒波振盪電路

圖 5-24(a)所示為利用 FET 控制積分器電容器之充放電，以獲得鋸齒波的輸出，因電路具有負輸入之固定信號電壓，經積分器可產生一正斜率之鋸齒波。圖 5-24(b)所示係應用 PUT 來控制積分器之充放電，當 C 充電，充到 V_A 大於 V_P 以上時，PUT 導通，C 經 PUT 瞬間放電，當電容電壓低於 PUT 最小維持電壓以下時，PUT 截止，C 又開始充電，如此週而復始，便產生了鋸齒波之輸出。

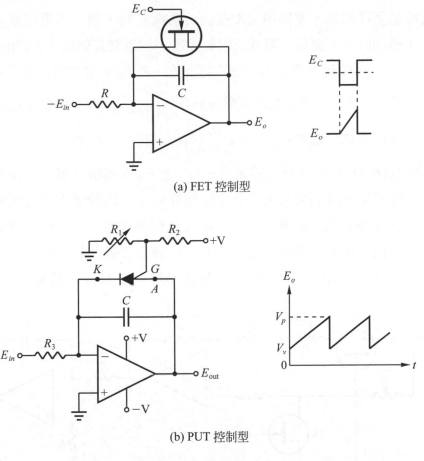

(a) FET 控制型

(b) PUT 控制型

圖 5-24　鋸齒波產生器

5-13 電壓控制振盪電路

電壓控制振盪電路(Voltage-Controlled Oscillator，VCO)如圖 5-25 所示，其振盪頻率可以用外加電壓予以控制，即改變積分器之輸入電壓，可獲得輸出頻率之變化。當輸入電壓增加時，使電容器之充電電流上升，則電容器充電的速率愈快，而使頻率增加，因此，其振盪頻率和控制電壓呈性關係。電路中之A_1在Q_1、Q_2截止時，為一電壓隨耦器；當Q_1、Q_2導通時，A_1為單一增益反相放大器，故A_1交互供給$+E_{in}$和$-E_{in}$到積分器。在$+E_{in}$時，電容器往負充電；在$-E_{in}$時，電容器往正充電。A_3為一比較器，當積分器之輸出電壓E_B為$-V_Z\left(\dfrac{R_4}{R_4+R_5}\right)$時，將$Q_1$及$Q_2$導通；而當積分器之輸出電壓$E_B$為$V_Z\left(\dfrac{R_4}{R_4+R_5}\right)$時，將$Q_1$及$Q_2$截止。

Q_1及Q_2 OFF 時，輸出電壓為$-V_Z$，而E_{in}被加積分器上，使電容器向負方向充電，直到與R_4上之負電壓相等為止，比較器A_3輸出便轉換成$+V_Z$，Q_1及Q_2導通，A_1轉換成單一增益反相放大器，此時積分器之輸入為$-E_{in}$，積分器輸出開始往正走，直到積分器之輸出達到R_4上之正電壓為止，此時比較器輸出轉為負，Q_1及Q_2 OFF，此程序重覆動作。

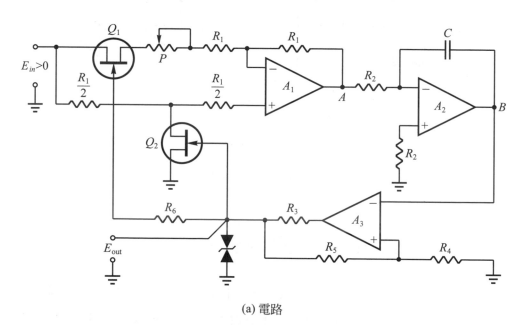

(a) 電路

圖 5-25　電壓控制振盪電路

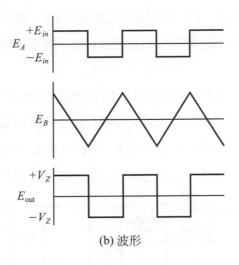

(b) 波形

圖 5-25　電壓控制振盪電路(續)

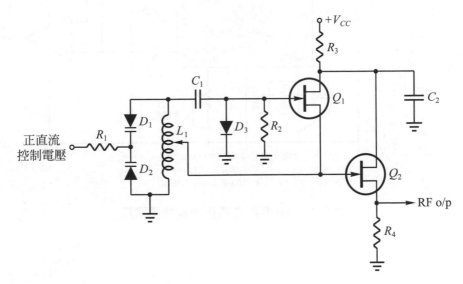

圖 5-26　電子調諧電路

　　圖 5-26 所示為電壓控制振盪電路，使用於電子調諧器，其原理為利用施加於變抗二極體之逆向偏壓的改變，以使振盪頻率產生變化。Q_1 組

成哈特萊式振盪電路，D_1、D_2及L為調諧電路，而D_1及D_2是施加直流控制電壓，Q_2接成源極隨耦器，為Q_1到負載之隔離緩衝器，以使頻率輸出更趨穩定。

　　圖5-27所示為線性電壓控制式振盪電路，應用IC8038元件，外接電容器作連續性充電與放電，可產生對稱三角波的輸出，振盪頻率由充電電流來決定，然充電電流與8038之輸入電壓成非線性關係，故需加上μA741之運算放大器，以修正輸入電壓與輸出頻率成線性關係。

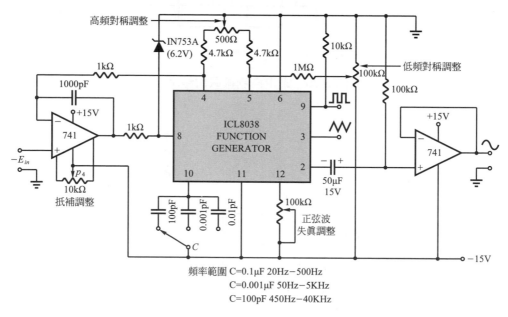

圖5-27　8038線性電壓控制振盪電路

習題

1. 何謂振盪？請說明振盪電路之構成及原理。

2. 請繪圖說明哈特萊及考畢子振盪電路之原理。

3. 何謂克勒普振盪電路？

4. 請說明晶體振盪電路之原理。

5. 試述負電阻振盪電路之原理。

6. 請繪圖說明韋恩電橋振盪電路之結構與原理。

7. 請繪圖說明 RC 相移振盪電路之原理。

8. 請列舉說明多諧振盪器之分類及其工作原理。

9. 請敘述樞密特觸發電路之原理。

10. 試繪三角波振盪電路，並請說明其原理。

11. 請說明 PUT 控制之鋸齒波振盪電路之工作原理。

12. 試述電壓控制振盪電路之原理。

Chapter

6

檢知電路

➡ **本章學習目標**

(1)瞭解峰值、零交越、相位等檢知電路之結構與原理。

(2)認識取樣與保持電路之原理與應用。

　　檢知電路是檢知輸入信號準位、相位或是頻率大小，而使輸出電壓準位發生變化的一種偵測電路，如偵測信號電壓準位、峰值、相位、頻率及零交越點等。對於電路電流已超過額定值或是漏電等之偵測，可應用檢知電路去控制繼電器進而切斷電源，以保護電路免於遭受破壞，進而確保設備裝置的安全。取樣保持電路是能在極短的時間內完成對類比信號之輸入取樣，並將取樣的電壓保持一段時間再予以輸出，經常使用於階梯波信號產生器或是數位對類比轉換器及其他應用電路上。

6-1 峰值檢知電路

　　峰值檢知電路是在某段已知時間內，電路的輸出電壓是此時間內最高的輸入電壓，一直到電路被重新設定為止，即可檢知某段時間內之峰值電壓，並加以輸出。電路如圖 6-1(a)所示，而其輸出電壓波形如圖 6-1(b)所示。

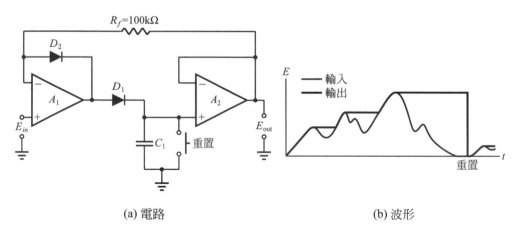

(a) 電路　　　　　　　　　　　　　(b) 波形

圖 6-1　峰值檢知電路

電路之基本原理爲，放大器A_1及A_2均爲單一增益電壓隨耦器，當有電壓輸入A_1時，C_1充電到峰值電壓，D_1防止C_1放電。當A_1之輸出小於峰值電壓時，D_2提供一回授路徑，以防止A_1飽和。A_2爲介於C_1與輸出間之緩衝放大器，因A_2的高輸入阻抗可避免對C_1造成負載效應。當E_{in}低於電容器之電壓時，R_f電阻是防止輸出電壓受輸入所影響之隔離電阻。C_1電容器之選擇必須爲$\dfrac{I_{max}}{C_1} \le S$，$S$爲$A_1$運算放大器之轉動率(單位時間內，輸出電壓最大的改變率$S = \dfrac{\Delta E_{out}}{\Delta t} V/\mu s$)。若將$D_1$及$D_2$反向，電路則成爲負值檢知電路。

圖 6-2 所示爲峰對峰值檢知電路，即將正峰值檢知電路與負峰值檢知電路共同輸入到加法－減法器電路中，輸出取正峰值與負峰值之差。

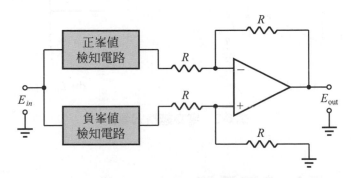

圖 6-2　峰對峰值檢知電路

6-2 　零交越檢知電路

在有些電子電路控制電路系統中，檢知信號通過零點的瞬間是很重要的。有許多相位檢測系統，即利用零交越檢知電路來獲得相對的相位關係資料。如圖 6-3(a)所示爲零交越檢知電路，圖 6-3(b)所示爲輸出電壓對輸入電壓之關係圖。

當E_{in}大於零時，輸出電壓箝位在D_1的順向電壓降。當輸入電壓通過零點時，D_1無順向偏壓，此時稽納二極體Z_1尚未導通。若輸入通過零伏，放大器之增益約等於放大器之開環增益，故獲得良好的零交越精確度。若輸入電壓往負增加時，放大器之輸出被推動至Z_1之崩潰電壓，故當輸入電壓自零伏往負增加時，輸出電壓由V_{Z1}變化到$-V_{D1}$。D_1需選擇低順向電壓降的二極體，R電阻為限流電阻，以防止輸入電壓過載。將D_1及Z_1反向，可得到負輸出之V_{Z1}。

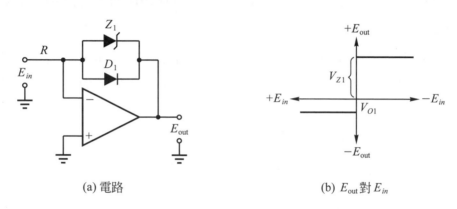

(a) 電路

(b) E_{out}對E_{in}

圖 6-3　零交越檢知電路

6-3　相位檢知電路

　　相位檢知電路是一種檢知參考輸入信號與一測試信號之間相位差的電路，電路由兩個零交越檢知電路所組成，如圖 6-4 所示之電路。

　　將零交越檢知電路之輸出加以微分，可得到如圖之脈波輸出，而其測試信號與參考信號之間的相位差，可藉測量其零交越點的時間差$(t_2 - t_1)$來求出。閘門產生器(Gate Generator)為一正反器電路，此正反器於t_1時由脈波設定(Set)，而於t_2時由脈波重置(Reset)，來自閘門產生器的脈波時間為(t_2-t_1)秒,故只要閘門產生器有輸出,則取樣閘門(Sampling Gate)電路就充許來自脈波產生器的整列高頻脈波通到計數器,於是計數器按t_1到t_2的時間去計算通過取樣閘的脈波數,在(t_2-t_1)時間內所計數的脈波數和信號的相位差成正比,故相位差$\Delta\phi=\omega_{ref}(t_2-t_1)=K\times$脈波數,$K$為脈波產生器之比例常數。

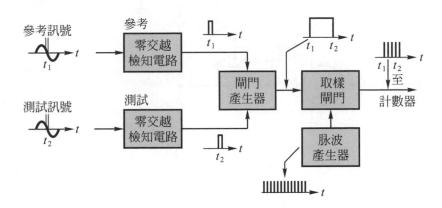

圖 6-4 相位檢知電路

6-4 取樣與保持電路

　　取樣與保持(Sample And Hold S/H)電路之工作原理為,當取樣命令下達時,電路迅速地將電容器充電至電路的輸入電壓,而在延長的一段時間內保持該輸入電壓於輸出端。利用峰值檢知電路加以修改,可構成取樣與保持電路。取樣與保持電路廣泛地使用於資料擷取系統(Data Acquisition System)、數位工業控制及數位通信,亦可應用於連續接近式類比對數位轉換器,可在轉換週期內保持類比輸入電壓的穩定。取樣與保持電路由於其電路型態的不同,有不同程度的速度和精確度。如圖6-5所示為取樣保持電路及波形。

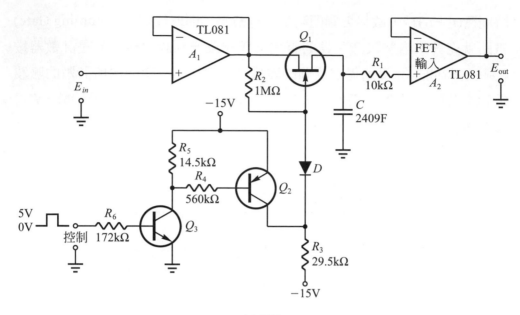

(a) 電路

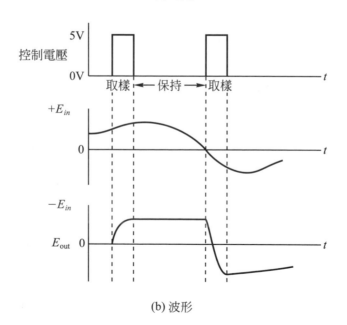

(b) 波形

圖 6-5　取樣保持電路與波形

6-4-1　電路原理

A_1是輸入緩衝放大器，當Q_1導通時，提供電容器充電電流。A_2為輸出緩衝放大器，使輸出對電容器C不致造成負載效應。R_1為電容器C與A_2輸入端的隔離電阻，防止電源關掉時，電容器上的電荷送入A_2輸入端。Q_2和Q_3為電晶體開關，截止時將$-V$加於Q_1閘極，導通時二極體D不導通，Q_1閘極電壓由R_2提供。

當控制電壓為 5V 時，Q_2和Q_3導通，而Q_1閘極電壓經由R_2而導通，故A_1經Q_1將C充電至E_{in}電壓為正，電容器C迅速充電；若E_{in}電壓為負，則電容器C時以Q_1之I_{DSS}最大電流來充電。控制電壓使電容器C有足夠的時間充電至最大輸入電壓，當控制電壓為零時，Q_2及Q_3截止，Q_1的閘極電壓為$-V$，則Q_1截止，保持時間開始，輸出電壓保持在最後輸入電壓之準位，直到下一取樣週期開始時停止。電容器需採用高品質的電容器，以防止漏電損失，造成電路的不準確。

6-4-2　電路應用－階梯波產生器

如圖 6-6 所示之電路為階梯波產生器，其係利用兩個取樣與保持電路組成。S/H-1 的輸出電壓經由差動放大器和參考電壓V_{RE}相加，由 S/H-2 加以取樣與保持，緊接著又成為S/H-1 之輸入電壓，如此循環相加，即產生電壓逐次升高的階梯波。當$\dfrac{R_2}{R_1} > 1$ 時，產生漸增之階梯波；若$\dfrac{R_2}{R_1} < 1$時，產生漸減階梯波。當Q_1導通時，$E_{Q2} = 0$，電路被重新設定；當Q_1截止時，階梯波將由零伏重新開始。

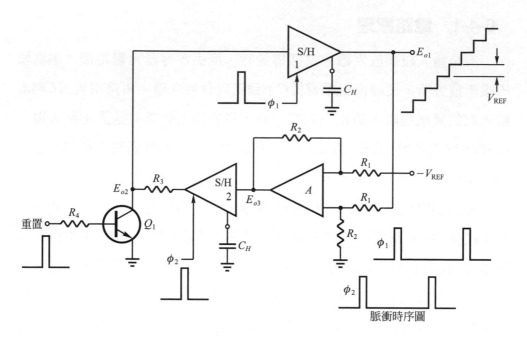

圖 6-6　階梯波產生器

習題

1. 試繪圖說明峰對峰值檢知電路之原理。

2. 請說明零交越檢知電路之工作原理。

3. 請繪方塊圖說明相位檢知電路之原理。

4. 試繪圖說明取樣與保持電路之工作原理。

Chapter 7

指示電路

➡ **本章學習目標**

(1)明瞭交直流指示電路之結構與原理。

(2)瞭解電話鈴響及使用狀態指示電路之構造與原理。

(3)瞭解數位邏輯準位及狀態之各種指示電路原理與應用。

(4)認識各種顯示器之構成原理。

　　電子電路與裝置，不論是類比或數位，在測試或應用上，若利用指示電路，能迅速且有效地瞭解其信號位準之變化或處於何種使用狀態，例如交直流狀態指示、數位邏輯狀態指示、液面高低指示及電話使用狀況指示等。而顯示器由於可顯示字型，故被廣泛地使用於電腦或民生用品上，如電子鐘、電子錶、電子秤、三用電表及電算機等計器。顯示器由於材料、結構、原理及應用之不同，而有多種類型，故其驅動電路亦有所不同。

7-1　交流及直流指示電路

　　交流及直流指示電路為，當交流脈波信號輸入或直流正負電壓輸入時，可分別指示出其不同輸入狀態的一種電路，如圖 7-1 所示。直流正電壓輸入 LED_1 亮，負電壓輸入 LED_2 亮，而交流脈波信號輸入時，則 LED_3 亮。

　　電路類似電壓比較器，當輸入為正直流電壓時，經 A_1 反相放大，輸出為負電壓，此時 Q_1 逆偏截止，而 Q_2 無順向偏壓也截止，因此，A 點為高電位，而 B 點亦為高電位，然因 G_3 輸出為低電位，而使得 G_1 輸出為低電位，G_2 輸出為高電位，故 LED_1 亮，但 LED_2 及 LED_3 暗。

　　當輸入為負直流電壓時，經 A_1 放大輸出倒相為正電壓，使 Q_1 導通飽和，Q_2 截止，故 A 點為低電位，而 B 點為高電位，又因 G_3 輸出為高電位，故 G_1 輸出為高電位，而 G_2 輸出為低電位，因此，LED_2 亮，而 LED_1 及 LED_3 暗。

　　若輸入為交流脈波信號電壓，此脈波信號經 A_1 放大輸出，由 C_1 交連至 D_1 及 D_2 等元件組成之倍壓整流後，推動 Q_2 基極，促使 Q_2 導通飽和，B 點變成低電位，則 G_1 G_2 輸出為高電位，而 LED_3 亮，其餘 LED_1 及 LED_2 則暗。

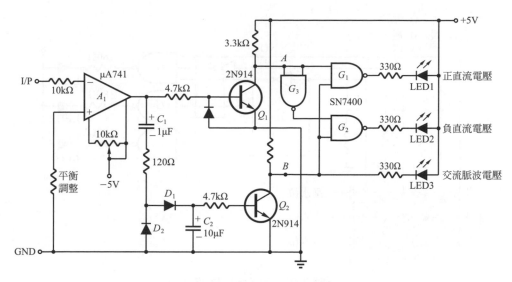

圖 7-1　交流及直流指示電路

7-2　液面指示電路

　　如圖 7-2 所示，為指示液面高低之電路，可應用於水塔或需要顯示液面高低以作應變措施之裝置。

　　當水位在低水位時，長線L與＋5V藉水而導通，此時只有G_1三個輸入皆為高電位，則G_1輸出為低電位，而G_2及G_3輸出為高電位，故 LED$_1$亮，其餘則暗。同理，當水位在中水位時，只有G_2三輸入為高電位，其輸出為低電位，則 LED$_2$亮，其餘則暗。在高水位時，只有G_3三輸入為高電位，輸出為低電位，LED$_3$亮。NAND閘應採用CMOS型，因CMOS輸入阻抗大，無負載效應，易於吸收外界電壓之變化。VR可變電阻 100k為調整輸入電壓準位靈敏應調整。

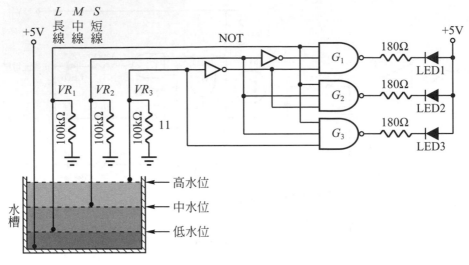

圖 7-2　液面指示電路

7-3　電話指示電路

在工業社會中，家庭或公司為了業務或實際需要，均擁有多部的電話機，若有人撥電話進來時，有時常會因分不清是那一部電話鈴響，或是不瞭解電話的使用狀態，而時常拿錯了話筒。假如能有指示電路，則使用電話時就相當方便。

7-3-1　電話鈴響指示電路

電話電路之直流電源為 48V，當撥通電話時，電信局送出 16Hz 75V 之交流振鈴訊號，而使電話鈴響，因此，電話機平時是施加直流電源，而撥通鈴響時則有鈴流之交流電源。現在利用此一原理，如圖 7-3 電路所示，即可指示出有無鈴響。電路是將電容器 C 與 $D_1 \sim D_4$ 二極體組成之橋式整流電路，當有人撥通電話有振鈴交流信號輸入時，將其整流成直流，以推動LED使其發亮。

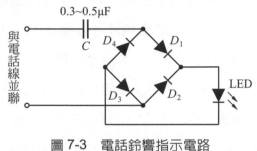

圖 7-3　電話鈴響指示電路

7-3-2　電話使用狀態指示電路

如圖 7-4 所示，是一種可檢知電話線上之使用情況，利用一個LED發亮動作的不同，來指示出電話正處於何種使用狀態的電路。當沒有通話時，LED 是暗的，然只要有人撥電話進來，則 LED 每秒閃爍一次。而拿起話筒通話或撥電話出去時，則 LED 發亮。

電話線在無通話時，約有48V 之直流電壓，此使 MCT-2 光耦合器內LED亮，故光電晶體導通，輸出為 "0"，I_1 反相器輸出為 "1"，經2MΩ輸入 G_1 及 G_2。G_2 另一端輸入為 "0"，故其輸出為 "1"，使 I_2 輸出為 "0"，G_3 輸出為 "1"，送入 G_1 輸入端，此時 G_1 輸入端全為 "1"，G_1 輸出為 "0"，電晶體 Q_1 截止，LED 不亮。

當電話響時，電話線上有振鈴交流電壓約 75V 左右，此交流信號被光耦合交連到 I_1 時，I_1 輸出為交流 "1" 及 "0" 的變化，此信號經 C_1 及 R_4 輸入 G_2，而 $R_3 C_2$ 組成之積分電路將信號積分為高電位，故 G_2 輸出為 "0"。於是 I_2 反相為 "1" 送入 G_3，G_3 導通使振盪信號($I_3 I_4$ 振盪電路之信號)輸入到G_1，此時Q_1電晶體被低頻信號控制，每秒使LED閃亮一次。二極體D_1保護光耦合之發光二極體，以免被振鈴交流逆向電壓所破壞。

　　有人拿起話筒時，電話線電壓僅有$6\sim8V$直流電壓，光耦合內之發光二極體發光量不足，故光電晶截止，I_1輸入為"1"，輸出反相為"0"，送入G_1使G_1輸出為"1"，推動電晶體Q_1，使LED發亮。

　　當撥電話轉盤(Dial)時，瞬間產生連串高壓脈波，由於積分電路R_3C_2常數大，使得電容無法充到高電位，故G_2被鎖住，單擊(One-Shot)電路I_2無法工作，振盪信號不能通過G_3輸出，而G_1因輸入"0"，則輸出為"1"，去推動電晶體Q_1，使LED發亮。

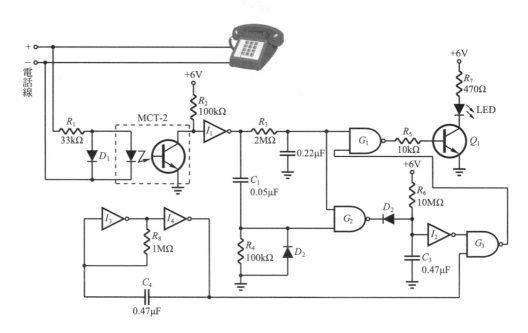

圖 7-4　電話使用狀態指示電路

7-4　邏輯狀態指示電路

數位電路輸入或輸出位準的高低，若用LED或七段顯示器來顯示其邏輯狀態，可瞭解電路之動作狀態，以方便於電路之維修與測試。

7-4-1　邏輯閘狀態指示電路

邏輯閘狀態指示電路如圖 7-5 所示，當輸入的邏輯閘輸出端是開路高阻抗時，紅色 LED 暗，綠色 LED 亮。若輸入此電路為低電位 "0" 時，紅綠 LED 全不亮。當輸入為高電位 "1" 時，紅色 LED 亮，綠色 LED 暗。若輸入為脈波信號時，則紅色 LED 以 2.5Hz 頻率閃爍，而綠色 LED 不亮。

7-4-2　數位信號位準及狀態指示電路

如圖 7-6 電路所示。當輸入信號為高電位狀態，Q_1 導通，Q_2 及 Q_3 截止，則 A 點為高電位，B 點為低電位，則七段顯示器會指示 "H" 字型。當輸入信號為低電位狀態，Q_1 截止，Q_2 及 Q_3 導通，A 點為低電位，B 點為高電位，則顯示 "L" 字型。若輸入為浮動情況開路時，$Q_1 Q_2$ 及 Q_3 全導通，A 及 B 點均為低電位，則顯示 "F" 字型。若輸入為脈波信號時，觸發 IC SN74122 單態多諧振盪器推動邏輯閘，使七段顯示器指示 "P" 字型。

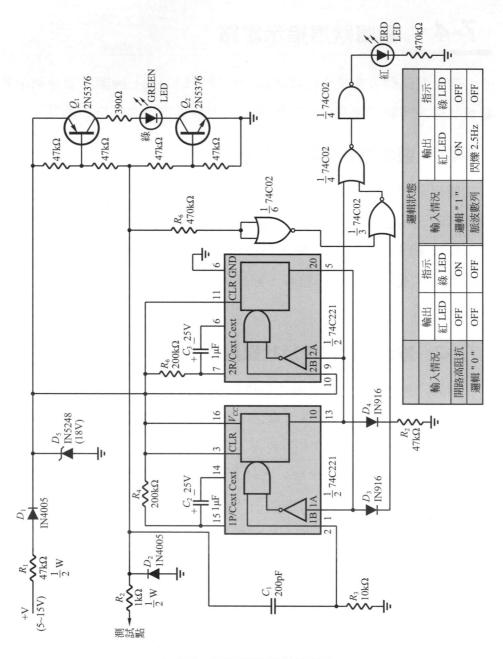

圖 7-5 邏輯閘狀態指示電路

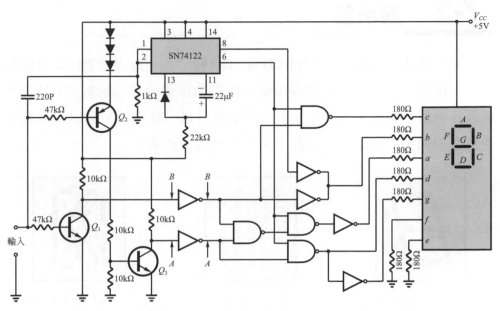

(a) 電路

輸入	A點電位	B點電位	$\overline{A}$點電位	$\overline{B}$點電位	顯示							
					A	B	C	D	E	F	G	字型
高電位	H	L	L	H	H	L	L	H	L	L	L	H
低電位	L	H	H	L	H	H	H	L	L	L	H	L
開路	L	L	H	H	L	L	L	L	L	L	H	F
脈波	X	X	X	X	L	L	H	H	L	L	L	P

(b) 信號狀態

圖 7-6 數位信號位準及狀態指示電路

7-5　顯示器

　　顯示器(Displays)元件有LED及LCD數位式七段顯示器，5×7陣列與十六段字元顯示器、數位顯示管、螢光顯示器及陰極射線管(CRT)顯示器等類型，如圖 7-7 所示。由於顯示器材料、結構的不同，其推動電路也不相同，主要是應用於數字、文字及圖形的顯示。

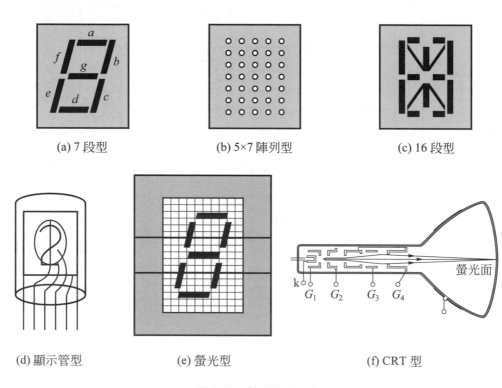

(a) 7 段型　　　　　　　(b) 5×7 陣列型　　　　　　(c) 16 段型

(d) 顯示管型　　　　　(e) 螢光型　　　　　　　(f) CRT 型

圖 7-7　各種顯示器

7-5-1　LED 七段顯示器

　　LED 七段顯示器為利用電子從 N 型區跨過接合區到達 P 型區域，與電洞產生復合作用，而釋放出能量之半導體材料所製成之顯示器。如圖

7-8 所示，控制各段的推動電流經塑膠光導管(Light Pipe)擴大發光區
域，可顯示 0～9 的數字，其順向電壓降約為 1.2V，典型電流大約有
20mA，並具快速的光電轉換能力。

(a) LED 排列方式   (b) 構造

圖 7-8　LED 七段顯示器

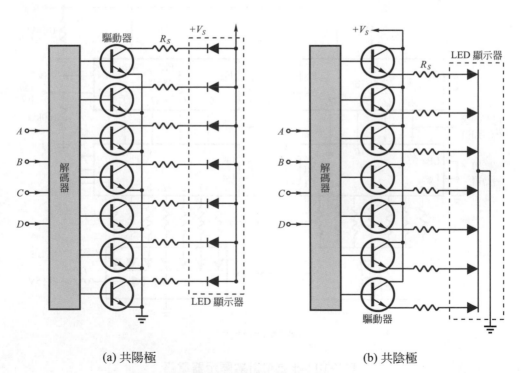

(a) 共陽極   (b) 共陰極

圖 7-9　顯示器解碼電路

　　LED七段顯示器有共陽及共陰兩型式，解碼器／驅動器必須配合顯示器之型式。一般解碼器的輸入用四位元的 BCD 型式來推動。解碼器輸出有七條線，每一段有一條。解碼器／驅動器裡利用各個電晶體導通來點亮各個字段。對共陽極顯示器而言，陽極需連接到正的電源端，而陰極接限流電阻經電晶體導通而接地，如圖 7-9(a)所示。對共陰極顯示器而言，陰極應接地，而電晶體之集極接到電源正端，射極經限流電阻 R_S 接到顯示器陽極，如圖 7-9(b)所示。

　　圖 7-10 所示為十進位計數顯示器電路，由計數輸入端輸入計數脈波，經計數器電路產生 BCD 脈波去推動解碼器／驅動器，使顯示器顯示相對應於計數脈波之數字。

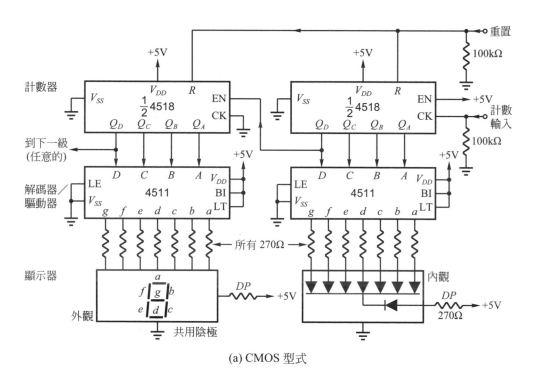

(a) CMOS 型式

圖 7-10　十進位計數顯示器電路

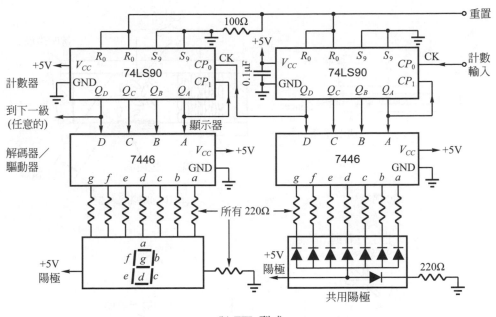

(b) TTL 型式

圖 7-10　十進位計數顯示器電路(續)

7-5-2　LCD 顯示器

液化晶體顯示器(Liquid Crystal Display，簡稱 LCD)有與 LED 一樣之七段顯示或多工顯示。LCD 有動態散射型(Dynamic Scattering Type)及場效應型(Field Effect Type)兩種如圖 7-11 所示。動態散射型之材料為具有晶體發光特性之有機化合物，並使其保持在液體型態存放於兩玻璃薄片之間，玻璃片內表面鍍有透明電極，未加電位時，液態晶體是透明的。當加有電位時，電荷載體流經液態晶體，破壞了分子排列並產生擾動，造成各方向之光動態散射現象，以顯示字段。

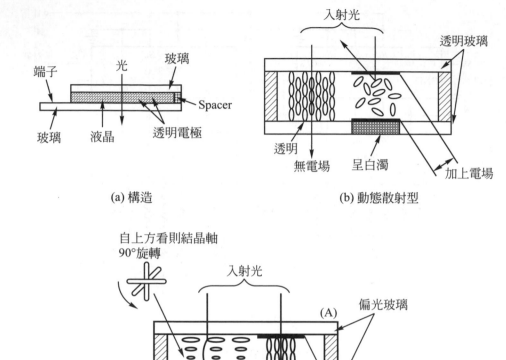

(a) 構造

(b) 動態散射型

(c) 場效應型

圖 7-11　LCD 構造與發光原理

　　場效應LCD是在每一玻璃薄片內之表面上，裝有薄的極性化濾光器 (Polarizing Optical Filter)，而其材料為扭絞的向列(Twisted Namatic) 液晶，當元件被電位推動時，液晶材料扭絞通過此裝置的光線，使得光 線通過濾光器而產生光，以顯示字段。若元件未被推動時，沒有光扭現 象，就不產生亮光。LCD是一種光反射器或透射器，而不是光產生器，故消耗能量很小。LCD需要以正弦波或方波之交流電壓推動,若以直流推動會產生電極電鍍作用,而損害LCD元件。以60Hz方波電壓推動,動態散射型推動電壓壓為$20V_{P-P}$。圖 7-12(a)為 LCD 方波推動方法,方波電壓輸入背面板(Back Plane)共同端,字段各端輸入與背面板方波同相或反相的方波電壓。若為同相。因無電位差,故為OFF不發光;若為反相,則有電位差,而被推動發光,其缺點為衰減時間(Decay Time)長。圖 7-12(b)為驅動電路圖,共為在字劃和背板間加一個 30～300Hz 之方波推動,其點亮字劃的電壓,在任何瞬間都等於供應電壓。

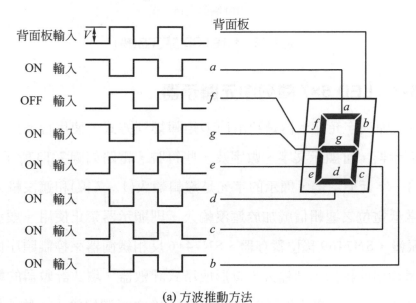

(a) 方波推動方法

圖 7-12 七段 LCD 顯示器

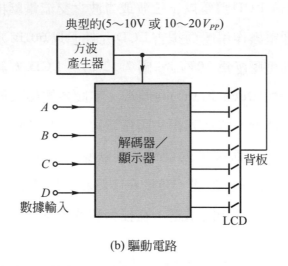

(b) 驅動電路

圖 7-12　七段 LCD 顯示器(續)

7-5-3　LED 5×7 陣列字元顯示器

　　5×7陣列字元顯示器是利用LED矩陣排列方式，使用行及列邏輯控制之顯示器，可顯示文字、數字及一些符號，電路如圖7-13所示。TIL 504為一字元顯示器，顯示的字元是邏輯輸入(1～7線)和遮沒輸入的函數。當低電位之邏輯信號加於遮沒輸入，則顯示器禁止使用。顯示器由UJT振盪，SN7469移位暫存器、SN7416反相緩衝器來控制順序掃描，反相器輸出回授到串列輸入，以形成環式計數器。環式計數器的輸出驅動AT2907之推動電晶體和ROM TMS 4100之行選擇輸入，輸入線 1 到 7 也被 SN7416 反相，以配合正邏輯推動。此電路可接受各種輸入，如BCD、ASCII 及 EBCDIC 等，以顯示字母、數值及符號。

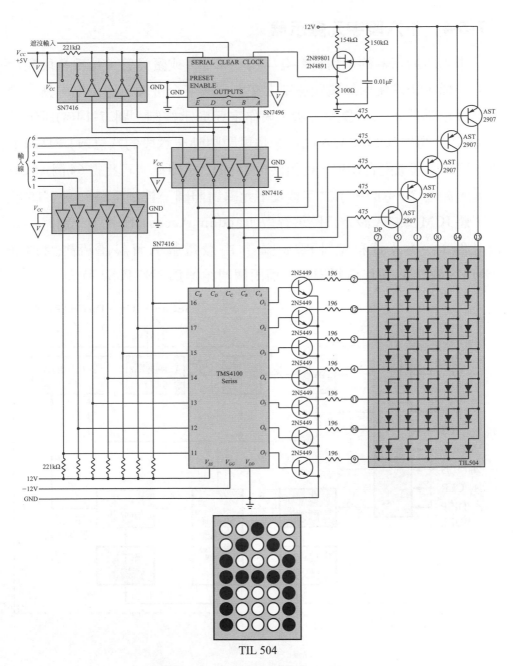

圖 7-13 5×7 字母數字的 LED 顯示器

7-5-4 十六段字元顯示器

十六段顯示器的使用材料有 LED、LCD 或螢光管，是為多段顯示器的一種，普遍使用於電腦控制之文字及數字合併顯示應用上，其一般電路採用動態多工式驅動方法，來作字元顯示控制。圖 7-14(a)所示為 Intersil 公司的 ICM7243A 晶片，是專門驅動十六段的八位數 LED 顯示器，與微處理機配合使用，能提供 6 位元的 ASCII 碼，可獲得 64 個 ASCII 字元，如圖 7-14(b)所示之字型及字元碼對照圖。控制電路如圖 7-15 所示，將 ICM7243A 設定為隨機存取(Random Access)模式，分別將字元位址線$A_0 \sim A_2$ 及資料位址線$D_0 \sim D_5$，由微電腦的資料匯流排閂鎖到 ICM7243A，以便作資料顯示，而兩個閂鎖器為 SN74LS175。

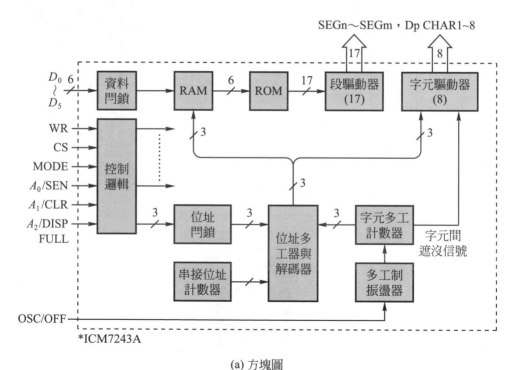

(a) 方塊圖

圖 7-14　十六段顯示器驅動 IC ICM7243A

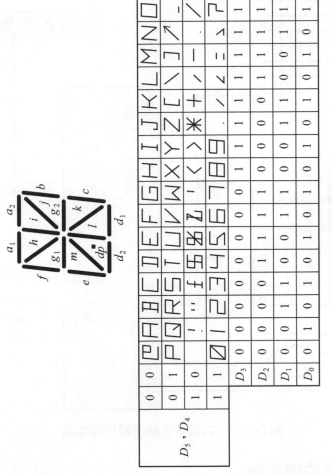

(b) 字型與字元對照圖

圖 7-14　十六段顯示器驅動 IC ICM7243A(續)

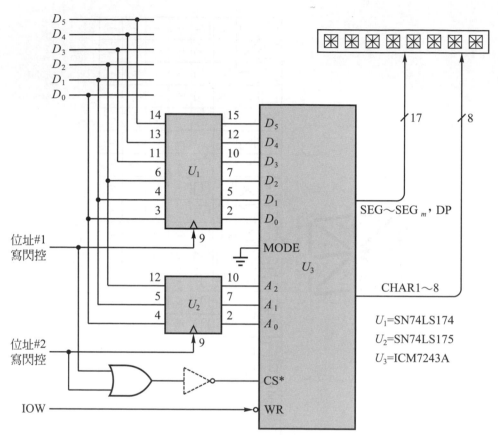

圖 7-15　十六段字元顯示器控制電路

7-5-5　數位顯示管

　　數位顯示管又稱冷陰極管(Cold Cathode Tube)或輝光管(Glow Tube)，具有正電壓供給的平面金屬板為陽極，而 10 個分離的陰極是以 0～9 之數字形狀做成，如圖 7-16(a)所示為電路符號圖。數位顯示管需有相當高的電壓來推動，約 140V～220V 之間，通常在每個陰極上連接一個電晶體閘控電路，以小輸入電壓來控制數字顯示管的發光動作，如圖 7-16(b)所示，此驅動電路為使用高耐壓電晶體與 TTL IC 組合之電路。

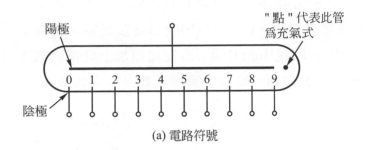

(a) 電路符號

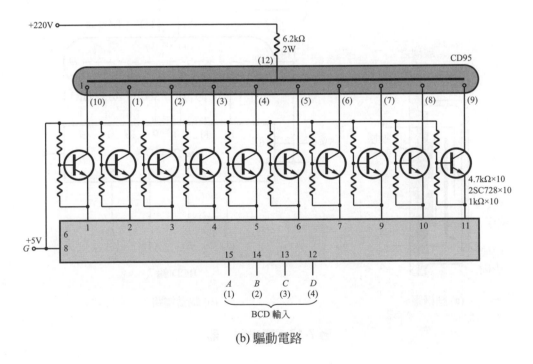

(b) 驅動電路

圖 7-16　數位顯示器

7-5-6　螢光顯示器

　　螢光顯示器(Fluorescent Display)是一種具有燈絲型陰極與控制電子發射的線網狀柵極(Wire Mesh Grid)之眞空管裝置，如圖 7-17(a)所示為其結構圖。7 個分離陽極，外塗有螢光磷質，當這些物質受到電子撞擊時，可產生發光作用，圖 7-20(b)所示為螢光顯示器驅動電路。電路中 BI 為遮沒(Blanking Input)端，若在此端加上低電位狀態之信號，則不論 BCD 輸入信號為何，每個字劃均呈遮沒消光狀態。

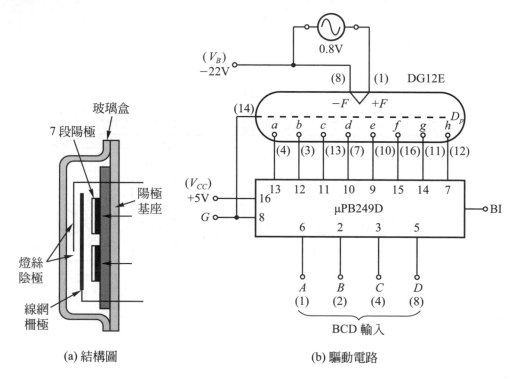

(a) 結構圖　　　　　　　　　　(b) 驅動電路

圖 7-17　螢光顯示器

7-5-7　CRT 型顯示器

CRT 陰極射線管(Cathode Ray Tube)顯示器適用於型體較大，且板面顯示複雜之裝置，如電視或電子計算機之輸出週邊設備。圖 7-18 所示為 CRT 應用於計算機終端顯示器之方塊圖。CRT 控制器之輸入來自微處理機及計時脈衝與光筆(Light Pen)，由微處理機送出指令，設定CRT

控制器內部暫存器及驅動或更新記憶體 RAM 內之資料，並送至字型產生器中，而字型產生器的輸出被輸入至移位暫存器，再由視頻輸出推動CRT 管，使螢幕顯示影像。

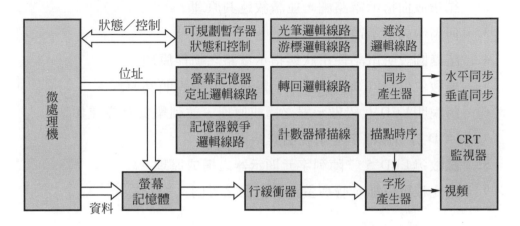

圖 7-18　CRT 顯示器驅動電路

習題

1. 請繪圖說明交流及直流指示電路之原理。

2. 試繪液面指示電路圖，並請敘述其原理。

3. 何謂優先指示電路？

4. 請繪圖說明電話使用狀態指示電路之動作原理。

5. 繪數位信號位準及狀態指示電路，並請說明其原理。

6. 請說明 LED 七段顯示器之構成原理，並列舉其有幾種類型。

7. LCD 有那幾種？並請說明其結構原理。

8. 試敘述 LED 5×7 陣列字元顯示器之構成原理。

9. 請比較數位顯示管與螢光顯示器之異同。

Chapter **8**

轉換電路

➡ **本章學習目標**

(1)明瞭電流－電壓、電阻－電壓轉換電路的
　 結構與原理。
(2)熟悉交流－直流轉換電路之構造與原理。
(3)瞭解數位對類比轉換電路之種類、結構及
　 原理。
(4)瞭解類比對數位轉換電路之種類、構造及
　 原理。
(5)明瞭電壓對頻率轉換電路結構與原理。

　　轉換電路是將信號從一種形式轉變為另一種形式，以便易於信號傳送、儲存或處理的一種電路裝置，如將電流轉換為電壓、電壓轉換為頻率或交流轉換為直流等轉換電路。由程序控制界面上之感測器所檢知之各種類比信號，通常要傳送到微處理機及微電腦上，以進行類比資料的收集與分析，於是在微電腦與程序控制界面間，必須轉換成數位信號，因此需要一個類比至數位(Analog To Digital)轉換電路。微處理機或微電腦之輸出量，一般必須轉換成類比量，才能控制程序裝置，而典型之類比量則如電壓與電流，此類轉換需要數位至類比(Digital To Analog)轉換電路。

8-1 電流－電壓轉換電路

　　如圖 8-1(a)所示，為電流轉換為電壓之轉換電路，當輸入電流通過放大器之R_f電阻時，可獲得輸出電壓$E_{out} = -I_i R_f$，此即將電流之輸入經轉換後形成電壓輸出的型態。由於運算放大器具高輸入阻抗及高增益之特性，故可應用圖 8-1(b)之電路來轉換。A_1為單一增益緩衝放大器，可避免負載效應(Loading Effect)；而A_2為一反相放大器，可將輸入電流轉換後予以放大，可獲得較大的轉換電壓輸出。

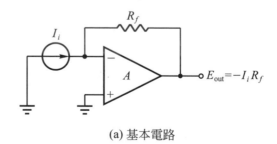

(a) 基本電路

圖 8-1　電流－電壓轉換電路

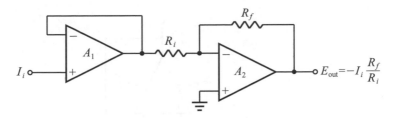

(b) 具有放大作用之電路

圖 8-1　電流－電壓轉換電路(續)

8-2　電阻－電壓轉換電路

電阻－電壓轉換電路，係在未知電阻R_x上流過已知電流I_i，而在R_x上產生之電壓降作爲輸出的電路，如圖 8-2(a)所示之基本電路，此電路是一種電流－電壓轉換器之應用。圖 8-2(b)所示，爲實用之電阻－電壓轉換電路，LM 113 及 FET 構成定電流源推動電路，運算放大器 A 的非反相輸入接有基準電壓−1.220V，在×1 位置時，爲使輸出電壓容易處理起見，運算放大器之輸出電壓剛好爲 10V，故在 LM 113 的電壓加上負載時，中心值上下可能達到±5%之變動，因此用V_{R1}來調整，使輸出能獲得正確的 10V 電壓。運算放大器 B 爲電壓－電流轉換電路，運算放大器 A 的輸出被當成電壓源，因爲未知電阻R_x上要流過一定標準電流I_s，所以需要將電壓轉換成電流，若輸入電壓爲e_s，輸出電流爲I_s，則

$$I_s = \frac{R_8}{R_7} \times \frac{e_s}{R_{11}} = 0.1 e_s \text{(mA)} \dots\dots\dots\dots\dots\dots\dots(8\text{-}1)$$

而流過R_x的電流I_s所產生之電壓律

$$e_o = I_s \cdot R_x \dots\dots\dots\dots\dots\dots\dots\dots\dots\dots\dots\dots(8\text{-}2)$$

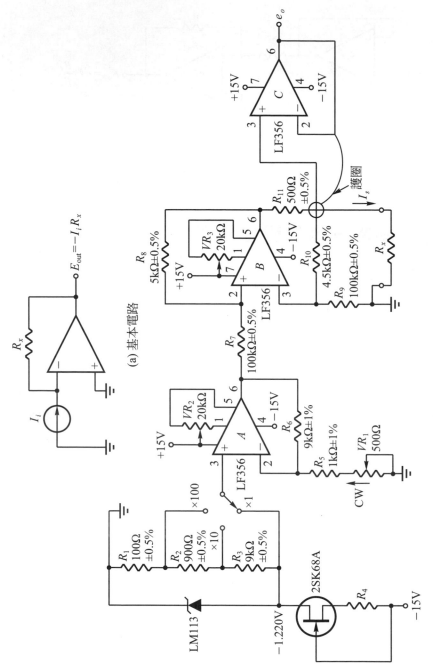

(a) 基本電路

(b) 電阻－電壓轉換電路

圖 8-2

由(8-2)式可知，e_o隨R_x成正比性的變化，以完成電阻轉換電壓的目的。由於R_x的熱端阻抗相當高，爲了獲得低輸出阻抗，加上一級電壓隨耦器(運算放大器C)作爲緩衝之用。在此情況下，爲了防止漏電流，R_{10}、R_{11}及R_x與C放大器之非反相輸入端的連接點集中在一處連接，其周圍以護圈圍住，同時將護圈接到C放大器之輸出端。

8-3　交流－直流轉換電路

交流－直流轉換電路，在類比對數位轉換過程中，是一種必要的電路，其電路如圖 8-3(a)所示。此電路係採用絕對值放大器，輸入端以電容器來耦合。爲使輸出電壓無脈動現象，在後級放大器B上加一電容器C_2，構成積分器加以濾波，以期獲得平滑電壓的輸出。電路爲全波整流方式，若欲使正弦波輸入信號電壓轉換爲全波整流電壓之平均值時，則$R_1 = R_2$、$2R_4 = R_5 = R_6$必須成立，同時放大器之補償與漂移之值要選擇最小的。若欲輸出有效值時，R_6要選用平均值輸出的 1.11 倍$\left(\dfrac{\pi}{2\sqrt{2}}\right)$；若欲得最大值輸出，則$R_6$要採用平均值輸出的 1.57 倍$\left(\dfrac{\pi}{2}\right)$。假如信號電壓本身有失眞，不是完整之正位波時，有效值輸出會產生誤差，圖 8-3(b)爲電路各點之波形。

圖 8-3(a)電路係爲正弦波交流電壓輸入下，輸出正極性之平均值，若欲獲得負極性平均值輸出時，只要將二極體D_1及D_2反接即可。

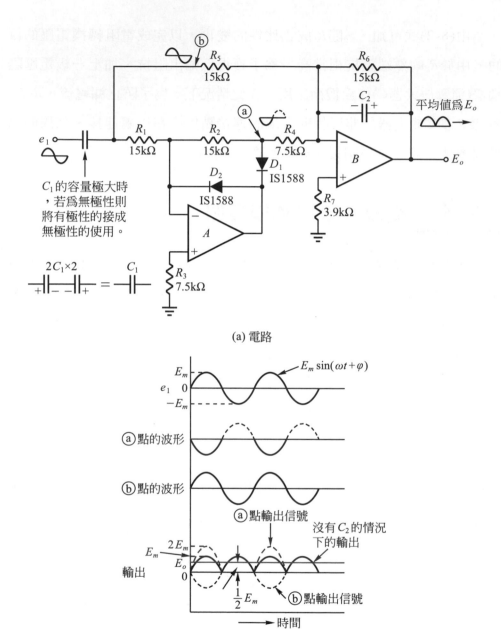

(a) 電路

(b) 波形

圖 8-3 AC-DC 轉換電路(正極性輸出)

8-4 數位對類比轉換電路

數位對類比轉換電路(Digital To Analog Converter)是將數位脈衝轉換成類比輸出電壓,利用此一方法,數位脈衝可用來推動一些需要類比輸入的裝置,如馬達。D/A 轉換電路若輸入數位脈衝位元(Bit)數愈多,則可得到愈佳的精確度。運算放大器通常被應用在 D/A 轉換電路中,可做緩衝器與放大器之用。

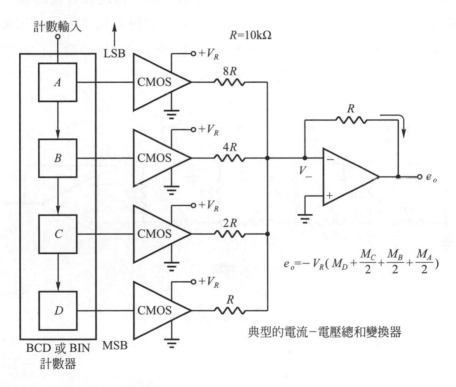

$$e_o = -V_R(M_D + \frac{M_C}{2} + \frac{M_B}{2} + \frac{M_A}{2})$$

典型的電流-電壓總和變換器

圖 8-4　加權電阻 D/A 轉換電路

一、加權電阻型 D/A 轉換電路

加權電阻(Weighted Resistor)型 D/A 轉換電路，如圖 8-4 所示，由加權電阻與 CMOS 所構成之電子式開關和總機放大器組成的電路。若輸入為二進碼時，則各位元的加權電阻值為 $2^{n-1}R$，因此最低有效位元(LSB)側的加權電阻值隨著位元數的增加，而呈指數的增加。由於標準電阻取得不易，且電阻溫度穩定性也有問題，故其精確度較差，不太實用。

二、梯形電阻型 D/A 轉換電路

梯形電阻型 D/A 轉換電路如圖 8-5 所示，為一種比較普遍的 D/A 轉換電路，它解決了電阻的問題，此轉換電路只切換兩個電阻值(若 2R 值為兩個電阻串聯，則只有一個電阻值)，以提供任何對應於輸入位元之輸出位準。$R-2R$ 梯形網路是為二進位加權分壓器或

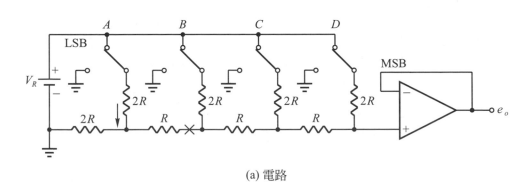

(a) 電路

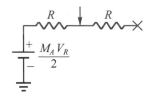

(b) 等效電路

圖 8-5　$R-2R$ 梯形電阻 D/A 轉換電路

分流器，因其使用同阻值之電阻，可容許有較大的誤差，且其受溫度的影響亦較小。

三、電流開關型 D/A 轉換電路

電流開關型 D/A 轉換電路是將加權電阻型或 $R-2R$ 梯形電阻型之定電壓源，以定電流源來取代，使電路不會受運算放大器之抵補(Offset)或是導通電阻所影響，電路如圖 8-6 所示。

四、脈寬調變型 D/A 轉換電路

脈寬調變型 D/A 轉換電路係將各個數位輸入脈衝累加，再轉換為脈波寬度，電路如圖 8-7 所示。只要具有穩定之標準計時脈波，即可獲得高精確度的轉換工作。由於電路使用積分電容器，使得轉換速度遭到限制，這是最大的缺點。

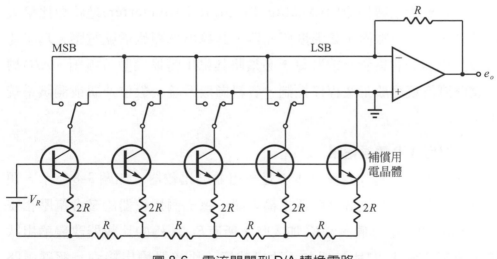

圖 8-6　電流開關型 D/A 轉換電路

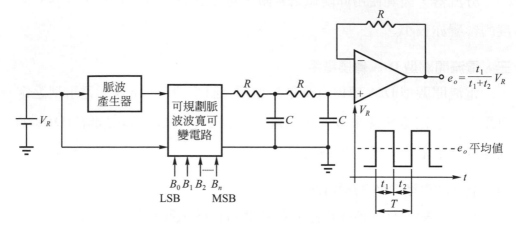

圖 8-7　脈寬調變型 D/A 轉換電路

8-5　類比對數位轉換電路

　　類比對數位轉換電路(Analog To Digital Converter)是將類比輸入信號轉換成數位脈衝，如溫度感測器，其輸出為類比信號電壓。為了能有效且迅速的收集資訊或計算，必須將其輸出轉換成數位脈衝。A/D 轉換電路廣泛使用於工業程序控制、資料擷取系統、數位通訊或測試系統上。

一、並聯型 A/D 轉換電路

　　並聯型 A/D 轉換電路基本上是一組並聯比較器，如圖 8-8 所示，類比輸入同時加於好幾個比較器之輸入端，每一個比較器的參考電壓相差一個 LSB 類比電壓值。當 E_{in} 加入時，所有 $E_{in} > V_R$ 的比較器改變輸出狀態，所有 $E_{in} < V_R$ 的比較器並不改變狀態，比較器輸出接到一解碼電路(Decoding Circuit)，將輸出狀態轉換為數位字元。並聯 A/D 轉換電路轉換速度很快，其時間可短到 30nsec，因為在比較器的安定時間(Settling

Time)和解碼邏輯之傳輸時間(Propagation Time)之後，即可取得數位輸出。

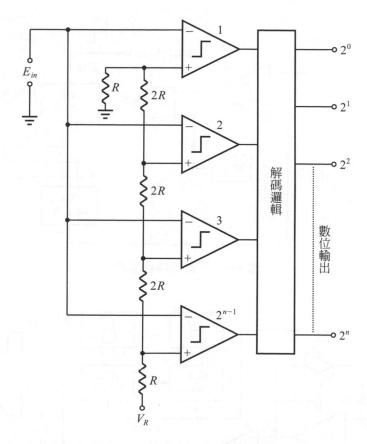

圖 8-8　並聯型 A/D 轉換電路

二、計數型 A/D 轉換電路

計數型 A/D 轉換電路如圖 8-9 所示，電路內有一個D/A 轉換器，將其類比輸出電壓E_A與輸入電壓E_i作比較，若為正時，是變換脈波將計數器清除使$E_A = 0$，且反及閘輸出高電位允許計數脈波通過。當轉換進行時，E_A是以步階方式增加；當E_A等於E_i時，比較器輸出就轉變為負，且

變換脈波與反及閘迫使計數器停止計數，則計數器之數位輸出相對應於
類比輸入電壓的大小。

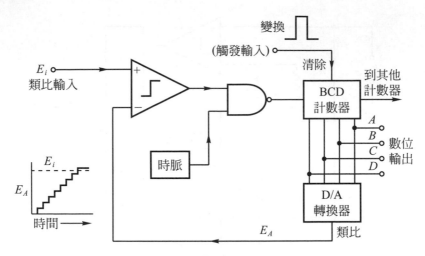

圖 8-9　計數型轉換電路

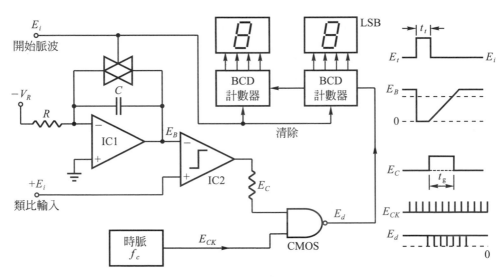

圖 8-10　單斜率型 A/D 轉換電路

三、單斜率型 A/D 轉換電路

單斜率型 A/D 轉換電路如圖 8-10 所示，參考基準電壓V_R被積分，產生輸出之斜波電壓E_B與類比輸入電壓E_i相比較，比較器輸出得到寬度正比於類比輸入電壓之控制脈衝E_c，於控制脈衝寬度內，反及閘輸出高電位，允許二進位計數器對固定頻率的時脈信號計數。當控制脈衝E_c的時間(t_g)結束後，斜波電壓E_B超過E_i，則反及閘輸出為低電位，使計數器計數中止，得到的二進位計數脈衝是對應於類比輸入電壓，而脈波計數值$N = t_g f_c$。

四、雙斜率型 A/D 轉換電路

雙斜率型 A/D 轉換電路是單斜率型的一種改良型式，如圖 8-11 所示之電路，其轉換發生在兩個階段。在第一個階段中，積分器的輸入連接到類比輸入電壓E_i，及閘保持關閉，變換脈衝將積分器重置(短路)和清除計數器，在一個預定時間t_r之後，當積分器的輸出斜波$E_B = -E_M = \dfrac{-E_i t_r}{RC}$時，即進入第二個階段，就由積分器轉換對參考電壓$-V_R$積分，其具有與$E_i$相反的極性。第二階段斜波之斜率為$\dfrac{V_R}{RC}$，當積分器回復到輸出為零的時間$t'$，其所對應的斜波電壓$E_B = \dfrac{V_R t'}{RC}$，此時在$t'$期間內，及閘保持開啟，計數器在此段期間有計數脈波輸出，其脈波數為$N = \dfrac{t_r f_c}{V_R} E_i$。雙斜率型之優點為精確度佳，並因其與參考電壓$V_R$有關，故容易加以控制，且量度較不受雜訊影響。

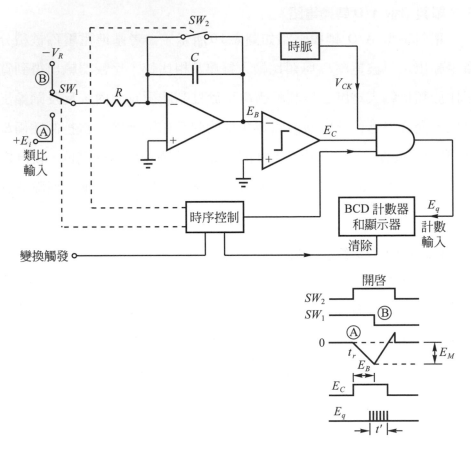

圖 8-11　雙斜率型 A/D 轉換電路

五、連續接近式 A/D 轉換電路

連續接近式(Successive Approximation)A/D 轉換電路是應用最普遍的一種 A/D 轉換器，電路如圖 8-12 所示。此型是將內部電路所產生之控制順序，轉換成數位脈衝輸出，即是由一個計時脈波時間所決定之順序，轉換成一個位元值的輸出。電路中有用正反器組成的暫存器(Register)，正反器之輸出狀態由 MSB 開始，一次一個位元，依次設定為高電位，而成為D/A轉換器之輸入脈衝，D/A轉換器之輸出電壓和對應的輸入脈衝是連續接近類比輸入電壓，故當D/A轉換器之輸出電壓E_A與類比輸入電壓E_i作比較時，可逐次檢驗並修正各位元的狀態，直至LSB為止，而此時暫存器各正反器狀態的組合即為此A/D轉換電路之輸出數位脈衝。此型具有固定的轉換速率及相對的高速率等優點，故常被用於多工、多輸入的電腦資料轉換系統。

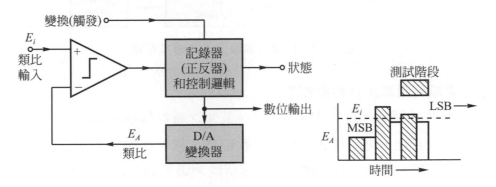

圖 8-12　連續接近式 A/D 轉換電路

六、伺服計數型 A/D 轉換電路

　　伺服計數型A/D轉換電路是利用比較器反轉計數器的方向，使其能追蹤類比輸入電壓，故又稱比較追蹤型A/D轉換電路，如圖 8-13 所示。電路採用數位驅動方式，將輸入類比電壓與 D/A 轉換器之輸出進行比較，比較大小的結果，使上/下計數器做上數或下數的動作，而以數位型態輸出。轉換進行中，若計時脈波停止，則可利用上/下計數器與D/A轉換器，將類比輸入信號保持住，可作數位取樣與保持的功能。此電路之缺點為當輸出位元增加時，A/D轉換器會呈指數型增長，只能適合緩慢變化的輸入電壓。

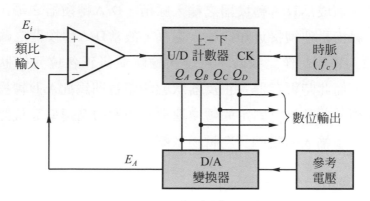

圖 8-13　伺服計數器型 A/D 變換電路

七、電壓對頻率 A/D 轉換電路

　　電壓對頻率之轉換電路，是一種低速之資料轉換電路，其具有優越之信號雜音比，可適用於換能器經數位多工後，將頻率傳送至電腦之計數器與閘門電路中，以完成A/D轉換功能。圖 8-14(a)為其電路方塊圖，其輸出為輸入信號之平均值，因此電壓對頻率之轉換工作，並不需要取樣保持電路。

　　圖 8-14(b)所示為電壓對頻率轉換電路，I_{C1}將輸入電壓E_i加以積分，產生一個和輸入電壓E_i成正比之負向斜波加入I_{C2}比較器，此斜波與臨界電壓E_T作比較，比較器之輸出電壓再回授到Q_1之閘極，以控制Q_1截止或導通，使電容器C作充電或放電動作，而電容器C'提供了正回授及決定輸出數位脈波之寬度。I_{C1}積分器若能使所產生的斜波有很理想的直線性，且I_{C2}比較器具高切換速率，則輸出頻率會很精確的與輸入電壓成正比。輸出脈波頻率$f = \beta E_i$，變換係數β值由斜波的斜率$\dfrac{E_i}{RC}$和臨界電壓E_T來決定。

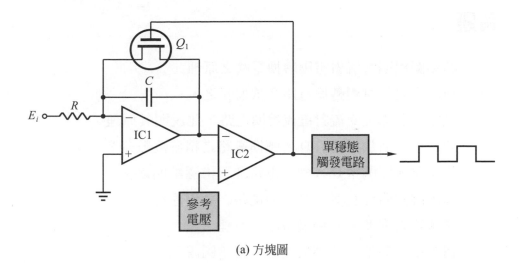

(a) 方塊圖

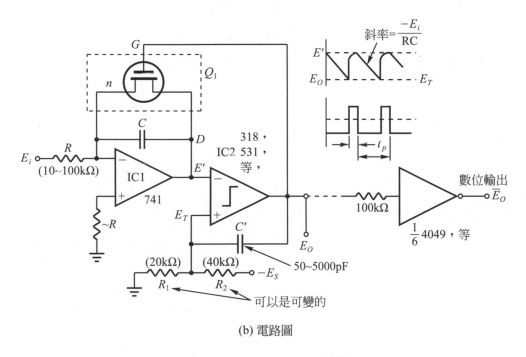

(b) 電路圖

圖 8-14　電壓對頻率轉換電路

習題

1. 請繪圖說明電流對電壓轉換電路之原理。

2. 何謂電阻對電壓轉換電路？試說明之。

3. 試繪一負極性交流對直流轉換電路，並說明其原理。

4. 請敘述為何加權電阻 D/A 轉換電路之精確度較差？

5. 何謂電流開關型 D/A 轉換電路？請繪圖說明之。

6. 請繪圖說明計數型 A/D 轉換電路之動作原理。

7. 試述單斜率型 A/D 轉換電路之原理。

8. 何謂雙斜率型 A/D 轉換電路？請繪圖說明之。

9. 請說明連續接近式 A/D 轉換電路之原理。

10. 請繪圖說明伺服計數型 A/D 轉換電路之原理。

11. 何謂電壓－頻率 A/D 轉換電路？試繪圖說明之。

Chapter **9**

計時電路

➡ 本章學習目標

(1)瞭解單穩態及無穩態 RC 計時電路之構造
與原理。

(2)明瞭 IC 555 計時電路內部之結構與動作原
理。

(3)認識 IC 555 所組成之各種計時振盪電路之
構造與原理。

(4)熟悉閘流體計時開關電路之動作原理。

　　計時(Timer)電路或稱定時電路，是用以完成額定時距之交換動作的一種特別時序電路，它是一種與電子電路相結合的裝置，能提供工業控制系統設備所需要之觸發脈波、邏輯閘控制脈波、掃描電壓及遮沒信號等。尤其是在計算機電路中，可作控制程式執行時所遵循之精確且為時間函數的時序交換信號。計時電路若作開關使用時，可設定一個或多個預定時間，來作開啟或關閉一個電路的計時控制開關。計時電路若與繼電器結合，可控制繼電器之接點開啟或閉合的時間，而成為工業控制系統中之固態電子延時繼電器，故計時電路是可提供與時間成比率的任何信號，以供電子電路控制之用。

9-1　RC 計時電路

　　在計時電子電路中，電容器是用來作計時的重要被動元件，它可作電能的暫時儲存，若與電阻連接，如圖 9-1 所示，可作時間延遲。當 S 開關在①位置時，電池 E 加至 RC 電路上，電容器徐徐被充電，電壓 E_c 慢慢上升，其充電至 E 的時間，依 RC 之值來決定，R 與 C 乘積大者之充電時間長，R 與 C 乘積小時則充電時間短，當到達五倍 RC 之積時，可充電至 E 值。當開關在②位置時，電容器經 R 放電，其放電速率與充電一樣，依 RC 值而定，也是五倍 RC 之積時放電完畢，其曲線如圖(9-1)(b)所示。此種 RC 電路由於電容器是漸漸蓄積電荷，故稱積分電路，可利用此電路當輸入施加電壓在一段時間後，輸出才出現一定的電壓準位，若作控制時，稱計時控制電路。

　　計時電路所用之電容器必須具極低的漏電、良好的介質吸收性及低溫係數。而電阻器之選擇，其誤差應在 0.1% 至 1%，溫度係數於 10～25ppm/℃ 間，如此即可構成精確的計時電路。

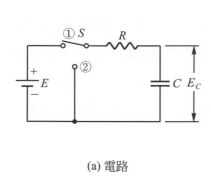

(a) 電路

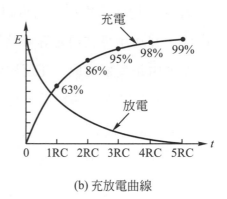

(b) 充放電曲線

圖 9-1　RC 電路

9-1-1　單穩態 RC 計時電路

　　單穩態RC計時電路方塊圖如圖9-2(a)所示，電路由定時電阻器(R_t)、定時電容器(C_t)、開關(S_1)及臨限/控制電路所組成。電路未加入觸發信號時，S_1 ON，使電容器C_t兩端電壓設定為零。在觸發脈波加入時，S_1 OFF，並使輸出轉換為高電位。電容器C_t經電阻器R_t而充電，使得C_t兩端之電壓呈指數上升，而形成一斜波，此斜波電壓一直上升至臨限電壓(Threshold Voltage)V_{th}為止時，則臨限電路被重置(Reset)，使輸出轉換為低電位(零電壓)狀態，亦即電路回復到等候(穩定)狀態，其輸出脈波之波寬T為定時週期(Time Period)，此週期與R_t、C_t、充電電壓(＋V電源)及臨限電壓V_{th}有關。

$$T = R_t C_t \, log \in \left[\frac{(+\,\mathrm{V}) - (V_i)}{(+\,\mathrm{V}) - (V_{th})} \right] \quad\text{.....................(9-1)}$$

V_i為C_t起始電壓，因C_t起始電壓為零，故

$$T = R_t C_t \, log \in \left[\frac{(+\,\mathrm{V})}{(+\,\mathrm{V}) - (V_{th})} \right] \quad\text{.....................(9-2)}$$

圖 9-2(b)所示為電路結構圖，R_t及C_t與方塊圖相同，S_1由電晶體Q_1所取代，其功用為在穩定等候狀態時短路C_t，而在定時週期內開路，控制功能則由正反器完成。正反器輸出控制Q_1導通或截止，臨限功能由比較器及分壓器R_1及R_2所組成，分壓器跨接於電源＋V及地間，其電源為臨限電壓，當定時斜波等於V_{th}時，比較器之輸出改變狀態。若$R_2 = 2R_1$，則$V_{th} = \dfrac{2}{3}(+V)$，則定時週期為

$$T = R_t C_t \log \in \left[\frac{(+V)}{(+V) - \left[\dfrac{2}{3}(+V) \right]} \right] \quad\text{.................................(9-3)}$$

$$T = R_t C_t \log \in \left(\frac{1}{1 - \dfrac{2}{3}} \right)$$

$$= R_t C_t \log \in 3 = 1.0986 R_t C_t \cong 1.1 R_t C_t \quad\text{.....................(9-4)}$$

此為臨限電壓充電至電源電壓$\dfrac{2}{3}$時之定時週期。

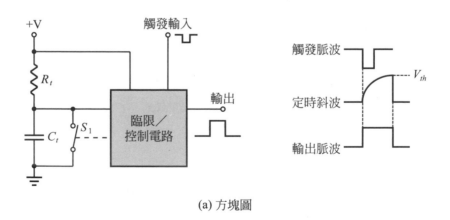

(a) 方塊圖

圖 9-2　單穩態 RC 計時電路

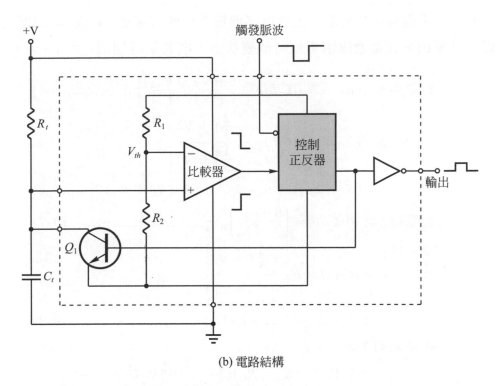

(b) 電路結構

圖 9-2　單穩態 RC 計時電路(續)

9-1-2　無穩態 RC 計時電路

　　無穩態RC計時電路之方塊圖如圖 9-3(a)所示，其與單穩態RC計時電路不同，它具有兩定時電阻器及兩臨限電壓，此兩臨限電壓為V_{th1}及V_{th2}。V_{th1}為電源電壓之某分量，而V_{th2}為同一電源電壓之較小分量，即V_{th1}比V_{th2}更正。設S_1開路，電路輸出為高電位，且電容器C_t經R_{t1}及R_{t2}充電至＋V。當電容器C_t兩端之斜波電壓到達V_{th1}時，此電路改變狀態，此時輸出變為低電位，並使S_1閉合。由於S_1閉合，R_{t1}至R_{t2}之連接點接地，使R_{t2}與C_t並聯，C_t開始經R_{t2}放電，定時斜波電壓以指數下降。當C_t兩端斜波電壓下降到較低臨限電壓V_{th2}時，電路又回到高電位輸出狀態，S_1

打開，C_t重復向＋V充電，故此電路連續在兩臨限電壓V_{th1}及V_{th2}間振盪盪，其輸出每在越過臨限電壓時改變狀態，則其定時週期$T = t_1 + t_2$，

$$S_1 開路 \quad t_1 = (R_{t1} + R_{t2})C_t \log \in \left[\frac{(+V)-(V_{th2})}{(+V)-(V_{th1})}\right] \quad \text{......(9-5)}$$

$$t_2 = (R_{t1} + R_{t2})C_t \log \in \left[\frac{\frac{2}{3}(+V)}{\frac{1}{3}(+V)}\right]$$

$$= (R_{t1} + R_{t2})C_t \log \in 2 = 0.693(R_{t1} + R_{t2})C_t \quad \text{......(9-6)}$$

$$S_1 閉路 \quad t_2 = R_{t2}C_t \log \in \left(\frac{0 - V_{th1}}{0 - V_{th2}}\right) \quad \text{......(9-7)}$$

$$t_2 = R_{t2}C_t \log \in \left[\frac{-\frac{2}{3}(+V)}{-\frac{1}{3}(-V)}\right]$$

$$= R_{t2}C_t \log \in 2 = 0.693 R_{t2}C_t \quad \text{......(9-8)}$$

定時週期 $T = t_1 + t_2$

$$= 0.693(R_{t1} + R_{t2})C_t + 0.693 R_{t2}C_t$$

$$= 0.693(R_{t1} + 2R_{t2})C_t \quad \text{......(9-9)}$$

動作頻率 $f = \dfrac{1}{T} = \dfrac{1}{0.693(R_{t1}+2R_{t2})C_t} = \dfrac{1.44}{(R_{t1}+2R_{t2})C_t}$ .....(9-10)

從上式可知定時週期由電容器C_t及電阻器R_{t1}、R_{t2}所控制，其動作頻率亦如是，但定時週期與電源電壓無關。

　　圖 9-3 所示為電路結構圖，電路有上限比較器及下限比較器，此兩比較器建立兩臨限電壓V_{th1}及V_{th2}，其為電源＋V 之分量，電壓大小由R_1、R_2及R_3所決定，上限比較器以較高電壓V_{th1}為參考電壓，下限比較器以較低電壓V_{th2}為參考電壓，Q_1代替S_1之功能，受控制正反器所驅動，C_t兩端之電壓在兩比較器臨限電壓V_{th1}及V_{th2}兩電壓間變化，t_1時間由$R_{t1} + R_{t2}$及C_t所控制，而R_{t2}及C_t控制t_2時間。

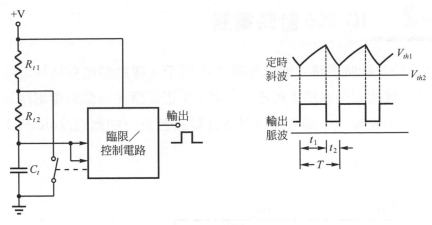

(a) 方塊圖

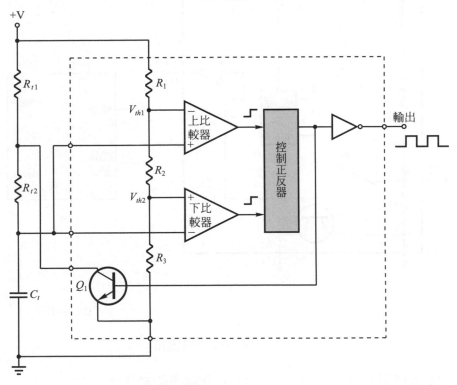

(b) 電路結構

圖 9-3 無穩態 RC 計時電路

9-2 IC 555 計時電路

IC 555 計時電路方塊圖如圖 9-4 所示，電路均由雙極性電晶體組成，其中包括二個電壓比較器、一個 RS 正反器、一個分壓電路以供給比較器參考電壓、一個放電用雙極性電晶體及一個圖騰(Totem)式緩衝輸出級。

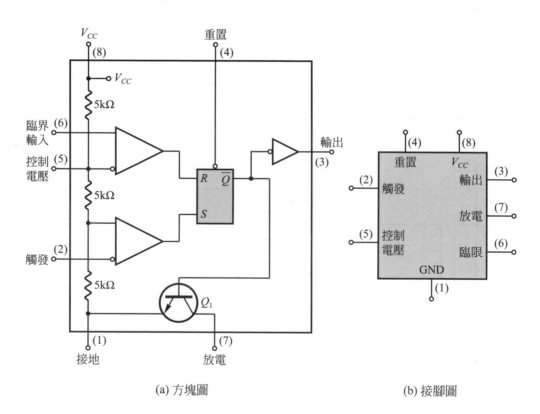

(a) 方塊圖   (b) 接腳圖

圖 9-4 IC 555 計時電路

IC 555 計時電路各接腳之功能，分別說明於下：

(1) PIN：GND 接地電位。

(2)　PIN：觸發輸入(Trigger Input)，當此腳電壓低於$\frac{1}{3}V_{CC}$時，將

使RS正反器的$S = 1$，$\overline{Q} = 0$，輸出 PIN (3)為高電位。

(3)　PIN：輸出(Output)方波。

(4)　PIN：重置輸入(Reset Input)，當此腳為高電位時，555正常工

作，而當此腳為低電位時，RS正反器將設定$\overline{Q} = 0$，而輸出PIN

(3)為高電位。

(5)　PIN：控制電壓(Control Voltage)輸入，此腳不用時要接$0.01\mu F$

電容，以防止雜訊干擾。此腳可作調變脈脈波之用，當此腳輸

入電壓愈高的時候，表示外部充電電容需充較高的電壓，方可

使$R-S$輸出$\overline{Q}$轉態，輸出方波頻率降低。當輸入較低電壓時，

外部電容祇需充較少的電，就可使輸出轉態、頻率變高。此腳

若外加電壓，可改變比較器之參考電壓。

(6)　PIN：臨限輸入(Threshold Input)，當輸入電壓低於$\frac{2}{3}V_{CC}$時，

RS正反器$R = 0$、$\overline{Q} = 0$；而當輸入電壓高於$\frac{2}{3}V_{CC}$時，$R = 1$、

$\overline{Q} = 1$，使放電電晶體放電。

(7)　PIN：放電(Discharge)，即當RS正反器$\overline{Q}$輸出為高電位時，放

電電晶體導電飽和，外接電容器經此腳之放電電晶體放電。

(8)　PIN：接電源V_{CC}，可從 4.5V～18V。

一、IC 555 無穩態振盪電路

　　圖 9-5 所示為IC 555 無穩態振盪電路。當$t = 0$時，電容器未充電，

電容器兩端電壓為零，則正反器$R = 0$、$S = 1$，此時$\overline{Q} = 0$，放電晶體

Q_1截止。輸出 PIN (3)$V_o =$高電位，V_{CC}經R_1、R_2向電容器充電，其時間

常數$T_1 = (R_1 + R_2)C$。

$t = t_1$時，電容器充電到$\frac{1}{3}V_{CC}$時，正反器$R = 0$、$S = 0$、$\overline{Q} = 0$，放電晶體Q_1依舊截止，電容器繼續充電。當$t = t_2$時，電容器充電到稍大於$\frac{2}{3}V_{CC}$時，$R = 1$、$S = 0$，使得$\overline{Q} = 1$，放電晶體Q_1導通，R_2上端被接地，電容器經R_2及Q_1放電，其時間常數$T_2 = [R_2 + R_{CE}(sat)]C \div R_2C$。

$t = t_3$時，電容器放電至略低於$\frac{1}{3}V_{CC}$時，此刻$R = 0$、$S = 1$，則$\overline{Q} = 0$，使放電晶體Q_1截止，電容器停止放電，又開始從$\frac{1}{3}V_{CC}$向電源V_{CC}充電，直到充到$\frac{2}{3}V_{CC}$稍大時，又開始放電，如此週而復始形成振盪。

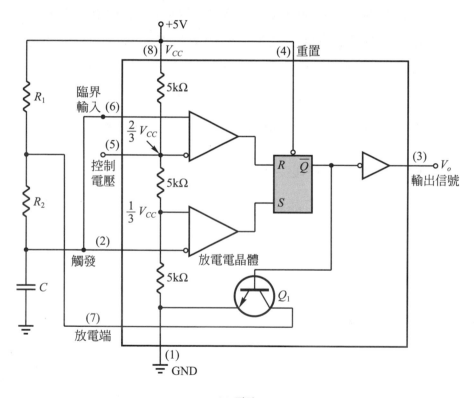

(a) 電路

圖 9-5　IC 555 無穩態振盪電路

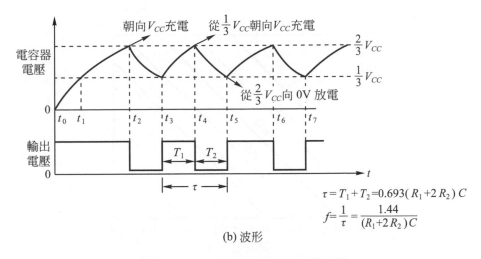

(b) 波形

$$\tau = T_1 + T_2 = 0.693(R_1 + 2R_2)C$$

$$f = \frac{1}{\tau} = \frac{1.44}{(R_1 + 2R_2)C}$$

圖 9-5　IC 555 無穩態振盪電路(續)

二、IC 555 單穩態振盪電路

圖 9-6 所示為 IC 555 單穩態振盪電路，其為在第二腳送入一個負觸發脈波，則輸出馬上轉為高電位，此時電容器開始充電，在未達到 $\frac{2}{3}V_{CC}$ 前，將不再理會從第二腳送來之其他觸發脈衝。一旦電容器充電到 $\frac{2}{3}V_{CC}$ 時，輸出又轉態為低電位，此時輸出將被鎖住為 "0"，除非第二腳再收到一負觸發脈衝。圖 9-7 所示為 RC 與延遲時間關係圖。

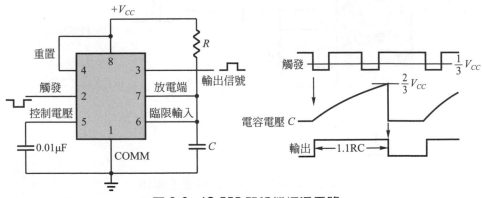

圖 9-6　IC 555 單穩態振盪電路

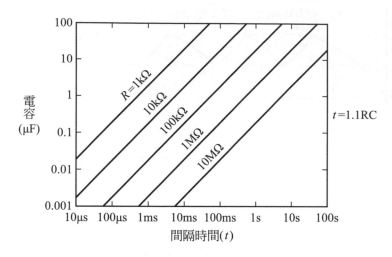

圖 9-7 RC 與延遲時間關係圖

三、正負向計時脈波電路

如圖 9-8 所示,將 IC 555 不穩態振盪電路之第三腳輸出連接一個反相器,可得正負計時脈波的輸出,其週期由 R_1、R_2 及 C 來決定。

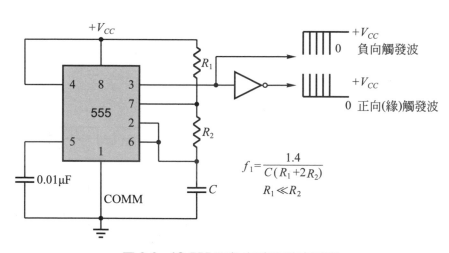

圖 9-8 IC 555 正負向計時脈波電路

四、對稱方波計時電路

　　將兩個二極體D_1及D_2加入充放電迴路內,使充放電電路各自獨立,充電時由R_A、D_1向電容器充電,而放電由D_2、R_B向第七腳放電晶體Q_1放電,如此祇要調整可變電阻10kΩ就可改變高低電位工作週期(Duty Cycle)比例,形成對稱方波的輸出。如圖9-9(a)所示。工作週期又稱任務週期,是方波波寬與週期之比。

　　圖9-9(b)所示為 IC 555 輸出之不對稱方波觸發$J-K$正反器所接成之T型正反器,而將其除2再予以輸出。因為是以 IC 555 之不對稱方波(工作週期$D \neq 0.5$)負緣去觸發T型正反器,因 IC 555 輸出方波每一週之週期是相等的,故T型正反器之Q端將輸出$D = 0.5$之對稱方波,其週期由R_1、R_2、R_3及C決定。

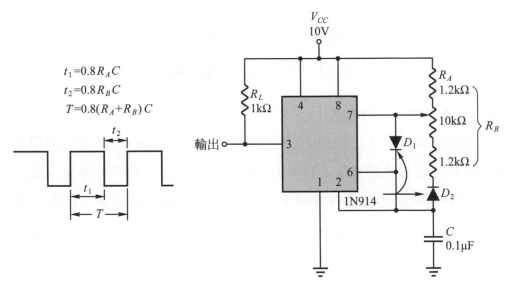

(a) IC 555 附加二極體電路

圖 9-9　對稱計時方波電路

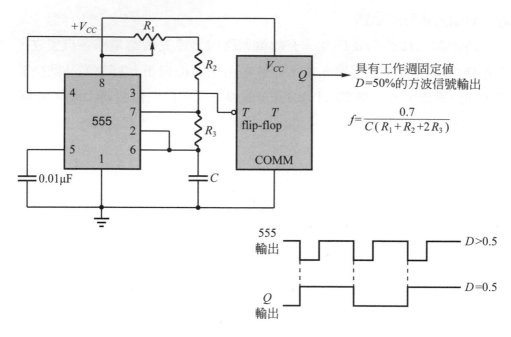

具有工作週固定值
$D=50\%$的方波信號輸出

$$f=\dfrac{0.7}{C(R_1+R_2+2R_3)}$$

(b) IC 555 附加 T 型正反器電路

圖 9-9　對稱計時方波電路(續)

五、IC 555 計時警報電路

　　電路如圖 9-10 所示，電路原理為平常 C_1 兩端皆為 Vcc，故 C_1 兩端電壓為 0 伏，當起動鍵被按下時，第二腳之電壓將由 Vcc 降為 0 伏，電容器 C_1 由於瞬間接地，此時好像第二腳送入了一個負向脈衝，C_3 開始充電，使第三腳輸出為高電位，繼電器動作。當 C_3 充電到 $\dfrac{2}{3}$ Vcc 時，第三腳輸出將又重新轉變為低電位，使繼電器失磁而不動作，其延遲時間約為 $1.1R_3C_3$。

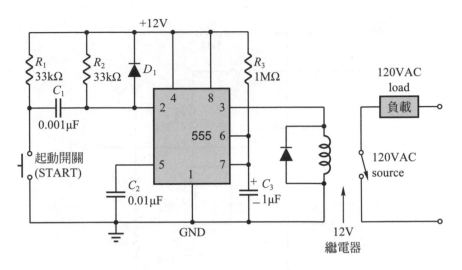

圖 9-10　IC 555 計時警報電路

六、IC 555 時序電路

圖 9-11 所示為 IC 555 時序(Clock)電路，調整R_1電阻，能獲得 1Hz 到 10Hz 之時序頻率，可作計數器或計時器之脈波觸發信號或時序信號。

$$其頻率 F = \frac{1.4}{C_2(R_1 + R_2 + 2R_3)}$$

七、雙相位計時脈波電路

利用 IC 555 計時電路作產生不相重疊之雙相計時脈波，可供雙相動態 MOS 記憶系統與移位暫存器使用。圖 9-12(a)所示電路，其具良好的精確度與能調整工作週期之特性。兩相位ϕ_1及ϕ_2之計時脈波寬度分別由R_A及R_B加以調整。經由 7402 NOR 閘之脈波起始相位可由 7473 正反器加以控制。電路最大工作頻率可達 1MHz。

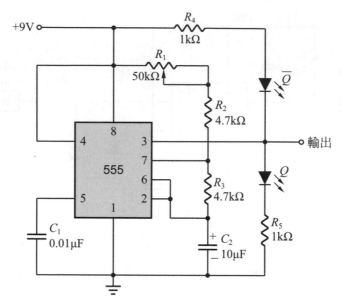

圖 9-11　1Hz 至 10Hz IC 555 時序電路

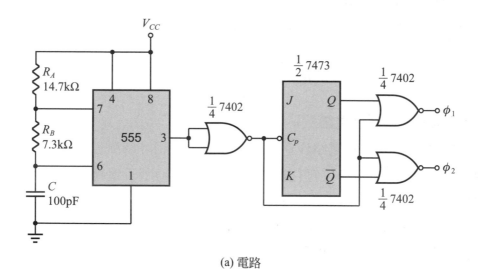

(a) 電路

圖 9-12　IC 555 雙相位計時脈波電路

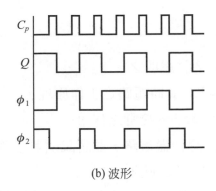

(b) 波形

圖 9-12　IC 555 雙相位計時脈波電路(續)

9-3 閘流體計時開關電路

閘流體計時開關電路是以 PUT 及 SCR 所組成，如圖 9-13 所示，當開關 ON 時，電源電流通過可變電阻VR_1和R_1向C_1充電，使 PUT 陽極電壓逐漸昇高，當超過閘極電位時，PUT 形成觸發狀態而導通，則C_1經 PUT 而放電，在R_3產生脈衝去觸發SCR，使SCR導通，則繼電器動作。計時之長短可由VR_1調整之。

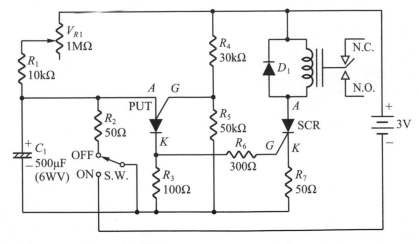

圖 9-13　閘流體計時電路

習題

1. 何謂計時電路？試說明之。
2. 請敘述單穩態 RC 計時電路之工作原理。
3. 試列舉說明 IC 555 各接腳之作用。
4. 繪 IC 555 無穩態振盪電路，並請說明其工作原理。
5. 何謂工作週期？請說明之。
6. IC 555 如何組成對稱方波計時電路？請繪圖說明之。
7. 請繪圖說明 IC 555 計時警報電路之工作原理。
8. 試說明反相放大器組成多諧振盪電路之基本原理。

Chapter 10

鎖相迴路

→ 本章學習目標

(1)瞭解鎖相迴路基本電路之構成原理。

(2)明瞭數位鎖相迴路之結構與原理。

(3)熟悉鎖相迴路之基本特性規格與優缺點。

(4)瞭解鎖相迴路之各種應用電路原理。

鎖相迴路(Phase Locked Loop 簡稱 PLL)是一種可以追隨輸入信號的相位同步電路，亦即是一種頻率負回授電路，在閉迴路中的電壓控制振盪器頻率下，其動作經常可以保持與輸入信號的頻率一致的電路。利用其窄頻帶的濾波特性及隨著 IC 技術之發展，而具備了優良的電氣特性，一般使用於通信、控制電路及測試儀器等方面，如彩色電視機色度電路(Chroma Circuit)中之自動相位控制(Automatic Phase Control簡稱APC)，調頻立體聲解調電路。或是與數位IC組合的頻率合成器(Synthesizer)之標準信號產生器、馬達速度控制電路、錄影機及脈波電碼調變(Pulse Coded Modulation 簡稱PCM)之通信電路等，其應用範圍非常廣泛。

10-1 鎖相迴路構成原理

鎖相迴路是由相位比較器(Phase Comparator)又稱檢相器(Phase Detector)、低通濾波器(Low Pass Filter 簡稱 LPF)及電壓控制振盪器(VCO)所構成之回授迴路，電路方塊圖如圖 10-1 所示。一般都在檢相器與低通濾波器間，或是在低通濾波器與電壓控制振盪器間插入放大器(Amplifier)，以增大其迴路增益(Loop Gain)。

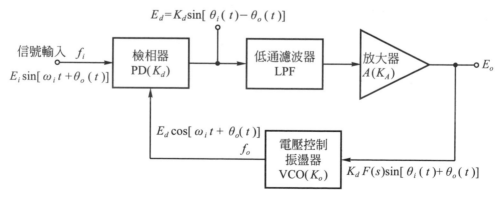

圖 10-1　鎖相迴路方塊圖

鎖相迴路是當輸入信號由檢相器輸入，經過低通濾波器及放大器放大後，連接到電壓控制振盪器，而自動調整到等於輸入信號頻率，於是鎖定發生在 VCO 的振盪頻率 f_o 等於輸入頻率 f_i 時，輸入信號和 VCO 間的相位差並不偏離很遠，因此 VCO 頻率可調整到等於輸入信號頻率 f_i，此為從檢相器輸出到 VCO 輸入的回授電路來完成。回授電路的響應時間，由低通濾波器的轉折頻率 f_x 和系統增益 K_T 所決定。而回授電路解調輸出和 VCO 中心頻率 f_o 周圍的頻率偏移成正比，由於 VCO 是設計來使其頻率偏移和控制電成正比，因而鎖相迴路是一種 FM 檢測器，一旦達到鎖定，則會跟隨著輸入頻率。

檢相器之輸出電壓

$$
\begin{aligned}
E_d(t) &= K_d \sin[\theta_i(t) - \theta_o(t)] \\
&\doteq K_d[\theta_i(t) - \theta_o(t)] \\
&= K_d \theta_e(t) \dots\dots\dots\dots\dots\dots\dots\dots\dots\dots\dots\dots(10\text{-}1)
\end{aligned}
$$

θ_i ：輸入信號相位

θ_o ：VCO 之相位

θ_e ：相位誤差

K_d ：檢相器之變換增益(V/rad)

相位通常是時間的函數，但當鎖定時，θ 必須要足夠的小而使

$$
E_d(t) = K_d \sin\theta_e(t) \dots\dots\dots\dots\dots\dots\dots\dots\dots\dots\dots(10\text{-}2)
$$

而 VCO 的振盪頻率 f_o 必須在中心頻率 f_{oc} 附近，且與鎖相迴路之輸出電壓 E_o 成正比

$$
f_o(t) = K_o' E_o(t) + f_{oc} \dots\dots\dots\dots\dots\dots\dots\dots\dots\dots\dots(10\text{-}3)
$$

鎖相迴路未鎖定或$E_o = 0$時，則 VCO 振盪頻率回復到中心頻率 f_{oc}，

$[K_o' = \dfrac{K_o}{2\pi}$，$K_o$為 VCO 之變換增益($\mathrm{rad \cdot s/V}$)]。

低通濾波器之響應

$$\frac{E_o}{E_d} = \frac{1}{1 + j(f_m / f_x)} \quad \cdots\cdots\cdots\cdots\cdots\cdots\cdots\cdots\cdots\cdots\cdots(10\text{-}4)$$

f_x 為低通濾波器之轉折頻率，f_m 為和θ_i有關的調制器頻率，故

$$\theta_e = \theta_i - \theta_o = 2\pi f_m\, t \quad \cdots\cdots\cdots\cdots\cdots\cdots\cdots\cdots\cdots\cdots(10\text{-}5)$$

鎖相迴路為一種具有負回授的閉迴路系統，其迴路的穩定度視迴路的總增益$K_T = K_d K_o K_A$和低通濾波器的響應而定，如果選擇不適當的濾波器和增益，迴路就接近不穩定，如輸入變化很快時，輸出E_o就會出現振鈴(Ringing)或過量(Overshoot)的現象。

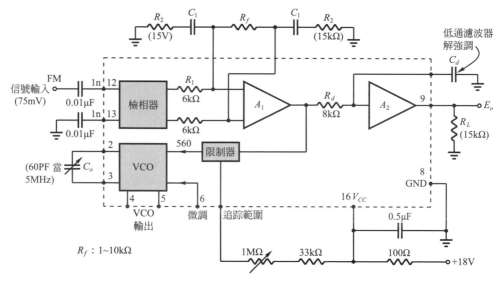

圖 10-2　鎖相迴路積體電路圖

圖 10-2 所示爲鎖相迴路之積體電路，其工作頻率可高達 15MHz，因此可適合作標準中頻 4.5MHz 或 10.7MHz 的調頻檢波器，其和其他 RF 放大器一樣，輸入必須用電容器作差動耦合。若輸入振幅超過 1 到 3mV(rms)，放大器就受到限制，因此可知檢相器之輸出與振幅無關。檢相器爲平衡輸出，需要一個雙低通濾波器作濾波後，輸入差動放大器 A_1，經限制器回授到 VCO。VCO 之中心頻率 f_{oc} 由電容器 C_o 來控制，C_o 之值爲 $\dfrac{300}{MHz}$，且微調控制也可以改變中心頻率 f_{oc} 在一個適當的範圍內。

第二個低通濾波器 C_d 及 R_d 所組成，其轉折頻率爲 $\dfrac{1}{2\pi R_d C_d}$，可作高頻提升補償，而 A_2 放大器之射極輸出爲開路，因此需要一個接地的負載電阻 R_L。當在輸入信號電壓太大或是高頻輸入使迴路增益過高時，可由接到低通濾波器之電阻 R_f 來降低增益，以提供限幅作用。然由於 R_f 會影響濾波器之時間常數，故必須適當選擇電容器 C_1 之數值，以確保鎖相迴路之穩定。C_1 可由公式(10-6)式來求得。

$$C_1 \cong \frac{K_T}{4\pi^2 f_n^2 R_1} \dots\dots\dots\dots\dots\dots\dots\dots\dots\dots\dots\dots(10\text{-}6)$$

f_n：迴路之最大響應頻率

K_T：迴路之增益

圖 10-3 爲數位鎖相迴路，電路是利用互斥或閘(XOR)組成的檢相器，來比較時序信號 T_1 與輸入同步信號。當兩者信號相位差被鎖定在 90° 時，檢相器輸出之誤差電壓爲低電位，約爲 2 伏特，用以控制電壓控制振盪器(VCO)。失鎖檢測器是用來比較時序信號 T_2 與輸入同步信號，當電路失鎖時，即兩信號爲不同相，則 G_1 閘之輸出爲低電位，而產生一負向脈衝，其脈波寬度表示相位差之大小，去觸發樞密特觸發電路，而指示出失鎖的狀態。

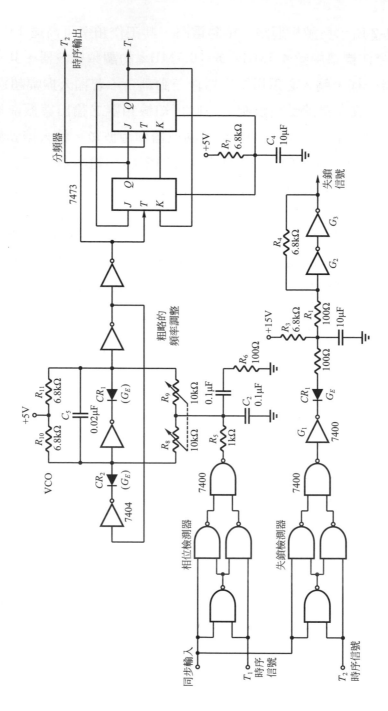

圖 10-3　數位鎖相迴路電路圖

10-2 鎖相迴路之規格與特性

為了能有效地使用鎖相迴路，應熟悉其基本特性，在設計控制系統時才能達到預期的電路功能，故對其常用之規格的用語與意義，必須詳加瞭解，方能作廣泛的應用。

一、鎖定範圍(Lock-in Range)

鎖定範圍亦稱保持範圍(Hold-in Range)或追蹤範圍(Tracking Range)。鎖相迴路在最初之鎖定狀態下，當輸入信號變化時，可以追蹤輸入信號保持鎖定狀態的VCO之振盪頻率範圍。

二、捕波範圍(Capture Range)

是指鎖相迴路處於最初尚未鎖定的狀態，在這種狀態下信號的頻率範圍必須在怎樣的頻率範圍內才有希望被鎖相迴路鎖定，這個頻率範圍稱捕波範圍。

三、自由振盪頻率(Free-running Frequency)

是指無輸入信號時，VCO之振盪頻率，在一般IC式鎖迴路之應用上，電路均設計使自由振盪頻率易於調整。

四、閉鎖時間(Lock-up Time)

是指鎖相迴路的輸入頻率從f_1忽然變化為f_2時，VCO的振盪頻率從f_2進入鎖定的頻率範圍以內的時間，包括低通濾波器在內之鎖相迴路響應速度。

五、自然頻率(Natural Frequency)

由此迴路增益與迴路濾波器之時間常數來決定，可稱為固有頻率，指整個系統能持續振盪的振盪角頻率(ω)，乃是支配鎖相迴路響應速度的參數。

六、迴路增益(Loop Gain)

表示整個鎖相迴路系統之直流增益，若相位比較器之變換增益為K_d (V/rad)，VCO的電壓變頻率之變換增益為K_o(rad·s/V)放大器之電壓增益為K_A，則迴路增益$K_T = K_d K_o K_A$，此值決定鎖定範圍、捕波範圍、自然頻率及阻尼因數。

七、阻尼因數(Damping Factor)

又稱控制因數，由迴路增益與迴路濾波器的時間常數來決定，為支配整個系統之暫態響應特性參數。阻尼因數$\zeta < 1$時，以自然頻率持續振盪；若阻尼因數$\zeta > 1$時，就成衰減振盪；$\zeta = 1$時為臨界阻尼狀態。一般阻尼因數選擇在$0.6 \sim 0.8$之數值。

八、迴路頻帶寬度(Loop Bandwidth)

此由濾波器之時間常數來決定，它支配捕波範圍，最大相位偏移，雜訊頻帶寬度及暫態響應特性。為了減少受外界雜訊的影響，應要求狹窄，但為了能受 VCO 的雜訊等干擾所產生之瞬時性相位誤差而能快速恢復並獲得可靠的追蹤特性，應有較大的頻帶寬度，因兩者互為矛盾，故設計時必須以使用目的來考慮最適合的頻帶寬度。

10-3 鎖相迴路之優缺點

一、鎖相迴路之優點

(1) 不必使用線圈，在其鎖定範圍與捕波範圍內，可獲得良好之選擇性。

(2) 可以從穩定的輸入信號中製作出其整數倍或整數分之一，且與輸入信號同步的無數基準信號，如頻率合成器或程序化分頻器。

(3) 可以從微弱且雜訊很大的信號中，產生同一頻率、同一相位之信號，如彩色電視機中APC電路。

(4) 可產生與輸入頻率相同之頻率，相同相位的信號，而檢測出其輸入信號振幅的變化，如調幅檢波器或同步檢波器。

二、鎖相迴路之缺點

(1) 若以個別元件來組成，電路較為複雜且價格昂貴。

(2) 一般鎖相迴路較不適合工作於高頻。

(3) 若頻帶寬度增加，則對於摒除外來雜訊之能力較差，且電路動作較不穩定。

(4) 對於振幅響應較差，不適合作自動增益控制。

10-4 鎖相迴路之應用

鎖相迴路之用途範圍很廣，尤其對於一些常用的電路如調幅檢波器及調頻信號解調器、調頻立體聲解調電路、移頻鍵控解碼電路、頻率合成器及馬達速度控制電路等有必要加以瞭解，進而對於鎖相迴路能有更深一層的認識與作實際有效的應用。

10-4-1 調幅檢波器(AM Detector)

圖10-4為使用鎖相迴路的調幅檢波器電路圖。當鎖相迴路鎖定於調幅信號時，VCO之頻率f_o和載波頻率f_c相同，兩者相位差為

$$\phi = -\left(\frac{\pi}{2} + \frac{f_c - f_o}{K_d K_o A}\right) = -\frac{\pi}{2}\left(1 + \frac{f_c - f_o}{\triangle f_c}\right) \quad\cdots\cdots\cdots\cdots\cdots(10\text{-}7)$$

其中$\triangle f_L$為鎖定頻率範圍，K_d為檢相器相角到電壓轉換係數，K_o為VCO的電壓到頻率轉換係數，A為放大器電壓增益。

如果 VCO 之自振頻率 f_o 很接近載波頻率 f_c，則 $|f_c - f_o| \ll \triangle f_L$，於是VCO的輸出電壓和調幅信號幾乎為正相交(Phase Guadrature)，亦即相角相差90°，VCO 的輸出電壓經過90°的相移網路，產生和載波頻率相同且相位亦接近的高準位(Large Level)信號，接到乘積檢波器(Product Detector)的輸入端。而乘積檢波器有如平衡調變－解調器(Balanced Modulator-Demodulator)，此檢波器是以兩信號之相位差 90°為基準，依此基準信號領前或滯後來產生誤差信號電壓，若兩信號剛好相差90°，則輸出電壓為零。然後經過低通濾波器濾除高頻成份，只讓含有調變信號頻率的成份通過，因此可得到檢波信號，而且只要小振幅之載波即可動作。

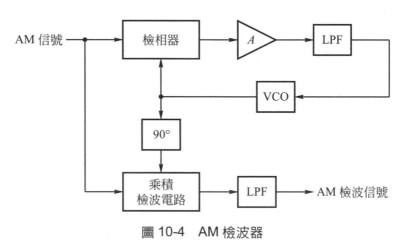

圖 10-4　AM 檢波器

此種檢波器之優點為：

(1)　因鎖相迴路只能響應極接近 VCO 之自振頻率 f_o，所以不必使用線圈，就可產生以 f_o 為中心而選擇性極佳之信號，此信號不易受雜訊影響。

(2)　因以 VCO 輸出信號當作同步檢波電路之交換信號使用，即使小信號輸入時，仍可以輸出線性甚佳的檢波信號。

10-4-2　調頻信號解調器(FM Demodulator)

調頻信號解調器之電路如圖 10-5 所示。當調頻信號被鎖相迴路鎖定時，則VCO將隨FM輸入信號的瞬時頻率而移動。因此，經過濾波器的誤差信號電壓將向使 VCO 的輸出頻率鎖定於輸入信號的方向而變化，所以誤差信號電壓就相當於直接經過FM解調後的聲頻成份。此時，調頻解調輸出的直線性，是依 VCO 的電壓對頻率特性來決定，但能獲得比一般檢波器有更佳的頻率選擇特性的檢波輸出。

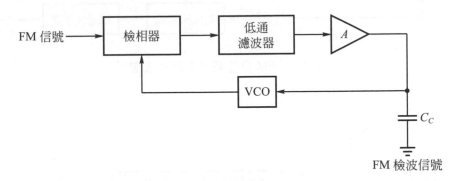

圖 10-5　FM 信號解調器方塊圖

10-4-3　調頻立體聲解調電路(FM Stereo Demodulator)

鎖相迴路可用來再生(Regenerate)調頻立體廣播的載波，如圖 10-6 所示。調頻立體廣播每一頻道的總頻寬爲 75kHz，其頻譜如圖 10-7 所示，頻率 0～15kHz爲$L+R$聲頻信號，用於單聲道接收。而$L-R$信號則是以雙邊帶副載波方式發射，載波頻率爲 38kHz，受抑制沒有發射出來，而是以一小振幅的19kHz之導引載波(Pilot Carrier)發射出來。

調頻接收機內之鎖相迴路接收19kHz之導引載波，重建了被抑制而沒有發射出來的38kHz載波，它和多工(Multiplex)的立體聲信號在檢相器中相乘，再經過低通濾波器濾波，產生解調後的$L-R$信號。由$L-R$信號再和$L+R$信號相加減，可產生L和R分離的立體信號。

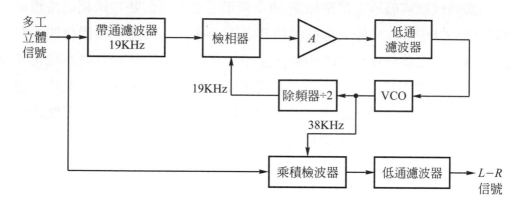

圖 10-6　FM 立體解調電路方塊圖

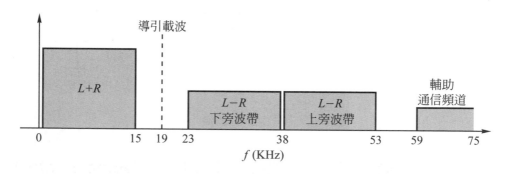

圖 10-7　調頻立體信號頻譜

10-4-4　移頻鍵控解碼電路

(Frequency-Shift Keying Decoder)

　　移頻鍵控電路(FSK)為調頻型式電路之一，產生調頻信號只有含有兩種固定的頻率，可以看做是二進位的數位資訊之傳輸系統，其用途主要可用來傳輸電傳打字機資訊的調變技術之標誌(Mark)及空位(Space)信號，其使用兩個頻率分別為$f_1 = 1070Hz$(代表空位)與$f_2 = 1270Hz$(代表標誌)，此即分別代表RS-232邏輯準位的空位(＋14V)與標誌(－5V)。移頻鍵控解碼器電路如圖10-8所示，電路比FM解調器多了一個濾波器(LPF-2)及一個比較器C，其目的為用以產生數位信號。

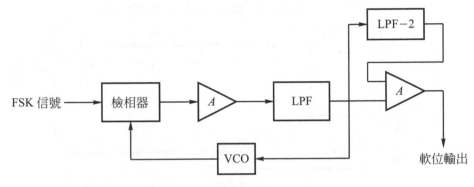

圖 10-8　FSK 解碼電路方塊圖

　　如圖10-9所示為IC 565與OPA 710組成之FSK解碼電路。當FSK信號輸入時，迴路就鎖定於輸入的頻率，並且會追蹤二個固定的頻率，輸出轉換為相當於那個頻率的直流電壓準位。三段 RC 階梯濾波電路是用來衰減諧波成份，而自振頻率可用R_1來調整，以期使IC 565之第七腳與第六腳能有相同的直流準位。當1070Hz 頻率輸入時，信號會將解碼器之輸出電壓推到較正的電壓準位上，即數位輸出推至高準位(＋14V)。若1270Hz 輸入時就會使 IC 565 之直流輸出及數位輸出降下來，即數位輸出下降到低準位(－5V)。

10-4-5　頻率合成器(Freguency Synthes'zer)

　　頻率合成器如圖10-10所示，可以用一個穩定之石英振盪器產生一系列準確的頻率。石英晶體振盪頻率f_{osc}被除頻M倍，成為f_{osc}/M。VCO的振盪頻率f_{vco}也用計數器(Counter)除頻N倍，成為f_{vco}/N。當鎖相迴路被鎖定在被除頻之石英晶體振盪頻率，則 $f_{osc}/M = f_{vco}/N$，故

$f_{vco} = \left(\dfrac{N}{M}\right) f_{osc}$，我們可以改變計數器計數值$N$和$M$，可獲得不同的輸出頻率。

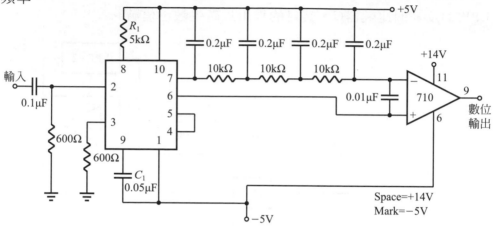

圖 10-9　IC 565 FSK 解碼電路

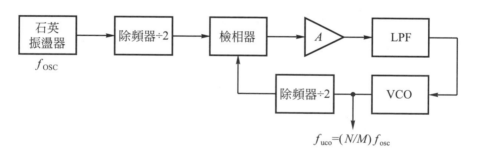

圖 10-10　頻率合成器方塊圖

　　圖10-11所示為利用IC 565鎖相迴路作倍頻器(Frequency Multiplier)及7490作分頻器(Frequency Divider)構成了FSK解調電路。只要鎖相迴路是在鎖定狀態時，則VCO之輸出頻率就會恰好是輸入頻率之N倍。電路中 VCO 之輸出送到反相電路Q_1再連接到 7490 之分頻電路加以除頻。而重新調整f_o必須在捕波範圍與鎖定範圍內，則閉迴路於鎖定狀態下就使 VCO 的輸出恰好成為Nf_1。

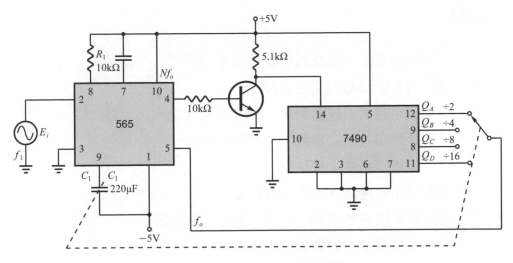

圖 10-11　IC 565 頻率合成器

10-4-6　馬達速度控制電路

　　馬達速度控制電路如圖 10-12 所示，將晶體振盪之頻率經過分頻器，產生基準頻率 f_s 輸入於鎖相迴路，再與從馬達檢測出之轉速頻率 f_T 回授至鎖相迴路，來比較其相位差，以追蹤鎖定於基準頻率以作馬達之轉速控制。若切換基準頻率，可改變馬達之設定轉速。

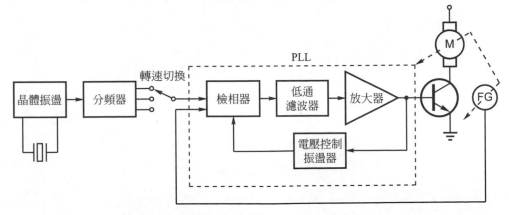

圖 10-12　馬達速度控制電路方塊圖

習題

1. 何謂鎖相迴路？並講說明其構成原理。

2. 試說明數位鎖相迴路之原理。

3. 何謂鎖定範圍與捕波範圍？請分別說明之。

4. 請解釋鎖相迴路之迴路增益與阻尼因數。

5. 試列舉鎖相迴路之優缺點。

6. 請說明鎖相迴路 AM 檢波器之優點。

7. 繪圖說明鎖相迴路 FM 解調電路之構成原理。

8. 試敘述移頻鍵控解碼器之工作原理。

9. 請繪圖說明頻率合成器之原理。

10. 試繪以鎖相迴路組成之馬達速度控制電路，並說明其原理。

Chapter 11

時間延遲電路

本章學習目標

(1)瞭解類比時間延遲電路之種類，電路結構與原理。

(2)明瞭數位時間延遲電路之種類，電路構造與原理。

(3)熟悉類比及數位時間延遲電路之應用。

電子電路時間控制應用範圍甚廣，由簡單的，如兩個馬達間的啟動時間延遲控制，而至複雜的，如數位式電腦中時序脈波的精確計時。因此，工業裝置控制可分為"事件定位"(Event Oriented)與"時間定位"(Time Oriented)兩類。所謂事件定位是指兩特定事件發生之間的時間延遲，通常採用電子時間延遲器來控制；時間定位是指特定時間所發生的事件，而與其他事件無關，此類控制方式為利用時序或即時(Real Time)脈波產生器來控制。

11-1 類比時間延遲電路

一般電子時間延遲電路為工作於連續或類比電源(AC或DC)，稱之為類比時間延遲器。若應用於數位電路之電子時間延遲電路，是將輸入數位脈波予以延遲而出現在輸出端者，稱為數位時間延遲器。

11-1-1 交流時間延遲電路

利用 RC 電路或半導體元件可構成最簡單的電子時間延遲電路。圖11-1所示為典型交流時間延遲電路，受控制負載可與繼電器正常開啟或閉合之接點串接。

控制開關S_1可以置於定時(Time)或重置(Reset)位置，當S_1置於"Reset"位置時，電流係經R_2、D_2向C_1電容器充電，其電壓對 SCRQ_1閘極對陰極而言為負電壓，SCR峰值順向阻斷電壓大於外線交流電壓之峰值，因此幾乎無電流通過繼電器線圈 CR。電容器C_1之電壓可能達到$-150V$，為保護 SCR 閘陰接合面起見，以二極體D_4限制閘陰間逆向偏壓為$-0.7V$。電阻器R_4可限制流經 SCR 閘極電流。

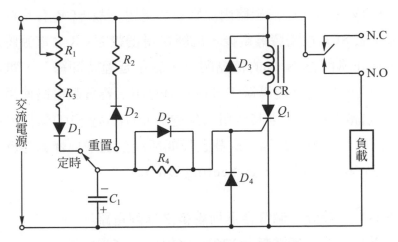

圖 11-1　SCR 交流時間延遲電路

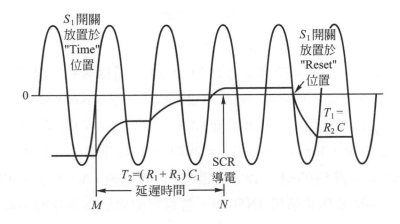

圖 11-2　電容器 C_1 之電壓波形

當 S_1 開關置於 "Time" 位置時，電流流經 R_1、R_3 及 D_1，向 C_1 充電，充電電壓極性如圖 11-2 所示，其充電時間常數為 $T_2=(R_1+R_3)C_1$，遠較交流電源週期為長，因此，從 M 點 C_1 開始充電，必須經過數週時間的充電方能使 SCR 導通(N點)。M 與 N 點間的週期數即為延遲時間。電容器 C_1 充電電壓因受 D_5 二極體順向壓降 SCR 閘陰間順向壓降所限制，一般約為

＋1V 至＋2V 左右。D_5二極體因並聯有R_4電阻，故 SCR 有足夠的閘極觸發電流。當 SCR 被觸發導電後，流經繼電器線圈 CR 之電源將使繼電器動作，使正常開啓(N.O)的接點閉合，於是延遲時間終了，電流供給負載，這種工作稱爲延遲導電(Delay On)動作。若負載電路使用正常關閉(N.C)的繼電器接點，則其作用稱延遲截止(Delay Off)動作。D_3二極體是爲消除繼電器線圈於導通或截止瞬間所產生之逆向峰值感應電壓加到 SCR 上的飛輪二極體(Freewheeling Diode)。

範例 11-1 設計一個符合下列規格之延遲電路。

解 (1)電源電壓＝120V，60Hz 之交流電源
(2)負載電流＝10A(max)
(3)延遲時間＝0.1 秒到 60 秒

　　首先必須選一個電流容量爲 10A(AC)之繼電器接點。繼電器爲整流過的電流來推動，可使用一般交流繼電器，如用 Guardin 公司的 900-2C 型，而D_3二極體選用 IN5059(電流 1A，PRV＝200V)即可。GE 公司之 C106B 之 SCR，其I_F＝2A、V_{BO}＝200V，可以作爲Q_1元件用。D_2二極體之 PRV 至少需 340V 才可以，可用 IN5060(電流 1A，耐壓 400V)即已足夠，D_1、D_4及D_5也都用 IN5059。當電容電壓爲負電壓時，R_4電阻要能限制D_4和 SCR 閘極的電流不可太大，在此可用 1MΩ，而R_1、R_2、R_3及C_1之值則視所需延遲時間而定。由圖 11-2 可知，由於充電波形並非連續的，因此要準確算出延遲時間之長短相當複雜。一般常用方法，是先作一些估計，把電路做好了之後再加以修改。比較好的估計是先假設電源爲如圖 11-3 之直流電源，其電路時間常數$\tau_1＝RC$，必須與交流電源電壓的一週期相等。

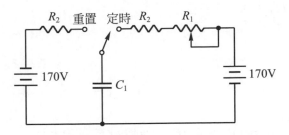

圖 11-3　預估交流延遲電路中 RC 元件數值的電路

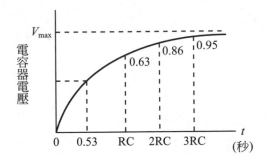

圖 11-4　電容器電壓對時間之關係

即

$$\frac{1}{60} = RC \quad\text{.....................................(11-1)}$$

若

$$C_1 = 100\mu F$$

則

$$R_2 = \frac{1}{60 \times 100 \times 10^{-6}} = 160\Omega \quad\text{.............................(11-2)}$$

選用 R_2 值為 180Ω，C_1 上之電壓為 $-170V$ 至 $+170V$ 因此

$$V_c(t) = \frac{\triangle V}{2}$$

時，電容器電壓轉變為正

$$\therefore \frac{V_c(t)}{\triangle V} = \frac{1}{2}$$

若

$$\frac{t}{\tau} \cong 0.53$$

則

$$\tau_2 = \frac{t}{0.53} = (R_1 + R_3)C_1 \quad (t為欲延遲時間)$$

於是

$$R_1 = \frac{t}{0.53 C_1} - R_3$$

設

$$R_3 = 100\Omega$$

則

$$t = 60\text{s}\ 時，R_1 \cong 1\text{M}\Omega$$
$$t = 60\text{ms}\ 時，R_1 \cong 1\text{k}\Omega$$

因此，R_1可選用$1\text{M}\Omega$可變電阻，以調整其延遲時間至很準確。

11-1-2　直流時間延遲電路

圖 11-5 所示為 UTT 定時延遲電路，當開關S_1 ON 時，經過一段時間才能使繼電器動作，其延遲時間可由R_1來調整，其原理為當S_1 ON 時，因 SCR 未受觸發，故幾乎無電流流經繼電器 CR 線圈，繼電器不動作。而流經R_1電阻之電流可向C_1充電至D_1稽納電壓，然當C_1充電至 UJT 之峰點電壓時，UJT 導通，脈波自B_1輸出以觸發

SCR導電，則繼電器線圈流經電源而動作，使繼電器接點閉合，提供電壓給負載。

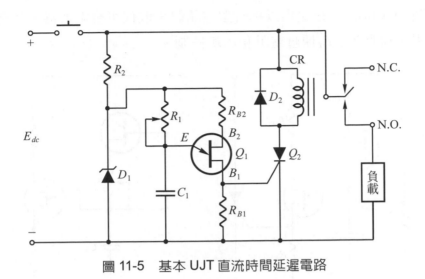

圖 11-5　基本 UJT 直流時間延遲電路

範例 11-2　　就圖 11-5，計算使用 24V 直流電源，負載 10A，延遲時間 0.1～1 分鐘的時間延遲電路。

　　首先繼電器可選取如 Potter 或 Brumfield KA 系統之繼電器，使用 GE A14F、1A、50V 之二極體跨於繼電器線圈兩端，以降低 SCR 轉流所產生之瞬態高壓，Q_2SCR C106F, 2A, 50V 者，而稽納的二極體可使用 24V、1W。R_1 電阻限制小於 3.7MΩ，若欲得 1 分鐘的延遲，必須使

$$C_1 \cong \frac{T}{R_1} = \frac{60\text{s}}{3.7\text{M}\Omega} = 16.2\mu\text{F}$$

若欲得到 10 分鐘的時間延遲，則 C_1 需使用 $162\mu\text{F}$，假設要得到 1 小時的時間延遲，則 C_1 需選用 $972\mu\text{F}$，依此類推。若要得到較長時間延遲，則需選用容量大且價格昂貴的電容器，當然亦可使用較大數值之 R_1，但需有較高之直流電源電壓，以維持 UJT 所需的峰值電流。圖 11-5 所示電路為不使用價格昂貴的電容器以達到增長時間延遲的目的。

　　圖 11-6(a)所示電路為以接合型電晶體來取代可變電阻器，其電容器的充電電流為R_1及R_2偏壓電阻和R_3所控制。

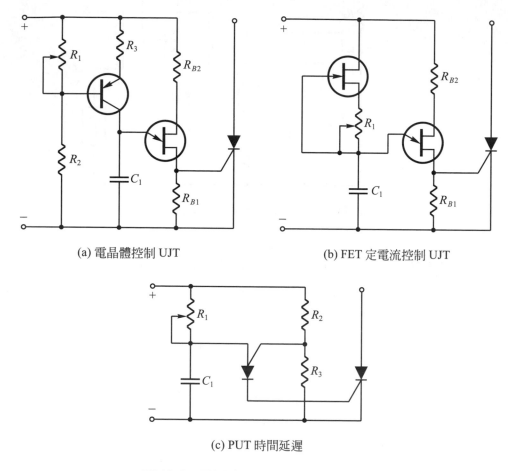

(a) 電晶體控制 UJT

(b) FET 定電流控制 UJT

(c) PUT 時間延遲

圖 11-6　用以達到長時間延遲之技術

　　圖 11-6(b)所示電路是以 FET 高阻抗定電流電路來代替充電的可變電阻器，其充電電流為 FET 源極電阻R_1所控制。

　　圖 11-6(c)為使用 PUT 時間延遲電路，由於 PUT 的峰值電源遠較UJT為低，使得PUT更適合作長時間延遲時間電路用，其偏壓電阻R_2及

R_3均使用大於$1M\Omega$之電阻值,以降低所需的峰值電流值。

　　圖11-7為利用UJT做單擊延時電路,其原理為:當在重置狀態時,Q_2為ON,Q_1為OFF。因R_{B2}小於R_{B1},使Q_2在ON狀態時,C_E無法充電,即處於放電狀態,故 UJT OFF。當觸發脈波送到Q_1基極時,則Q_1變為ON 狀態,Q_1飽和$V_{CE1}\cong0.2V$,因此Q_2變成 OFF。當Q_2截止時,Q_2之集極電壓上升到E_S,因此有一正脈衝由A_2輸出,同時 CE 開始充電,其充電路徑為E_S、R_{C2}、R_E及C_E。當V_E到達峰點電壓V_P時,UJT 導通,輸出一正脈波到Q_2之基極,使Q_2 ON,則恢復原來之重置狀態,A之輸出即變為零電壓,其觸發延遲時間為$T_f\cong R_E C_E=1.5\times10^6\times20\times10^{-6}=30sec$。

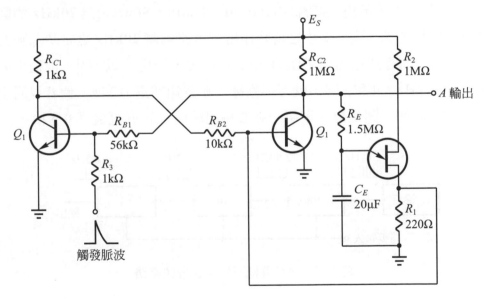

圖 11-7　UJT 單擊延時電路

11-2 數位時間延遲電路

於數位控制系統中之焊接機，自動機器或順序控制裝置，往往需要使用時間延遲電路。若不需要精確的時間延遲時，使用同步的交流或直流延時裝置亦可。在精確的延遲時間裝置中須使延時電路與系統定時工作於同一時基才可。分頻(Frequency Division)電路與計數(Counter)電路是數位時間延遲所使用之常用電路。

11-2-1 分頻電路

如圖 11-8 所示為定時源(Electronic Timing Source)為 20kHz 的數位延遲時間電路，有 1/2 秒之延時作用。電路為將 20kHz 之定時源脈波除以 100，而得到輸出頻率為 200Hz 的脈波，若再除以 100，則輸出頻率即除為 2Hz，再除以 4，就可得到每一脈波週期為 1/2 秒。倘若以同步訊號加於時間之開始點，則第一脈波輸出的時間正好延遲了 0.5 秒。

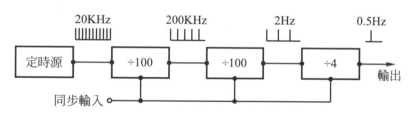

圖 11-8　具時間延遲作用之分頻電路

分頻電路一般均使用半導體元件。如圖 11-9 所示為使用 UJT 弛張振盪器 100：1 之分頻電路。以 20kHz 的正脈波訊號施加於第一級振盪器的射極，可產生 5kHz 的輸出信號，由第一級振盪器所產生之電流脈波將於 120Ω電阻器兩端產生負電壓脈波，第二級振盪器所產生之輸出信號頻率為 1kHz，而由最後一級 UJT 之 B_1 輸出 200Hz 之脈波訊號。

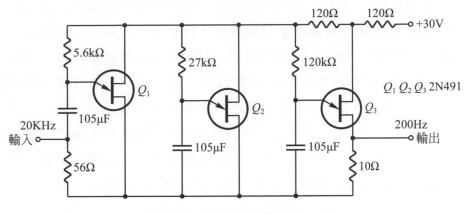

圖 11-9　UJT 分頻電路(100：1)

　　最普遍的分頻電路係雙穩態(Bistable)多諧振盪器或正反器。圖 11-10 所示，為使用蕭克萊二極體之典型雙穩態式電路。若適當選用二只二極體，使得轉態電壓V_S大於E_{dc}，則當S開關閉合時，二只二極體均處於不導電或OFF狀態。若於D_1及D_2的陰極加入負脈波，將促使跨於二極體兩端電壓超過V_S，因此兩只二極體均試圖進入導通狀態。由於其中總有一只導通較快，所以仍有一只二極體維持不導通狀態。假設D_1導電較快，則電流流經R_2、D_3向電容器C充電至E_{dc}。由於E_{dc}小於V_S，故D_2仍維持不導通狀態。除非第二個輸入脈波進入，否則電路將維持穩定狀態。當第二個脈波輸入時，D_1轉變為 OFF 狀態或D_2轉變為 ON 狀態。所以輸出脈波速率為輸入脈波的一半，也就是雙穩態多諧振盪器可作2：1分頻電路。

11-2-2　計數電路

　　分頻電路雖然可適用於數位延遲時間用，但電路設計定型後，很難改變其延遲時間。一種更富彈性技術是將正反器電路組合應用於計數電路。若抽樣每一個正反器之輸出，就可以在任何時間，決定有多少個輸入脈波。圖 11-11(a)所示即為三個正反器串接而成的計數電路方塊圖，每一正反器(FF)均包括圖 11-10 之電路。利用外加重置(Reset)脈波，迫使每一個正反器成爲兩個穩定狀態中之一種狀態。若每一正反器中之D_2均處於導電狀態，即輸入脈波如圖 11-11(b)所示之電壓準位時，當第一個輸入脈波負向(Negative-Going)脈波時，使得第一級正反器的D_2轉變爲 OFF 而D_1轉變爲 ON。此第一個正反器輸出再來觸發第二級正反器。由於第一級正反器輸出的正向(Positive-Going)脈波無法使正反器電路發生轉態變化，故第二及第三級正反器仍維持現狀。注意，當第一個脈波進入後，第一級輸出爲V，而第二及第三級輸出爲零。

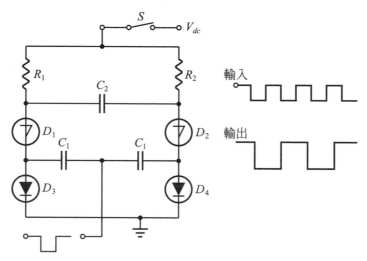

圖 11-10　蕭克萊二極體構成之雙穩態多諧振盪電路(2：1, 分頻電路)

　　表 11-1 所列爲此計數電路在前八個脈波之輸出情況。此電路在八個輸入脈波後自行重置(Reset)，故其最大延遲爲八個脈波，即最大延遲時間爲$7 \times T$，其中T爲輸入脈波的週期。如需增加延遲時間，則須增加較多的正反器，若要得知何時發生適量的時間延遲，必須再建立一個電路作表 11-1 中每一輸出的結合，此種電路稱爲解碼器(Decoder)。圖 11-12 所示爲計數電路中每一正反器饋入解碼器電路的情形，解碼器對每一延遲量均有一輸出。

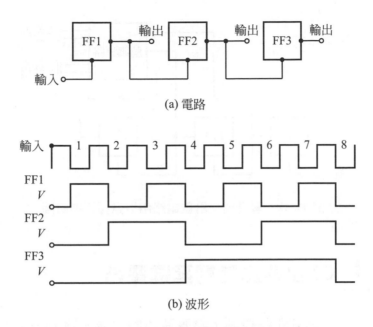

(a) 電路

(b) 波形

圖 11-11　以三級正反器所組成之計數電路

表 11-1　計數電路八個輸入脈波輸出表

輸入脈波	FF1 輸出	FF2 輸出	FF3 輸出
Reset	0	0	0
1	V	0	0
2	0	V	0
3	V	V	0
4	0	0	V
5	V	0	V
6	0	V	V
7	V	V	V
8	0	0	0

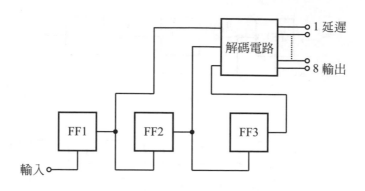

圖 11-12　解碼器之計數電路用以選擇延遲時間

11-3 60 秒類比時間延遲電路

　　類比延遲電路在工業控制上具有甚多的用途。圖 11-13 所示，為典型之半導體電子時間延遲電路，其電路動作是以繼電器來控制負載，延遲時間可達 60 秒。

　　電路動作原理為，當 S_1 閉合時，D_4 順向導電，D_5 逆向截止，流經 D_4 與 D_4 與 R_6 電流使 C_4 充電接近 20V。D_6 二極體之陰極受 D_4 二極作用箝位於 19.5V，故 D_6 不導電。因此 Q_1 因 R_3 作用順向而導電，此時 Q_2 及 Q_3 達靈頓電路受 Q_1 飽和作用而截止，故繼電器 CR 線圈無電流流動而不動作。當 S_1 打開時，延遲時間動作開始，即 D_4 受 C_4 電容器電壓作用受逆偏而截止，D_5 亦為逆向截流，D_6 的逆向高電阻作用，將 Q_1 與 C_4 隔離。而 S_1 打開後，電流流經 R_6、VR_1、R_7 及 VR_2 使 C_4 電容器反向充電，如圖 11-13 電壓曲線所示，此電壓依 VR_2 可變電阻阻值而定。當 C_4 被反向充電經零伏特時，D_6 轉為順偏而導通，使 Q_1 變為截止，則電流流經 R_4 使 Q_2 及 Q_3 順偏而

導通，則繼電器線圈 CR 通過電流而動作，其延遲時間為$\tau = (20k\Omega +$
$VR_1)60\mu F$。

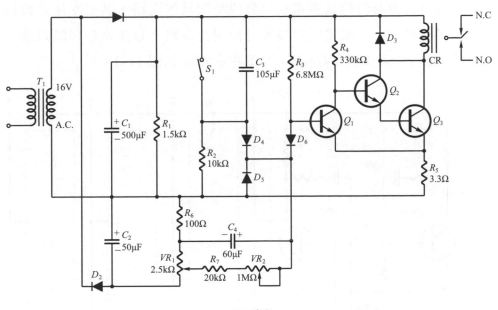

(a) 電路

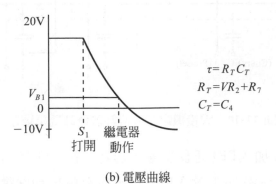

$$\tau = R_T C_T$$
$$R_T = VR_2 + R_7$$
$$C_T = C_4$$

(b) 電壓曲線

圖 11-13　60 秒類比時間延遲電路與電壓曲線

11-4 二進位計數器時間延遲電路

二進位計數器時間延遲電路為數位時間延遲電路，其常應用於機械順序及定時控制，一般電阻焊接機可使用此電路，以決定在何時以適當的總電流經過此一電阻焊接器，其簡化之電路如圖 11-14 所示。

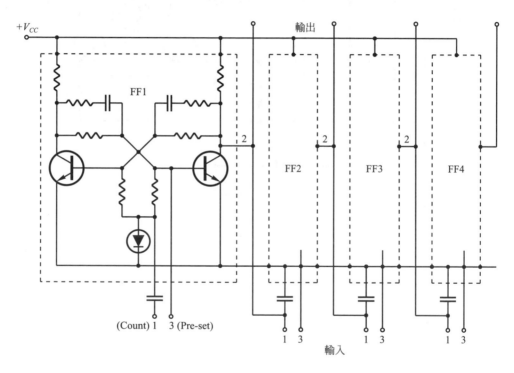

圖 11-14　焊接機之二進位計數器時間延遲電路

當輸入脈波加入FF1正反器輸入端時，每一正反器之輸出波形如圖11-15(a)所示。經過16個輸入脈波後，所有輸出均回復到開始的電壓準位，此為標度(Scale)16的計數電路。為使一般機器操作員能簡便地調整總焊接電流，可將其改為十進位系統。此種轉換可由改良FF4電路之輸入著手，如圖 11-16 所示，在前面 7 個輸入脈波，FF4 不受影響，當第 8 個脈波輸入時，FF4 的兩輸入皆為脈波式，使 FF4 輸出轉態。同時 FF3 的輸入因受FF4中Q_2飽和電壓之影響，被箝位於接地電位。當第 9 個脈波輸入至 FF1 時，FF1 發生轉態動作，而其他正反器皆維持於原來狀態。當第 10 個脈波輸入時，將使 FF4 發生轉態，且其輸出回復至起始電位，其波形如圖 11-15(b)所示。

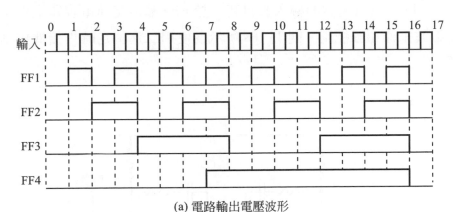

(a) 電路輸出電壓波形

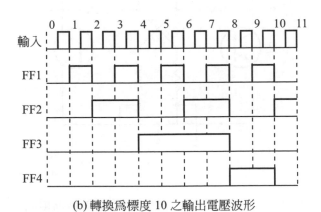

(b) 轉換為標度 10 之輸出電壓波形

圖 11-15　二進位計數器延時電路輸出電壓波形

二進位計數器之使用方法有二，其一是以所有的輸出皆爲零開始，再利用解碼器的輸出來檢測何時到達適當的計數值；其二爲將計數器中預置所需的補數，當所有輸出爲零時，即爲所需的計數值。

正反器之預置(Preset)可外加一個負脈波至圖11-14電路中之預置輸入端。計數器之預置可用選擇開關來操作，選擇開關是用來選擇適當的正反器，再經圖11-17所示電阻網路來完成預置動作。預置電路的輸出係取自FF4，當有適當的輸入數目時，於FF4輸出交連電容器上即可輸出負脈波來作預置控制。圖11-18所示爲使用二進位定時焊接機控制方塊圖。

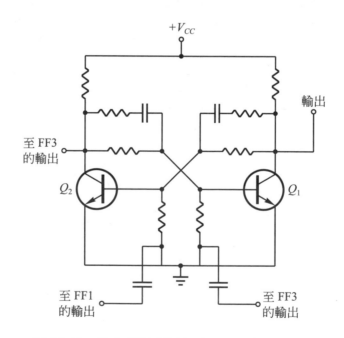

圖 11-16　改良 FF4 以達標度 10 之計數器電路

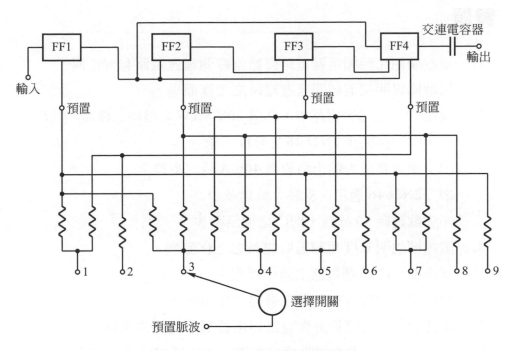

圖 11-17　預置選擇開關電阻網路

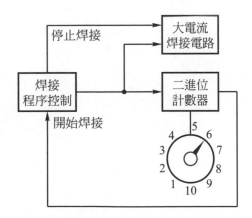

圖 11-18　焊接機中之二進位計數器方塊圖

習題

1. 請說明類比時間延遲電路與數位時間延遲電路有何不同。

2. 試繪圖說明交流時間延遲電路之工作原理。

3. 設圖 11-5 之延時電路中，D_1 為 20V、1W 之稽納二極體，其 E_{dc} 為 40V，Q_1 使用 2N2646 之 UJT，求

    (1) 試求當最大輸出電流為 40mA 時之 R_2 值？

    (2) 2N2646 適用之 R_1 最大值為多少？

    (3) 欲延時 90 分鐘，則 C_1 之值為多少？

4. 請繪圖說明 UJT 單擊延時電路之工作原理。

5. 試說明 UJT 分頻電路之動作原理。

6. 請繪圖說明雙穩態多諧振盪器工作原理。

7. 試比較計數電路與分頻電路應用於延時電路之異同。

8. 請說明二進位計數器之使用方法，並繪其使用於焊接機之方塊圖。

Chapter 12

相移控制電路

➡ **本章學習目標**

(1)瞭解交流相移控制之原理及電路之型式。

(2)明瞭負載對相移控制之影響。

(3)熟悉交流相移控制電路之設計與應用。

(4)瞭解數位相移控制電路之設計與應用。

　　電子電路控制之主要目的在於調整由電源至負載的能量，它可為控制電能轉為熱能之焊接控制，亦可為控制電能轉為機械能的馬達控制，或是控制電能轉為聲能的警報裝置。假如此類控制是以恆定速率來傳輸能量，則此種控制可像ON-OFF開關一樣簡單。通常，往往需要調整能量傳輸的速率以控制其輸出，如馬達之速率及警報器的聲音大小等。控制能量由交流電源傳輸速率最簡單之方法是控制每一週期內允許流入負載的電流。這可以用閘流體 SCR 及 TRIAC 電路，藉控制交流每一週期閘流體之開啟(Turn-on)的角度來完成，此即稱為相移控制(Phase Shift Controls)，控制閘流體的觸發延遲動作可利用交流交變循環動作，亦可用數位觸發電路。

12-1 交流相移控制原理

　　相移控制是利用可以急速切換的開關元件，於每一週期的受觸發部分，把交流電源傳輸到負載上。圖 12-1 所示為利用 SCR 之相移控制基本電路及其波形。

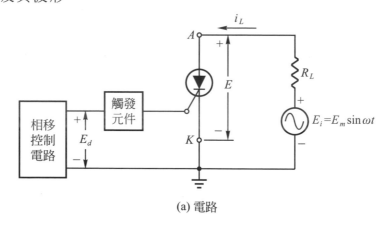

(a) 電路

圖 12-1　SCR 相移控制基本電路

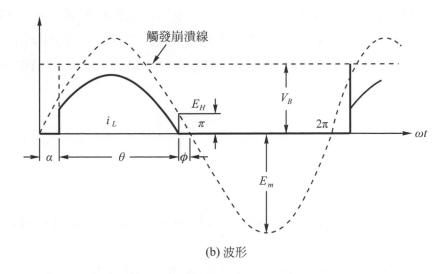

觸發崩潰線

E_H

π

V_B

i_L

2π

ωt

α

θ

ϕ

E_m

(b) 波形

圖 12-1　SCR 相移控制基本電路(續)

　　當交流正弦波電壓加於 SCR 陽極時，則 SCR 並不導通，只有在正半週時，利用觸發元件以控制SCR的導通角度，此觸發元件如PNPN二極體或霓虹燈之類的開關元件。當控制電壓E_C高於觸發元件之觸發崩潰電壓(Trigger Breakdown Voltage)V_B時，則觸發元件進入低電阻狀態，於是電流流經SCR閘極，使SCR觸發導通。各電壓及電流波形如圖 12-1(b)所示。觸發崩潰線平行於時間軸，顯示崩潰電壓V_B與 SCR 陽極電位無關。

　　若將電路設計成控制電壓E_C只在某些相角時，才高於觸發崩潰電壓V_B，即為在延遲角α(Delay Angle)後，控制電壓E_C高於V_B，則SCR電路才開始導通，此時 SCR 的電壓降E_H維持一固定低值的電壓，而流經純電阻負載R_L之電流i_L為：

$$i_L = \frac{E_m \sin \omega t - E_H}{R_L} \quad\text{...(12-1)}$$

電流 i_L 於 α 角所對應之點突然陡峭上升，然後再依正弦波形變化，直到供應電壓 E_i 低於 E_H 時($\pi-\phi$ 相角)，電流即維持零值，等待下一週期 α 相角延遲再行導通。而 SCR 導通期間，稱為導電角(Conduction Angle)即為波形圖之 θ 角。故流經負載之平均電流為

$$I_{DC} = \frac{1}{2\pi} \int_{\alpha}^{\pi-\phi} i_L d\omega t = \frac{E_m}{2\pi R_L} \int_{\alpha}^{\pi-\phi} \left(\sin\omega t - \frac{E_H}{E_m} \right) d\omega t .....(12\text{-}2)$$

計算積分後

$$I_{DC} = \frac{E_m}{2\pi R_L} \left[\cos\alpha + os\phi - \frac{E_H}{E_m}(\pi-\phi-\alpha) \right] ....(12\text{-}3)$$

ϕ 為依 SCR 壓降 $E_H = E_m \sin\phi$ 之關係所定義的最小相位角度，若 $\dfrac{E_H}{E_m}$ 之比值相當小時，則 ϕ 趨近於零。則(12-3)式可化簡為

$$I_{DC} = \frac{E_m}{2\pi R_L}(1 + \cos\alpha) ....(12\text{-}4)$$

因此，可藉改變控制觸發電壓 E_C 高於崩潰電壓之位置，來控制流到負載之平均電流。

　　跨於 SCR 兩端電壓如圖 12-2 所示，在導通之前，外加電壓 E_i 完全加於 SCR 兩端，導通以後 SCR 維持一定的電壓降 E_H，當外加電壓 E_i 低於 E_H 時，SCR 兩端之電壓又等於外加電壓，所以跨於 SCR 兩端之平均電壓為：

$$
\begin{aligned}
E_{DC} = \frac{1}{2\pi} \int_0^{2\pi} E d\omega t = \frac{1}{2\pi} \Big(& \int_0^{\alpha} E_m \sin\omega t d\omega t \\
& + \int_{\alpha}^{\pi-\phi} E_H d\omega t + \int_{\pi-\phi}^{2\pi} E_m \sin\omega t d\omega t \Big) ....(12\text{-}5)
\end{aligned}
$$

計算積分後

$$E_{DC} = \frac{E_H}{2\pi}(\pi - \phi_0 - \alpha) - \frac{E_m}{2\pi}(\cos\alpha + \cos\phi)\ldots\ldots\ldots\ldots(12\text{-}6)$$

若 $E_m \gg E_H$，則化簡成

$$E_{DC} \cong -\frac{E_m}{2\pi}(1 + \cos\alpha)\ldots\ldots\ldots\ldots\ldots\ldots\ldots\ldots\ldots(12\text{-}7)$$

負號表示大部分週期期間，陰極電位較陽極爲正。因整個電路之直流電壓總和爲零，所以 SCR 的直流負電壓，即爲負載之直流電壓。

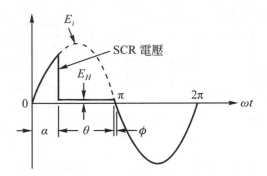

圖 12-2　跨於 SCR 電壓之波形

12-1-1　相移控制之基本型式

利用閘流體做成之相移控制有許多不同的型式，如圖 12-3 所示爲幾種基本相移控制型式。

(a)圖爲利用 SCR 控制電流單向流通之半波相移控制，控制功率範圍爲全波最大功率之 0～1/2 倍，且只使用於直流負載。

(b)圖是在(a)圖上多加一整流器，把控制功率範圍提升到最小爲半功率，最大爲全功率，亦可產生一較大直流成分。

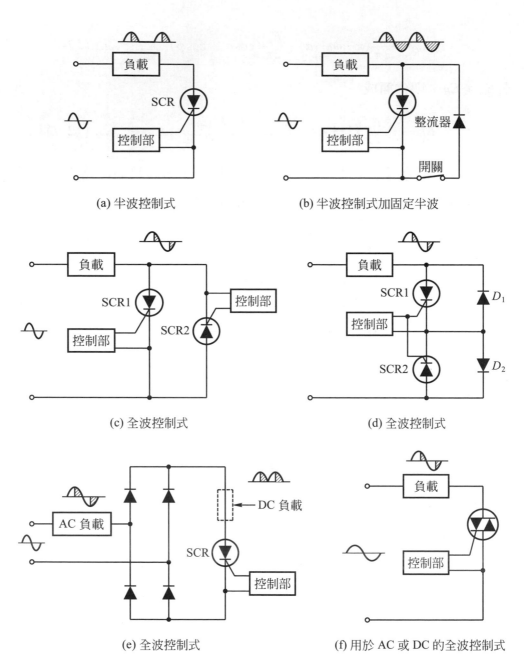

(a) 半波控制式

(b) 半波控制式加固定半波

(c) 全波控制式

(d) 全波控制式

(e) 全波控制式

(f) 用於 AC 或 DC 的全波控制式

圖 12-3　交流相移控制之基本型式

(c)圖是使用兩個反向並聯SCR，能夠控制負載功率範圍從零到滿功率，但需要兩個觸發電路，可獲得對稱式輸出波形，且沒有直流成分在負載上。

(d)圖為全波式相移控制，具有共同的陰極與閘極，只要使用同一觸發電路即可。D_1及D_2可防止逆向電壓跨於SCR的AK兩端。

(e)圖為同時可使用在交流負載及直流負載的功率控制。

(f)圖是利用 TRIAC 的相移控制，此電路是最簡單，且最有效率及可靠性最佳的全波相移控制。

12-1-2 負載對相移控制之影響

於家庭與工業設備上所使用的負載，可分為純電阻性與電感性負載兩種。這兩種負載對於相移控制都會產生許多影響，使得相移控制波形發生變化。

1. 電阻性負載

圖 12-4 所示為利用兩個 SCR 並聯反向連接之電阻性負載全波控制電路，圖 12-5 所示為電路各部分之波形。

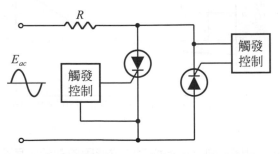

圖 12-4　電阻性負載全波相移控制電路

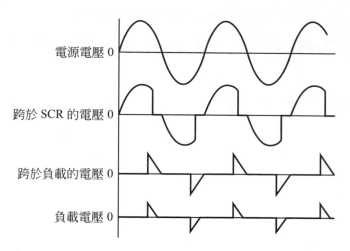

圖 12-5　電阻性負載的全波相移控制電路中各部分之波形

　　由於波形因數乃是跟隨著延遲角度α之改變而改變，所以在不一樣的延遲角度下，SCR的最大容許平均電流就會不一樣，圖12-6為電阻性負載相位控制電路的波形因數對延遲角度之變化情形曲線圖。

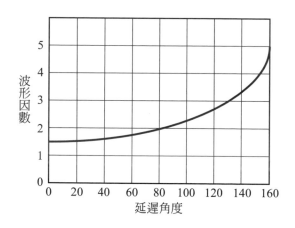

圖 12-6　相移控制之電阻負載的波形因數對延遲角度的曲線

2.　電感性負載

　　當交流相移控制應用於線圈、馬達或變壓器等電感性負載時，其輸出波形將會受到影響，圖12-7所示為電路圖。而圖12-8所示為各部分波形圖，由於其電流波形受到抑制而降低，又加上SCR導通時間的延長，因而對於波形因數的降低或改善都會有所助益。在不同的功率因數之負載時，波形因數會隨著延遲時間而變化。故在大延遲角度下，如果能夠多加一些電感性負載，則對於波形因數之改善非常有幫助。

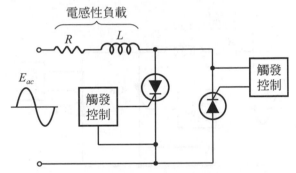

圖 12-7　電感性負載之全波相移控制電路

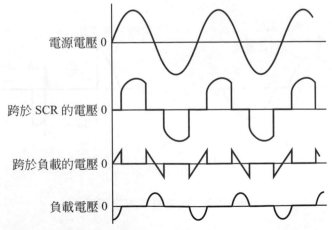

圖 12-8　電感性負載的全波相移控制電路之各部分波形

12-1-3 閘流體電流方向之轉換

　　由於交流電源正負半週都是具有正常之週期性轉換，故在相位控制電路中所使用之閘流體電流方向也呈現週期性轉換。但是在開或關時間不足，或是順向電壓變動率 $\dfrac{dv}{dt}$ 過大等惡劣情況下，會導致閘流無法作正常的電流方向轉換。外加電壓、頻率、負載電路中電感的大小及外加電源的電感大小等，都是會影響閘流體電流方向轉換的因素。

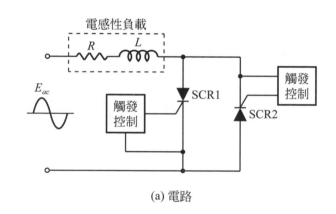

(a) 電路

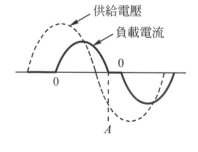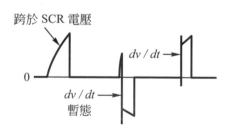

(b) 波形

圖 12-9　閘流體電流之轉換

圖 12-9(a)為電感性全波相移控制電路,因輸入為交流正弦波,故 SCR電流方向轉換,應不成問題。當交流輸入電流為E_{ac}正半週時,SCR1 在殘餘的180°內導通。圖12-9(b)所示,為跨於SCR上電壓及負載電流 波形。當交流電源E_{ac}由正半週轉變為負半週時,為(b)圖中A點之轉換 點,SCR2為順向偏壓,而對SCR1而言,由於陽陰電壓為負,故呈OFF 狀態,且電路有一暫態電壓$(-L\dfrac{di}{dt})$,此時負載電流為零。而SCR2觸發 導通,電流方向轉換。而在電流方向轉換時,重新加於SCR的順向偏壓 $\dfrac{dv}{dt}$是依負載電路中之L、C的大小和 SCR 的送向恢愎特性來決定,圖 12-10所示電路中,於兩並聯之 SCR 再並聯一 RC 電路,如此,即可使 $\dfrac{dv}{dt}$降低至電路容許值之下。所使用電容器之大小,是由負載阻抗及SCR 之$\dfrac{dv}{dt}$極限值大小所決定,而所用電阻器之大小需對任一可能的電感電 容振盪具有阻尼作用,其最小值係決定於SCR對電容器進行放電所引起 的重覆峰值電流的大小。

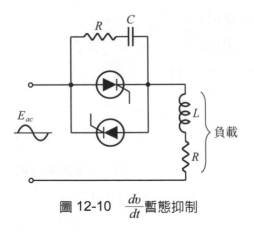

圖 12-10　$\dfrac{dv}{dt}$暫態抑制

12-2 觸發相移控制電路

　　基本RC相移電路如圖 12-11(a)所示。圖 12-11(b)爲其電壓向量圖，圖中係以輸入電壓E_{1-3}爲參考電壓，而輸出係取自電容器兩端電壓，電阻器兩端電壓E_{1-2}與迴路中的電流同相，故領前E_{1-3}。由於E_{1-3}必等於$E_{1-2} + E_{2-3}$，且此三角形必爲閉合三角形，故向量2-3係由E_{1-2}頂端至E_{1-3}頂端。在交流電路中流經電容器的電流必較電容器兩端之電壓領前90°，所以E_{1-2}必與E_{2-3}垂直相交，而E_{out}與E_{in}之間的相位落後α角度，依圖 12-11(b)所示，三角形得：

$$\tan\alpha = \frac{E_R}{E_{out}} = \frac{IR}{IX_c} \quad\text{...(12-8)}$$

其中I爲圖(12-11)(a)所示電路之串聯電流，於是

$$\tan\alpha = \frac{R}{X_c} = \frac{R}{\dfrac{1}{\omega C}} = R\omega C \quad\text{...............................(12-9)}$$

　　R ：電阻(歐姆)

　　C ：電容(法拉)

　　ω ：角頻率(徑／秒)

由 12-9 式可知，當R或C增加時，α角度亦增加；當R或C減少時，α角度亦減少。這種關係圖如圖 12-11(c)及(d)所示。α角度仍依$\tan\alpha$而定，當$\tan\alpha$趨近於零時，α亦接近於零度；當$\tan\alpha$趨近於∞時，α接近 90°，通常大都改變R值，以控制α角度在 0~90°間變化。

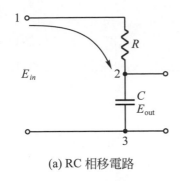

(a) RC 相移電路

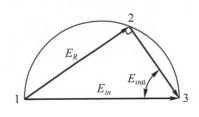

(b) 固定 R 與 C 值的向量圖

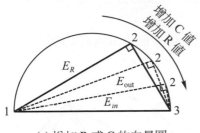

(c) 增加 R 或 C 的向量圖

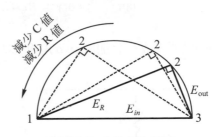

(d) 減少 R 或 C 的向量圖

圖 12-11

　　圖 12-12(a)所示為RC相移電路可以擴展 α 角度的控制範圍,利用兩個等值電阻器接於輸入端,形成電橋網路,其輸出則取自電橋的另兩端點,圖 12-12(b)所示為電壓關係向量圖。由此可看出端點 4 的軌跡位於直徑 E_{1-3} 的半圓上,而 E_{1-2}、E_{2-3} 及 E_{2-4} 均大小相等。γ 角為此 RC 電路的阻抗角(Impedance Angle)因此,

$$\tan\gamma = \frac{X_c}{R} = \frac{1}{R\omega C} \quad\cdots\cdots\cdots\cdots\cdots\cdots\cdots\cdots\cdots(12\text{-}10)$$

由向量圖之角形 1-2-4 時

$$\alpha + 2\gamma = 180°$$

$$\alpha = 180° - 2\gamma \dots\dots\dots\dots\dots\dots\dots\dots\dots\dots(12\text{-}11)$$

$$\alpha = 2(90° - \gamma) \dots\dots\dots\dots\dots\dots\dots\dots\dots\dots(12\text{-}12)$$

由三角函數關係

$$\tan(90° - \gamma) = \cot\gamma$$

故得

$$\tan\frac{\alpha}{2} = \cot\gamma = R\omega C \dots\dots\dots\dots\dots\dots\dots\dots(12\text{-}13)$$

所以當 R 或 C 增加時，α 角度亦增加；當 R 或 C 減少時，α 角度亦減少。

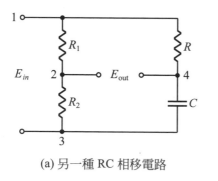

(a) 另一種 RC 相移電路

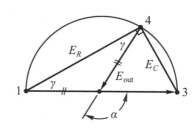

(b) 電壓關係的向量圖

圖 12-12

　　一般大都以改變 R 來控制 α 角度的變化。當 R 接近 ∞ 時，$\dfrac{\alpha}{2}$ 接近於 90°，也即 α 角度接近於 180°。倘若，R 接近於零值時，則 α 角度亦接近於 0°，所以 α 角控制範圍為 0°～180°。若利用 RL 串聯電路亦可由電阻兩端來取出輸出，而得到相同之角度延遲。

範例 12-1 圖 12-11(a)所示電路中，若$R = 25\text{k}\Omega$，$C = 0.1\mu\text{F}$，$E_{in} = 15\sin 377t$，試求相角α。

解 因 $\tan = R\omega C$

$$= 25 \times 10^3 \times 377 \times 0.1 \times 10^{-6}$$

$$= 0.945$$

$$\alpha = 43.4°$$

範例 12-2 圖 12-12(a)所示電路，若若$R = 25\text{k}\Omega$，$C = 0.1\mu\text{F}$，$E_{in} = 15\sin 377t$試求相角α。

解 因 $\tan\dfrac{\alpha}{2} = R\omega C$

$$\tan\frac{\alpha}{2} = 25 \times 10^3 \times 377 \times 0.1 \times 10^{-6} = 0.945$$

$$\frac{\alpha}{2} = 43.4°$$

$$\alpha = 86.8°$$

從兩例題得知，在使用相同元件及 60Hz 之條件下，此相角α圖 12-12 (a)比圖 12-11(a)增加一倍。

12-2-1 交流相移控制之設計

設計交流相移控制電路可依下列三個步驟：

(1) 依負載所需功率與電源電壓來決定觸發角度與導電角的大小。

(2) 選定適當的相移電路。

(3) 使相移電路與閘流體所需的觸發裝置相配合。

下面就這三個步驟，依序以例題及電路加以討論：

1. 決定觸發角度與導電角度

相移控制之規格，通常依負載所需的平均功率，或rms電壓值而定，其兩者的數學關係數為

$$E_{\text{rms}} = \left[\frac{1}{2\pi} \int_\alpha^\pi E_{\max}^2 \sin^2 \omega t \, d\omega t \right]^{\frac{1}{2}} \quad\text{............................(12-14)}$$

$$P_{av} = \frac{E_{\text{rms}}^2}{R_L} \quad\text{...(12-15)}$$

為了決定α角，必需解此繁雜之積分方程式；然所幸可由圖解法求得α值。圖12-13所示為半波或SCR相移控制之圖解分析曲線。圖12-14所示為全波或SCR相移控制之圖解分析曲線。應注意圖中之延遲角在20°以下及160°以上，其負載功率的變化量極小。茲以例題來說明圖解數據之應用。

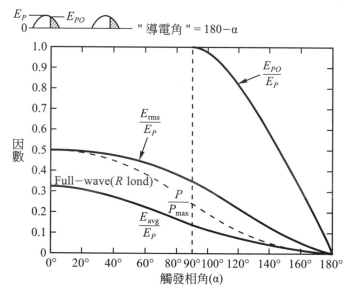

圖 12-13　半波相移控制分析

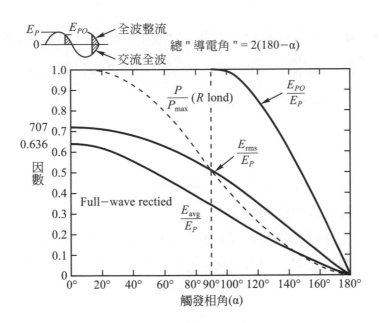

圖 12-14　全波相移控制分析

範例 12-3　設有一 20Ω 電阻性負載工作於線電壓 230V、60Hz 之電源，若欲以 SCR 相移控制法，使負載的平均功率在 1100 瓦至 750 瓦之間變化，試決定所需 α 角變化範圍。

解　首先計算傳輸至負載的最大平均功率

$$P_{\max} = \frac{E_{\text{rms}}^2}{R_L} = \frac{(230)^2}{20} = 2650W$$

然後計算 $\dfrac{P}{P_{\max}}$

$$\frac{P\alpha_{\min}}{P_{\max}} = \frac{1100}{2650} = 0.415 \,,\quad \frac{P\alpha_{\max}}{P_{\max}} = \frac{750}{2650} = 0.282$$

再由圖 12-13 讀得 $\alpha_{\min}$ 及 $\alpha_{\max}$ 之值為：

$$\alpha_{\min} = 55° \,,\; \alpha_{\max} = 85° \,,\; \theta_{\max} = 125° \,,\; \theta_{\min} = 95°$$

範例 12-4 若將例題 12-3 中之 SCR 改用 TRIAC，試求 α 的控制範圍。

解　由 $\dfrac{P\alpha_{\min}}{P_{\max}} = 0.415$，及 $\dfrac{P\alpha_{\max}}{P_{\max}} = 0.282$ 以圖(12-14)讀出

$\alpha_{\min} = 95°$，$\alpha_{\max} = 110°$

$\theta_{\max} = 85°$，$\theta_{\min} = 70°$

上述設計假設 TRIAC 係對稱觸發。

2.　選定適當的相移電路

　　相移電路的選定與 α 角的最大不值有關。倘若 $\alpha_{\max}$ 小於 90°，則可選用如圖 12-11(a)所示之 RC 電路；若 $\alpha_{\max}$ 小於 90°，則須選用如圖 12-12(a)所示橋式 RC 電路。

範例 12-5 若以圖 12-15 所示的電路來控制傳輸至電阻性負載的電功率，設其觸發角變化範圍爲 $\alpha_{\min}$ 55° 至 $\alpha_{\max}$ 85°，試計算相移電路中 RC 之值。

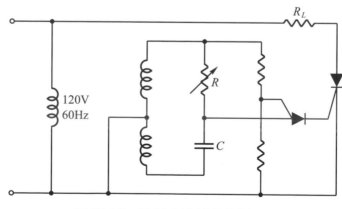

圖 12-15　PUT 交流相移控制電路

解 由於電容器C係採用固定值，故C的數值應適當選擇。

若C選用$1\mu F$的電容器，則由$\tan\dfrac{\alpha}{2} = R\omega C$

則　　$R = \dfrac{\tan\dfrac{\alpha}{2}}{\omega C}$

$$R_{\min} = \dfrac{\tan\dfrac{\alpha_{\min}}{2}}{\omega C} = \dfrac{\tan 27.5°}{377 \times 1 \times 10^{-6}} = 1380\Omega$$

$$R_{\max} = \dfrac{\tan\dfrac{\alpha_{\max}}{2}}{\omega C} = \dfrac{\tan 42.5°}{377 \times 1 \times 10^{-6}} = 2440\Omega$$

實際電路可選用固定電阻器$1k\Omega$與可變電阻器$2k\Omega$相串聯，以得到所需的控制範圍。雖然$\alpha_{\max}$為$85°$，但仍採用橋式RC相移電路，因為簡單之RC相移電路是不可能達到$90°$相移的。

3. 使相移電路與閘流體所需之觸發裝置相配合

為了獲得良好的相移控制作用，必需要將相移控制電路與功率閘流體間加上一適當的觸發裝置。圖12-16所示電路即為具有適當觸發裝置之SCR控制電路，此觸發裝置將能使RC相移電路與控制範圍寬廣的閘流體相互配合，而不致像無觸發裝置之電路僅適合於各別閘流體之特殊需要。觸發方法通常是將能量儲存於電容器中，並於適當的時機使電容器經觸發電路而放電，此放電的脈波能量一般均能有效地推動閘流體閘極，且在閘極所產生之總消耗功率甚小，故不致有損壞閘極接合面之顧慮。

任何一個具有負電阻特性之半導體元件均可作為觸發裝置，圖12-15所示之PUT即可作此觸發裝置。其他常用的觸發元件如霓虹管、UJT、DIAC及SCS等。圖12-17所示為上述觸發裝置的電路。

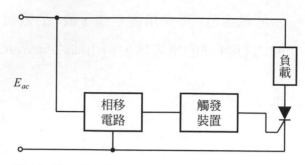

圖 12-16　具有觸發裝置之 SCR 相移控制電路

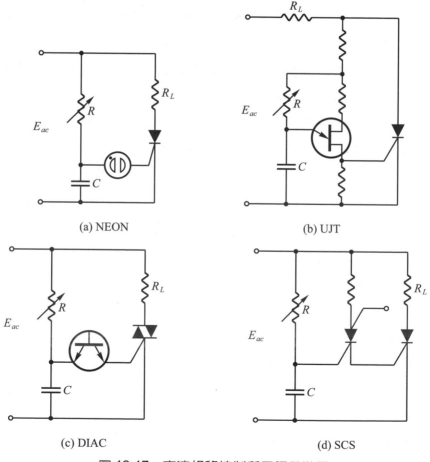

(a) NEON

(b) UJT

(c) DIAC

(d) SCS

圖 12-17　交流相移控制所用觸發裝置

範例 12-6 圖 12-18 所示電路中，若 $R_L = 10\Omega$，$E_{ac} = 110V$，60Hz，且負載功率必需控制在 600~800 瓦之間，試求此弛張振盪電路之振盪頻率範圍。

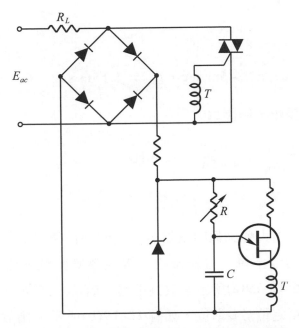

圖 12-18　TRIAC 相移控制之 UJT 弛張振電路

解　首先預先決定 α_{min} 及 α_{max}

$$P_{\max} = \frac{(110)^2}{10} = 1210W$$

$$\frac{P\alpha_{\min}}{P_{\max}} = \frac{800}{1210} = 0.66$$

$$\frac{P\alpha_{\max}}{P_{\max}} = \frac{600}{1210} = 0.495$$

由圖 12-14 讀得 $\alpha_{\min} = 75°$，$\alpha_{\max} = 90°$

利用下列關係式可將相位角轉換爲延遲時間

$$\frac{\alpha_{\min}}{t_{\min}} = \frac{180°}{\frac{T}{2}} \text{ , } \frac{\alpha_{\max}}{t_{\max}} = \frac{180°}{\frac{T}{2}} \text{ (}\frac{T}{2}\text{爲電源電壓半週期)}$$

當頻率爲 60Hz 時

$$\frac{T}{2} = 8.3\text{m sec}$$

故　$t_{\min} = 3.46\text{m sec}$ ，$t_{\max} = 4.15\text{m sec}$

因此計算出振盪頻率範圍爲

$$f_{\min} = \frac{1}{t_{\max}} = \frac{1}{4.15\text{ms}} = 240\text{Hz}$$

$$f_{\max} = \frac{1}{t_{\min}} = \frac{1}{3.46\text{ms}} = 289\text{Hz}$$

相移控制均需使用大變動值的電阻器，以能獲得所需之相移控制。然此種控制將導致增益下降，且緩慢的非線性響應特性。若欲改善此種缺點，可使用如圖 12-19(a)所示之改良電路。若E_{ac}大於E_z，則稽納二極體將端點 1 的電壓定位於D準位，如圖 12-19(b)所示。由於電阻R_1與R_2的電阻值遠較R電阻爲小，故電流迅速流經D_1二極體向電容器充電，使電容器C兩端電壓達到A準位，如此即可將電容器預先充電至某一基準準位。當端點 3 的電壓上升較端點 2 電壓爲高時，二極體D_1即變成逆向電壓而如同開路，此時電流流經R而繼續向C充電，使C的端電壓沿著C曲線上升而達到稽納二極體之電壓D。此 UJT 的觸發電壓B準位是決定於內部之本質分離比(Stand off Ratio)。此準位是介於基準準位A與稽納電壓D之間，當電容器C被充電至B準位時，UJT 導通而使 SCR 在α角被觸發導電。此相角α值之大小可以改變R_1與R_2電阻之比例，或調整充電電阻R之大小來完成。

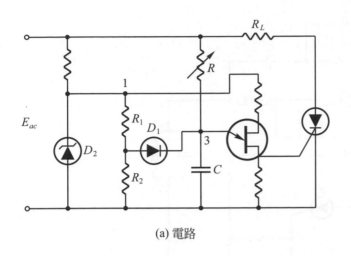
(a) 電路

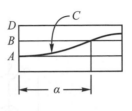
(b) 斜波與基準電壓

圖 12-19 改良之相移控制電路

12-3 交流相移控制的應用

閘流體相移控制技術在工業電路上應用相當廣泛,如燈光控制、電焊、加熱控制及馬達控制等。

12-3-1 風箱馬達控制(Blower Motor Control)

圖 12-20 所示為交流相移控制電路應用於熱電系統中的風箱馬達控制。其溫度感測由R_5熱敏電阻來完成。而且所需之溫度靈敏度可由R_8可變電阻來調整。風箱之最大與最小運轉速率仍依其實際溫度與所需溫度間之差值而定。

Q_4 TRIAC 是為功率控制元件,利用 TRIAC 的觸發角度即可控制供給馬達M的電壓。L_1、C_1、C_2及R_{13}所構成之網路是用來保護 TRIAC,以免受dv/dt的損壞,並可減少因交換動作所產生的高頻干擾。

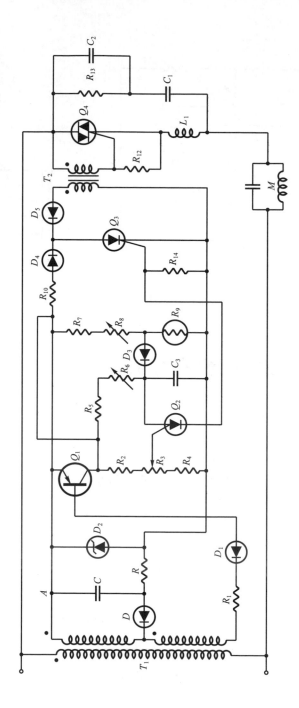

圖 12-20　風箱馬達的交流相移控制

變壓器T_1用來降低電壓以供給低壓觸發電路，二極體D及電容器C構成半波整流電路，以作觸發電路之直流電壓，而D_2二極體及電阻R爲電壓調整電路。電晶體Q_1係用來使觸發作用與交流線電壓取得同步。當T_1上端電壓爲正時，Q_1順偏，基極電流流經R_1及D_1推動Q_1飽和，則C至B點電壓約等於A至B點電壓。當T_1上端電壓爲負時，Q_1逆偏截止，形同開路，故整個稽納二極體D_2電壓均降於Q_1集極上，C點至B點電壓爲零。因此Q_1如同開關，在正半週閉合，在負半週開啓。

觸發脈波來自斜波式PUT弛張振盪器，當電源的每一正半週期間，Q_1導通則C點供給電壓至振盪器。當電容器C_3充電電壓大於PUT之閘極電壓時，PUT導通而供給觸發脈波給Q_3SCR閘極。觸發角可由R_3、R_6及R_9來調整。R_3用來調最高轉速，R_6用來調最低轉速，而R_9的改變可使馬達之轉速依實際溫度而在兩個極限轉速間作變化。

Q_4 TRIAC觸發動作是利用變壓器T_2的反射阻抗(Reflected Impedance)來達成。每當電源正半週期間且Q_3SCR未導通前，T_2之次級圈反射一極高之阻抗到初級圈(在 TRIAC 端)，而流經T_2初級圈之電流不足以觸發TRIAC 導通，當Q_3SCR 被觸發導通時，T_2次級圈呈短路現象，使得反射到初級圈之阻抗很小，因此交流電源經T_2初級圈之電流可觸發TRIAC導通，此觸發角與 SCR 相同。當電源負半週時，Q_3SCR 截止，故T_2初級圈又呈現高阻抗，此時線電壓供給T_2之反向磁場使T_2鐵心飽和，因此T_2初級圈再度成低阻抗，而使 TRIAC 又被觸發導通，在負半週末，TRIAC又恢復截止狀態，而觸發導通之動作又由振盪器來控制。適當選擇T_2及其鐵心特性，可使 TRIAC 作對稱觸發。

12-3-2　熱元件之相位控制
(Phase Control For Heating Flement)

　　熱元件交流相移控制電路可應用於熱容器內之液體或烤箱之加熱控制，如圖 12-21 所示電路，Q_2TRIAC為功率控制元件，R_4、C_3、C_2及L_1組成保護TRIAC網路，以免TRIAC受$\dfrac{dv}{dt}$破壞，且可抑制射頻雜訊之干擾。

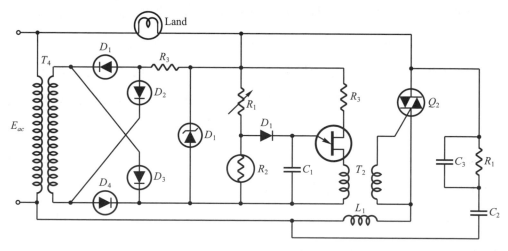

圖 12-21　熱元件的 TRIAC 相移控制電路

　　T_1為一降壓變壓器，$D_1{\sim}D_4$為橋式整流電路，R_5及D_5之穩壓裝置供給UJT一固定的直流電壓源。當C_1由經過R_1及D_6之電流充電至峰值電壓V_P時，UJT導通，B_1輸出一脈波至T_2脈波變壓器以產生觸發TRIAC導電以供給負載功率。

　　R_1可變電阻來設定所需之工作溫度，超過此溫度時，R_2熱阻元件電阻減少，因R_1和R_2形成分壓器，故C_1之充電電壓E_C為

$$E_C = E_Z\left(\frac{R_2}{R_1 + R_2}\right)\cdots\cdots(12\text{-}16)$$

式中E_z為D_5稽納二極體之稽納電壓，UJT之振盪週期T為

$$T \cong R_1 C_1 \ln\frac{E_C}{E_C - V_P}\cdots\cdots(12\text{-}17)$$

式中V_P為 UJT 峰點電壓，將(12-16)式與(12-17)式合併得

$$T \cong R_1 C_1 \ln\frac{E_Z}{E_Z - V_P\left(1 + \dfrac{R_1}{R_2}\right)}\cdots\cdots(12\text{-}18)$$

由(12-18)式得知，當R_2受熱而改變其電阻時，即可改變振盪器之週期，而使 TRIAC 之觸發延遲角α隨之改變。若R_1阻值固定，使相對所需之溫度保持一定，若溫度低於所需值時，則R_2增大；$\dfrac{R_1}{R_2}$比值減小，而使T減小，即頻率f提高，促使 TRIAC 提早發生觸發動作，因此供給負載更多的功率而使溫度上升到所欲維持之溫度準位。

UJT振盪器與線電壓頻率之同步作用由D_5來達成。當線電壓於每一半週之末端，D_5稽納二極體二端電壓降為零，振盪器停止振盪，產生重置作用。

12-4 數位相移控制

由於微處理機或微電腦大量使用在工業控制上，其程序控制之改變使用數位控制信號，因此相移控制必需與數位控制信號一致，才能達成相移控制之目的，此種控制方式稱數位相移控制(Digital Phase Shift Controls)。

使用數位控制器(Digital Controller)及計算機的基本數位相移控制電路方塊圖如圖 12-22 所示。圖中兩者控制動作是相同的，感測負載的狀況而產生連續或類比信號的輸出。類比信號轉為數位信號並與數位參考信號或設定點相比較而產生數位指令信號。此數位指令信號與參考信號及感測信號差成正比。此指令信號再轉換為直流電壓，與同步信號一起用來控制負載電路之相移角度。有時計算機與數位控制器是很難區分的，大體說，計算機有下列特點：

1. 較易執行複雜的數學運算。

2. 程序儲存能力較富彈性。

3. 易於接受儲存程式。

4. 有能力控制較多機器同時發生的程序。

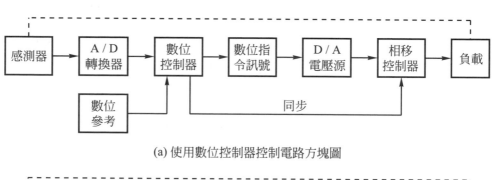

(a) 使用數位控制器控制電路方塊圖

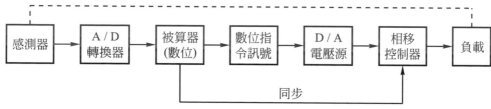

(b) 使用計數器控制電路方塊圖

圖 12-22　數位相移控制

12-4-1 數位相移電路之設計

數位相移控制系統之主要問題是如何以數位指令信號來控制相移電路，以產生所需的相移變化，通常有兩種方式來達成。

(1) 以數位指令信號來控制弛張振盪器。

(2) 以數位指令信號直接產生一延遲脈波來控制閘流體之觸發角。

下面針對這兩種方式分別以電路加以說明。

1. 數位指令信號控制振盪器之相移電路

圖 12-23 所示電路為相當於圖 12-22 所示系統中之電壓控制相移電路。利用 E_{in} 數位指令信號與 E_S 同步信號來控制 UJT 之弛張振盪器，而得以控制 Q_3 SCR 觸發角。

R 與 D_1 稽納二極體構成一穩壓電路以供給 UJT 一個固定電源，並且使振盪動作與交流線電壓 E_{ac} 取得同步作用。脈波產生器係取用 UJT 斜波信號弛張振盪器。當 Q_1 導通時，電流經 D_2 向 C 快速充電至 Q_2 之射極電壓，因此 Q_1 是用來控制基底電壓準位，電容器 C 上之斜波電壓是由線電壓經 R_5 而獲得。一般 R_5 需極大於 R_3 和 R_4 之電阻值，以改善斜波電壓之直線性，進而改善功率控制之直線性。

數位指令信號 E_{in} 與同步信號 E_S 之控制動作，如圖 12-23(b) 波形圖來加以說明比較容易瞭解。當 E_{in} 與 E_S 均為零時，稽納二極體兩端為零電壓，使 Q_1 截流，而電容器 C 上無基底電壓，只有斜波電壓，此電壓極小於 UJT 之峰點電壓；因此 UJT 不振盪。

當數位指令信號 E_{in} 輸入，且線電壓在正半週時，如圖 12-23 (b)波形圖之 B 點位置，此時電流經由 R_1 和 D_3 至地，使 Q_1 處於截止狀態，故UJT仍不振盪。若在交流電源的下一個正半週時，正同步信號E_S輸入，如圖 12-23(b)波形圖之C點位置，此時D_3逆偏而截止。而E_{in}信號在R_2上產生順偏使Q_1導通，電容器C上可快速得到一基底電壓，再加上來自R_5之斜波電壓，可使UJT在 12-23(b)圖中之D點產生觸發導電，UJT被觸發導電後，電容器C經UJT，R_5放電而輸出一脈波觸發 SCR，使 SCR 導通而供給負載電力。當然，電路設計需使無數位信號(E_{in}和E_S)輸入時，R_2上之偏壓不足以使Q_1導通，而令 UJT 無法振盪。

故由上述分析可知，E_S是決定 UJT 振盪器工作之起始點，E_{in}指令信號是用來產生延遲相角。以例題來說明數位指令信號與電路如何配合。

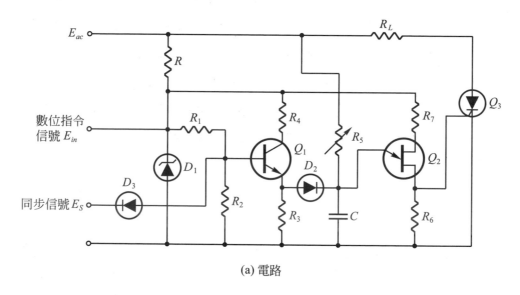

(a) 電路

圖 12-23　以數位指令控制弛張振盪器的相移控制電路

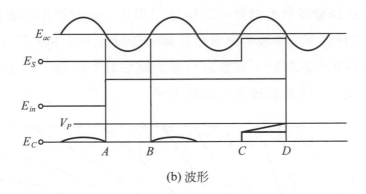

(b) 波形

圖 12-23 以數位指令控制弛張振盪器的相移控制電路(續)

範例 **12-7** 試設計圖 12-23(a)所示數位相移控制電路，需符合下列
規 格：$\alpha_{min} = 45°$，$\alpha_{max} = 110°$，$E_Z = 20V$，$E_{ac} = 110$
V，60Hz Q_3為 GE C12B。

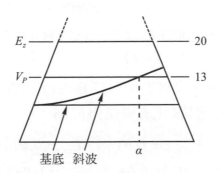

圖 12-24 斜波與基底電壓波形

由 GE 公司 SCR 手冊查得以 2N2646UJT 用來觸發 SCR C12B
時，該 UJT 在 $E_{BB} = 20V$ 時求得 $R_6 = 27Ω$，$R_7 = 100Ω$，$C = 0.22\mu F$
，由於 $\eta = 0.65$ 故 $V_P \cong 20 \times 0.65 = 13V$，因此，由圖 12-23(a)電
路得知，電容 C 上之斜波電壓值，依交流線電壓 E_{ac} 與 R_5C 之時
間常數而定，如圖 12-24 所示，Q_1 之偏壓電路與 E_{in} 電壓有關，

因此調變基底電壓就可改變延遲相角。而對於不同數值的R_5與C之條件下之斜波電壓很難計算。在設計上可用圖 12-25 的圖解資料來設計電路。當然這只是大略估計的數值，因此必需在最後裝置電路實驗後再加以修正。

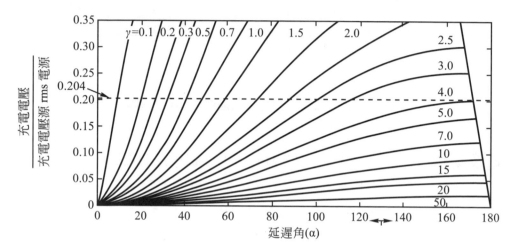

圖 12-25　斜波電壓與延遲角的關係(電容器充電為交流電源的半週期時，$r = 2RCf$)

假設選擇$r = 2RCf = 10(R爲R_5)$，由圖 12-25 資料求得不同觸發角時，電容器C上充電電壓E_C爲

當 $\alpha = 45°$	$E_C = 0.01$	$E_{ac} = 0.01 \times 110V = 1.1V$
當 $\alpha = 110°$	$E_C = 0.06$	$E_{ac} = 0.06 \times 110V = 6.6V$

由於Q_3SCR 導通時，電容器C之電壓必需等於 UTT 之峰點電壓，即$V_P = 13V$，所以電容器上之基底電壓應爲：

在$\alpha = 45°$　　　　　C上基底電壓$= 13V - 1.1V = 11.9V$

在$\alpha = 110°$　　　　C上基底電壓$= 13V - 6.6V = 6.4V$

而$\gamma = 2RCf = 10$　　$R = \dfrac{\gamma}{2Cf}$

故 $\quad R_5 = \dfrac{\gamma}{2Cf} = \dfrac{10}{2 \times 0.22 \times 10^{-6} \times 60} = 378\text{k}\Omega$

選用 500kΩ可變電阻。

　電容器 C 上之基底電壓依 Q_1 電晶體之電流而定，若 Q_1 選用 2N3014，且設 R_3、R_4 各為 500Ω之電阻，將直流負載線(1kΩ)繪於圖 12-26 之輸出特性曲線上，並設 Q_1 在負載線上 A 點與 B 點間變化，由圖 12-26 得知工作點電流

於 A 點 $\qquad I_B \cong 0.01\text{mA} \qquad V_{CE} \cong 18\text{V}$

於 B 點 $\qquad I_B \cong 0.12\text{mA} \qquad V_{CE} \cong 7\text{V}$

令 $R_B = 10 \quad R_E = 5\text{k}\Omega$，即 $R_1 /\!/ R_2 = 5\text{k}\Omega (\because R_3 = 500\Omega)$

因此在 A 點時

$$V_B = I_{BQ}R_B + V_{BE} + I_E R_E = 5 \times 10^3 \times 0.01 \times 10^{-3} + 0.6 + 2$$
$$\times 10^{-3} \times 500 = 1.65\text{V}$$

由圖 12-23(a)電路得知，Q_1 之動作是依 E_{in} 而不是 D_1 之稽納電壓 E_z，若假設 $E_{in} = 6\text{V}$，則

$$R_1 = R_B \frac{Vcc}{V_B} = 5\text{k}\Omega \times \frac{6}{1.65} = 18\text{k}\Omega$$

$$R_2 = R_B \frac{1}{1 - \dfrac{V_B}{Vcc}} = \frac{5\text{k}\Omega}{1 - \dfrac{1.65}{6}} = 6.9\text{k}\Omega$$

在 B 點時

$$V_B = 5 \times 10^3 \times 0.12 \times 10^{-3} + 0.6 + 12 \times 10^{-3} \times 500 = 7.2\text{V}$$

由戴維寧定理得

$$E_{in} = V_B = \frac{R_1 + R_2}{R_2} = 7.2\text{V} \times \frac{18 + 6.9}{6.9} = 26\text{V}$$

由上可知，數位控制電壓源的輸出信號必需在 6~26V 之間變化，以應付所需之相移控制範圍(45°～110°間變化)。當然，最後需裝置實際電路，並調整零件數值以符合所需的性能。

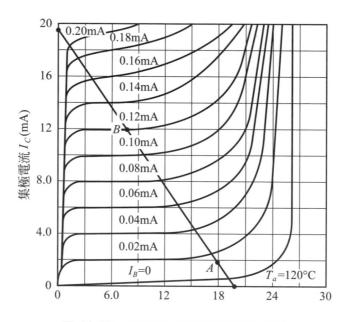

圖 12-26　2N3014 電晶體的特性曲線

2. 產生延遲脈波控制閘流體觸發角之相移電路

　　如圖 12-27(a)電路所示，用來說明如何以數位指令信號產生延遲脈衝來觸發閘流體的數位相移控制電路，此電路可使用於圖 12-22 控制系統中。

　　此電路主要特點在於輸入端設有電壓/脈波寬度轉換器(Voltage To Pulse Width Converter)，數位指令信號加到B輸入端，同步信號則接到A輸入端，其動作原理如下：

　　當B端輸入數位指令信號為正時，且若沒有同步信號自A端輸入時，則D_1二極體為順偏而導通，圖12-27(b)之D點電壓可以寫成

$$E_D = E_B - \frac{R_2}{R_1 + R_2}(E_B + E_{CC}) \dots\dots\dots\dots\dots\dots\dots\dots(12\text{-}19)$$

由(12-19)式可知，設計時將選取適當的元件值，可使V_D為負電壓，因此D_2受逆偏形成開路，故B點輸入端的指令信號V_B與Q_1之基極隔離。此時選用適當的R_1電阻值以使Q_1電晶體工作於飽和狀態。

　　當交流線電壓正半週開始時，A點輸入同步信號E_A，當A點電壓高於D點時，D_1成逆向而截流，因此A點與Q_1隔離，此時B點之指令信號經R_2，D_2向C_1充電至B點電壓，而迫使Q_1變成截止狀態，此時Q_1之集極電壓V_{C1}即為$-E_{CC}$，這些動作情形如圖12-27(b)所示(a)(b)(c)三個波形。

　　當同步信號端失時(即同步信號之末端)，電容器C_1上之電壓為E_{CS}，如圖12-27(b)波形(b)所示，其電壓值為

$$E_{CS} = E_B\left[1 - E_{XP}\left(\frac{-t_s}{R_2 C_1}\right)\right] \dots\dots\dots\dots\dots\dots\dots\dots(12\text{-}20)$$

式中t_s為同步脈波之寬度。在同步信號消失時，D_1與D_2均回復其原來之狀態，即D_1順偏而D_2逆偏，使B點電壓再度與Q_1基極隔離。此時C_1電容經R_1放電。當C_1之電壓轉為負時，Q_1又轉為飽和狀態。結果所延遲時間t_d即為同步信號消失時起到C_1兩端電壓轉變為負時(即Q_1恢復飽和)的時間，C_1暫態電壓與t_d之關係可由下式表示

$$t_d = R_1 C_1 \, ln\left(1 + \frac{E_{CS}}{E_{CC}}\right) \dots\dots\dots\dots\dots\dots\dots\dots\dots(12\text{-}21)$$

式中的E_{CS}同(12-20)式。若同步信號寬度t_s保持一定，則t_d即隨B點輸入指令信號電壓E_B之振幅而改變。

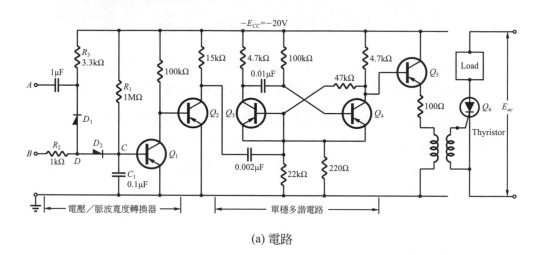

(a) 電路

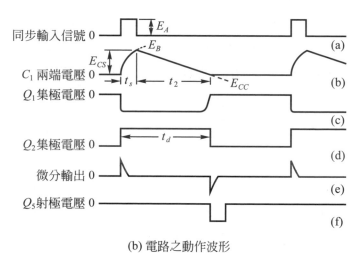

(b) 電路之動作波形

圖 12-27　使用脈波延遲激發的相移電路

　　電壓／脈波寬度轉換器的輸出並未直接加到 SCR 閘極，以免低阻抗之閘極電路對轉換器產生負載效應。通常以此延遲脈波來控制單穩態多諧振盪器，再以其輸出控制 SCR。圖 12-27(a) 中，Q_3 與 Q_4 組成單穩態多諧振盪器，在正常情況下 Q_3 飽和 Q_4 截止。Q_1 之輸出經 Q_2 放大後，再經 RC 微分電路($0.02\mu F$ 與 $22k\Omega$ 組成)以觸發單穩態電路。Q_2 集極電壓波形如圖 12-27(b) 之 (d) 波形，而微分波形如 (e) 波形所示。由於單穩態電路需在負脈波才發生觸發動作，因此延遲 t_d 時間終了時產生觸發，此時 Q_4 被觸發變為飽和而 Q_3 則為截流。Q_4 集極輸出正向脈波經 Q_5 放大後於射極輸出負脈波，如圖 12-27(b) 之 (f) 波形。此負脈波經由脈波變壓器輸出觸發 SCR。脈波變壓器繞組初次級圈必需反繞以輸出正脈波，才能觸發 SCR 產生導通。

習題

1. 試述相移控制之原理。

2. 請說明電感性負載對相位控制之影響。

3. 圖 12-28 所示電路中，若 $E_{in} = 100\sin377t$，試求電路的相角 α 值，並繪其向量圖。

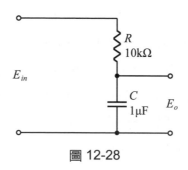

圖 12-28

4. 圖 12-29 所示電路中，若 $E_{in} = 100\sin377t$，試求電路的相角 α 值，並繪其向量圖。

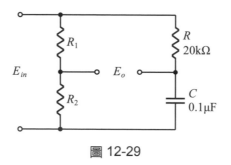

圖 12-29

5. 有一 20Ω 之電阻負載，接於 220V、60Hz 的電源，今欲以半波相移控制電路，來控制負載的平均功率在 500W 至 1000W 之間變化，求 SCR 所需觸發角 α 及導電角 θ 之範圍。

6. 有一 20Ω之電阻負載，接於 220V、60Hz 的電源，今欲以 TRIAC 相位控制，來控制負載的平均功率在 500W 至 1000W 之間變化，求 TRIAC 所需的觸發角 α 及導電角 θ 之範圍。

7. 試說明熱元件相位控制之原理。

8. 請說明圖 12-22 數位相移控制方塊圖中，何以需要 D/A 轉換器及 A/D 轉換器。

9. 請就圖 12-23 所示數位相移控制電路中，何以增加 E_{in} 的振幅會使 SCR 提早觸發，試說明其理由。

10. 若增加圖 12-27 所示電路的同步脈波寬度，對 SCR 的觸發角度有何影響，請說明之。

Chapter 13

馬達控制電路

➡ **本章學習目標**

(1)瞭解各種馬達之種類、特性及應用。

(2)明瞭馬達之控制電路之設計技術。

(3)瞭解馬達控制實際應用電路之結構與原理。

馬達(Motor)是將電能轉換為機械能的裝置。馬達控制是工業電子的主要應用，欲使馬達控制設計成功，須先對各種馬達特性及其負載需要有相當認識。法拉第(Michael Faraday)建立電磁基本觀念而實驗成功的盤形機器，為馬達製作的肇始者，1880 年代後，直流馬達不斷推陳出新，成為工業界的寵兒，然當歐美各國普遍使用交流標準電源後，低成本之交流式感應馬達因應而生，則直流馬達日漸式微，多年來直流馬達的使用大都限制於某些特殊應用上，以手提式裝備，因限於電源，其使用則非直流馬達莫屬。近年來由於半導體、閘流體之發展，應用SCR、TRIAC等功率控制元件與電晶體或積體電路相配合，馬達之控制已日趨精密，因而，馬達之控制已成為一門最新的科學，有待研究與探討，故其電路之設計應考慮下列因素：

1. 馬達之馬力為若干。
2. 採用何種轉速，轉速控制之要求為何。
3. 所需轉矩的要求，其如何隨轉速而變化。
4. 轉速變化、順序、旋轉方向及轉矩等控制之要求。

13-1 馬達及其特性

若要馬達應用良好，須使所要推動的馬達之負載要求與馬達特性相配合。馬達若以其額定功率來分類有三種：即微分數(Subfractional)小型馬力、分數(Fractional)中型馬力及整數(Integral)大型馬力。微分數馬力其額定功率常以毫馬力值或幾盎斯轉矩來表示；分數馬力的額定功率係小於 1 馬力值者，如 $\frac{1}{6}$、$\frac{1}{4}$、$\frac{1}{2}$ 或 $\frac{3}{4}$ 馬力；整數馬力是指額定功率在 1 馬力以上者。大的整數馬力的額定功率可高達 10,000 馬力。馬力係為測定功率的單位，一馬力等於在一分鐘內，將 33,000 磅的物體舉高 1

呎所作的功。馬力計算公式為：

$$HP = \frac{\text{轉矩} \times \text{轉速}}{5250} = \frac{T \times N}{5250} \quad \cdots\cdots\cdots\cdots\cdots\cdots\cdots\cdots\cdots (13\text{-}1)$$

T：轉矩，呎磅(Foot-Pound)

N：每一分鐘轉速

5250：轉換常數

13-1-1 分相式感應馬達
(The Split-Phase induction Motor)

分相式感應馬達為一種工作於單相交流電源的馬達，通常其輸出為中型馬力。分相馬達工作於單相交流電源時，須有一起動繞組以幫助馬達起動，其起動繞組連接如圖 13-1(a)所示。當馬達轉速達到全速的75%~80%時，其離心開關跳開，此時馬達以主定子繞組(Main Stator Winding)繼續運轉。

圖 13-1(b)所示為分相式感應馬達的典型轉速，即轉矩特性曲線。由圖上可知，分相式感應馬達的起動轉矩很大，且整個工作區域內其轉速近乎是恆定的，僅在負載增加時才降低 4%~6%。轉矩通常是指在馬達滿載時所能帶動的外加轉矩。圖 13-2 所示為一般馬達規格。圖 13-3 所示為商用中型分相式感應馬達特性曲線。

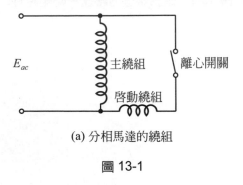

(a) 分相馬達的繞組

圖 13-1

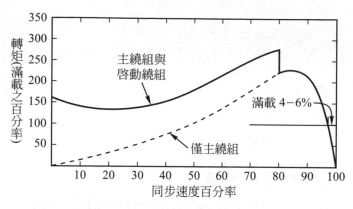

(b) 分相馬達的特性曲線

圖 13-1　(續)

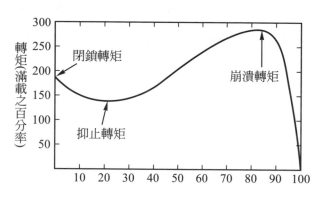

圖 13-2　感應馬達的轉速—轉矩特性

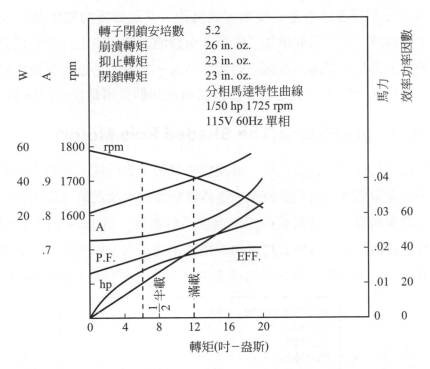

圖 13-3　中型馬力分相感應馬達的特性曲線

13-1-2　電容式馬達(The Capacitor Moter)

　　一般所應用的分相式交流馬達，假設在輔助繞組加上一電容器，即可改善其工作特性。通常此類電容式馬達可分為三種：

1. 電容起動式馬達：於輔助繞組上加一電容器，僅在起動時增加起動轉矩。

2. 永久分相電容式馬達：接於輔助繞組的電容器不論是在馬達起動時，或是在運轉中均發生作用。

3. 雙電容式馬達：使用兩只電容量不同的電容器接於輔助繞組中，分別用於改善馬達起動與運轉時的特性。

　　永久分相電容式馬達及雙電容式馬達，其起動電容器增加了起動轉矩，在運轉時，電容器亦增加了轉矩及有效地促使馬達工作於較低溫度。此種馬達大都是中型馬力及較小的大型馬力。電容式馬達大都應用於商業機械、電扇、送風機、桌上計算器及其他低起動且須常操作的機器。

13-1-3　蔽極式馬達(The Shaded Pole Motor)

　　蔽極式馬達是一種最簡單、最便宜的單相交流馬達，其額定功率大都在較小的大型馬力，而起動轉矩、運轉轉矩及效率都很低。蔽極式馬達有時需要通風設備，以使馬達的工作溫度不致過高。圖 13-4 所示為商用蔽極式馬達特性曲線。蔽極式馬達的典型輸出功率為 1/200 馬力，其運轉速度亦近乎恆定，但不如分相式馬達來得好，其主要特點是價格便宜。

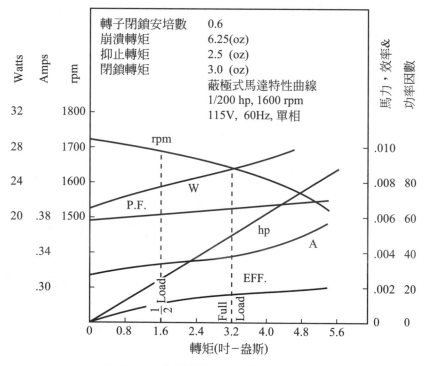

圖 13-4　商用蔽極式馬達的特性曲線

13-1-4　通用馬達(The Universal Motor)

通用馬達是一種工作於交流或直流電壓的馬達，其運轉速度可利用外加電壓大小來加以控制。它工作於高轉速下效率良好，但其轉速受負載影響甚大。此種馬達可廣泛應用於鋸木業、真空吸塵器、攪拌器、除草機、手電鑽及地板磨光機等日常工具上。

13-1-5　多相式感應馬達
(The Poly Phase Induction Motor)

中型馬力級的交流馬達亦常設計工作於二相及三相線電壓者。此類馬達通常具有高效率、高起動轉矩及高運轉轉矩，其運轉速度由無載至滿載約可保持一定。工業用機械工具、空氣壓縮機及抽水機等均常使用此類三相式感應馬達。

13-1-6　同步馬達(The Synchronous Motor)

於中型馬力級至大型馬力級的馬達均有同步馬達。雖然單相同步馬達可供應用，但三相亦有使用。在分相式、電容式起動及蔽極式的單相同步馬達中，其運轉特性與其同類型的感應馬達相似。同步馬達的轉速係由其電源頻率決定，保持恆定而與所加的負載大小無關。三相同步馬達均應用於需要數百馬力來推動的大工業設備。

大型馬力級的同步馬達，其效率較同級的感應馬達高，但是同步馬達的缺點是起動轉矩低。有許多同步馬達的起動轉矩均低於滿載額定轉矩的75%。因此，同步馬達不適應用於經常起動─停止的重大裝置。對於連續運轉的磨輪機、壓縮機及電動機發電機組的應用甚為理想。

13-1-7　串激式直流馬達(The Series-Wound DC Motor)

　　串激式直流馬達的場繞線圈係串聯於電樞上，而外加直流電壓是施加於串聯組合電路上，如圖 13-5(a)所示。這種外加直流電壓並無須使用像電子電路中設有濾波，穩壓裝置。通常應用於馬達和其他重工業設備之直流電壓，可直接由交流電壓整流即可。倘若須使用較低漣波的直流，可利用三相交流電壓來整流。

　　直流串激馬達具有大起動轉矩的優點。圖 13-6 所示即為典型的特性曲線。在低轉速時的轉矩約為滿載時的 300%，當轉速增加時，其轉矩及功率輸出均降低，所有直流串激馬達並非定速運轉的馬達。此種馬達適用於需要可變轉速及轉矩的場所，如起重機、昇降機、電車等。由於直流串激馬達具有對於重負載時起動慢，輕負載時起動快，剎車快速，正逆轉容易的能力，故使用極為廣泛。

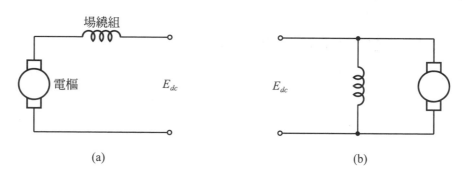

（a）　　　　　　　　　　　　　　　（b）

圖 13-5　串激式直流馬達場繞線圈串聯／並聯示意圖

13-1-8　分激式直流馬達(The Shunt-Wound DC Motor)

　　分激式直流馬達的場繞組係與電樞相並聯，其外加直流電壓是同時跨接於此兩裝運上，如圖 13-5(b)所示。有時候場繞組可由另外獨立的電源來供給，這不影響馬達的運轉，且可利用控制場繞組電流與電樞電壓的方法來控制轉速。分激式馬達與串激式馬達主要的差異是在整個負載範圍內、分激式直流馬達之運轉速度幾乎恆定，如圖13-7所示。有時亦可將串激馬達與分激馬達組合以獲得介乎於圖13-6與圖13-7之間的特性曲線，此種馬達稱為直流複激馬達(DC Compound Motor)。

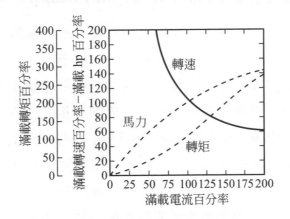

圖 13-6　串激直流馬達的特性曲線

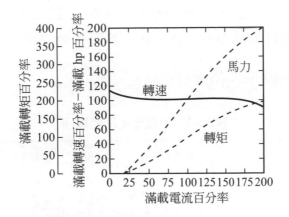

圖 13-7　分激直流馬達的特性曲線

　　分激式直流馬達主要特點是可藉改變場繞組電流或電樞來改變轉速，且其轉速調變範圍相當大。一個最高與最低轉速比為20：1是很平常的。

因此分激式馬達適用於需要在一大範圍轉速變化的場所。它亦具有制動與反轉能力。其典型的用途如輾壓機、焊接機、壓印機、電梯及機械工具等。當然,亦可應用於欲使整個負載範圍內保持定速運轉的場所。

13-1-9 數位步進馬達(The Digital Stepper Motor)

數位步進馬達是一種將同步馬達改良設計的一種馬達,其工作於脈衝輸入電壓,而不是一般連續性交流電壓的馬達。每當一脈衝輸入時,馬達輸出軸會旋轉某一固定的角度。通常加於馬達繞線組之脈波及其時序均由製造廠商來決定。圖13-8所示為典型二相式直流步進馬達的接線圖。其脈衝順序由輸入端的機械開關來控制,其順序如表13-1所列。實際上,將來係以電子動作來完成此順序控制開關。步進馬達可控制每轉200個步階或更多。其特性通常係以轉出轉矩對每秒的步進數來表示。圖13-9所示為典型的直流步進馬達特性曲線圖。通常步進馬達因工作於脈衝電源,故其最大速度受繞線組之阻抗與脈衝源阻抗限制,若欲達到高速運轉,尤須特別注意繞線組與脈衝源間之阻抗匹配。若加連續性脈衝時,馬達之速度與脈衝頻率成正比,其簡單數學式如下:

$$步進角 R = \frac{360}{N}(度) \quad \text{.................................(13-2)}$$

表 13-1　步進馬達開關順序

步階	開關＃1	開關＃2
1	上	上
2	上	下
3	下	下
4	下	上
5	上	上

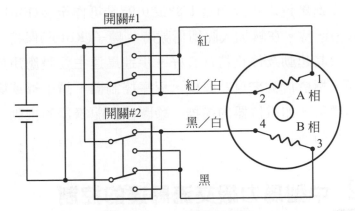

圖 13-8　步進馬達接線圖

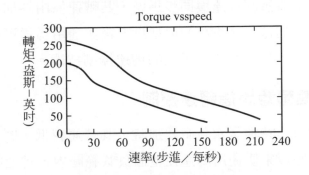

圖 13-9　步進馬達特性曲線

$$N = \frac{N_r N_s}{N_s - N_r} \quad\text{...(13-3)}$$

N：每迴轉一圈步階數

N_r：轉子之齒數

N_s：定子之齒數

$$速度\, S = \frac{60 f}{N_r} (\text{r.p.m}) \quad\text{...(13-4)}$$

f　：輸入脈衝信號頻率

常用之步進馬達之步進角為 1.8°或 0.9°，可作全步(Full Step)或半步(Half Step)運轉，在無加入脈衝信號時，轉子(Rotor)保持一定位置之靜止狀態，故其起動及停止特性良好。步進馬達主要是應用於數位控制系統，其輸入指令信號來自計算機、程序控制器、讀卡機或數位邏輯電路。其他的應用，如電位器的遙控、繪圖機和記錄器的推動、攝影機聚焦及機械工具的傳送。

13-2 中型馬力級交流馬達的控制

大部份的交流感應馬達與同步馬達，其轉速係由外加電源的頻率來控制，而不是外加電壓。較小的中型馬力級與通用馬達可採用相移控制技術來改變轉速。以下討論工業上的馬達控制技術。

13-2-1 高轉矩馬達轉速控制

通用馬達有一特性是當負載增加時，其轉速減低，圖 13-10 所示電路係以電流負回授來使通用馬達在整個負載範圍內，轉速能保持一定。圖中 D_1, D_2 二極體及 Q_1, Q_2 SCR 係組成一檔式整流電路，供給馬達電樞電流。此電樞電流又流經回授電阻 R_f，因此可利用 R_f 產生回授以自動控制轉速。當施加於端點 1 的正弦波電壓由零漸增時，Q_1 及 Q_2 SCR 係處於斷路狀態，此時 D_1、D_2、D_3 及 D_4 二極體構成一全波橋式整流而供給觸發電路直流電壓源。圖中，R_1 及 D_7 稽納二極體為一穩壓電路，而 R_2, R_3 及 C_1 與 UJT Q_3 構成基本弛張振盪器。

電容器 C_1 被流經 D_4, R_1, R_2, D_2 及馬達電樞電路之電流而充電，當電容器 C_1 充電至 UJT 的觸發電壓時，Q_3 UJT 導通，電流流經 D_5 而觸發 Q_1 SCR。Q_1 SCR 導通後，供給觸發電路的電壓不足促使 D_7 稽納二極體導電，所以 C_1 電容器僅能被充電至回授電阻 R_f 兩端的電壓，且剩餘的正弦半週時間皆保持一定。當電壓接近正弦半週的末端時,若陽極電流低於維持導通的維持電流時,則Q_1SCR即截止,呈"OFF"狀態。

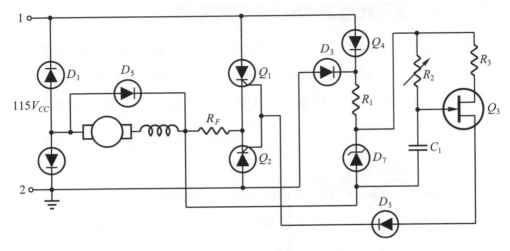

圖 13-10 高轉矩馬達的速度控制電路

於交流電源 2 端的電位漸高於 1 端時,電流流經D_3、R_1及R_2充電C_1至 UJT 觸發電壓,由於電容器開始充電時,即已有一相當R_f兩端電壓存在,故電容器被充電至UJT所需之觸發電壓時間較短。Q_2SCR的觸發角度即可由C_1充電條件來調整,其公式為:

$$T_a = 2R_1C_1\ln\left[\frac{E_z}{E_z - \eta E_z + I_f R_f}\right] \dots\dots\dots\dots\dots\dots(13\text{-}5)$$

T_a:C_1充電到可觸發 SCR 時間

E_z:稽納電壓

η :UJT 本質分離比

I_f :電樞電路之電流

由(13-5)式可知,當負載增加時,電樞電流I_f增加,故SCR可提早導通,因此供給電樞電壓的時間較長,可維持馬達定速運轉;當負載減少時,

SCR延後導通，使供給電樞之電流時間減少，所以能維持速度一定。故此電路中，SCR的導電角係依流經馬達電樞電路的電樞電流而定。

13-2-2　通用馬達的 TRIAC 控制電路

　　許多通用馬達的應用是無需使用圖13-10具有穩定速度之控制電路，僅利用TRIAC即可達成簡單且經濟的全波控制。圖13-11所示即為利用RC 相移電路及 DIAC 所構成之 TRIAC 控制電路。DIAC 之特性如圖13-12所示。

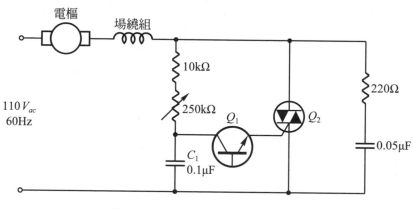

圖 13-11　普用馬達的 TRIAC 控制電路

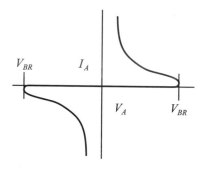

圖 13-12　DIAC 的特性曲線

圖 13-13 所示，為C_1兩端電壓E_c係較電源電壓E_{in}落後一個α角度，而$\tan\alpha = R\omega C$。DIAC 之轉態電壓為 28V~35V，當電容器C_1被充電至 DIAC 轉態電壓V_{BR}時，DIAC 導通而傳送一電流脈波至 TRIAC 閘極，以觸發 TRIAC 導通，使得電源電壓加於馬達之電樞。在每一電源半週末端，由於 TRIAC 的導通電流低於其維持電流，故 TRIAC 自動截止，但是通用馬達係一電感性負載，故陽極電流轉繼續流動，直到磁場完全消失為止。圖 13-14 所示為流經電樞電流與電樞電壓之組合圖。

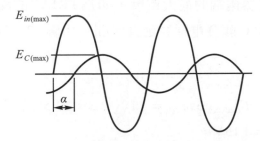

圖 13-13　圖 13-11 所示電路中電容電壓的相位落後

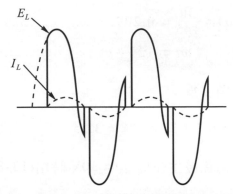

圖 13-14　圖 13-11 中的電壓與電流波形

範例 13-1 假設如圖 13-11 所示控制電路中的 DIAC 轉態電壓為 30V，試計算 TRIAC 之最大與最小觸發角度。

最小觸發角度係發生於電位器調至 0 時，

$$\tan\alpha_{\min} = \omega RC = 377 \times 10^4 \times 0.1 \times 10^{-6} = 0.377$$

$\alpha_{\min} = 20.5°$，$E_c(t) = 30V$ 之時間

$$30 = E_{c(\max)}\sin(\omega t - \alpha)\ldots\ldots\ldots\ldots\ldots\ldots\ldots\ldots\ldots\ldots(13\text{-}6)$$

式中 $E_{c(\max)}$ 為電容器兩端的最大電壓，ωt 為 TRIAC 的觸發角度，包含電容器被充電至 DIAC 觸發電壓的延遲時間。由圖 13-11(b) 向量圖得知

$$\cos\alpha_{\min} = \frac{E_{c\,\max}}{E_{in\,\max}}\ldots\ldots\ldots\ldots\ldots\ldots\ldots\ldots\ldots\ldots(13\text{-}7)$$

$$E_{c\,\max} = E_{in\,\max}\cos\alpha_{\min} = 110\sqrt{2}\cos 20.5°\ldots\ldots\ldots(13\text{-}8)$$

$$E_{c\,\max} = 145V$$

由 (13-6) 式

$$\sin(\omega t - \alpha) = \frac{30}{145} = 0.207\ldots\ldots\ldots\ldots\ldots\ldots\ldots\ldots\ldots(13\text{-}9)$$

$$\omega t = 12° + \alpha$$

TRIAC 的最小觸發角度為：

$$\alpha_{\min} + 12° = 20.5° + 12° = 32.5°$$

TRIAC 的最大觸發角係發生在 $E_{c\,\max} = 30V$ 時由 (13-8) 式得

$$E_{c\,\max} = 30 = \sqrt{2}\,100\cos\alpha_{\max}\ldots\ldots\ldots\ldots\ldots\ldots\ldots\ldots(13\text{-}10)$$

$$\cos\alpha_{\max} = \frac{30}{155} = 0.194 \quad \alpha = 78.8°$$

所以，TRIAC 之最大觸發角度為：

$$\alpha_{max} + 90° = 78.8° + 90° = 168.8°$$

由 $\tan\alpha_{max} = WRC = 377 \times R \times 10^{-6} = 5.05$ ....(13-11)

$$R = \frac{5.05}{377} \times 10^7 = 134\text{k}\Omega$$

倘若電位器的電阻值超過 134kΩ，則 TRIAC 將不會導電。觸發角度在 32.5°~168.8°的變化範圍，已足夠此類控制電路使用。

13-3 可調速之直流馬達控制

工業動力應用上，若必須使用可調速馬達，最好採用直流分激馬達，因為此類馬達改變電樞電壓，或場繞組電流即可輕易地控制馬達速度。這可從分激馬達的電壓公式看出。分激馬達電樞電路的總電壓為：

$$E_A = E_{emf} + I_A R_A \dots\dots\dots\dots\dots\dots\dots\dots\dots(13\text{-}12)$$

式中　I_A　：電樞電流

　　　R_A　：電樞繞組的電阻

　　　E_{emf}：馬達的反電動勢

馬達所產生的反電動勢可依下式求得

$$E_{emf} = K_1 N\phi \dots\dots\dots\dots\dots\dots\dots\dots\dots\dots(13\text{-}13)$$

式中　N　：馬達每分鐘的轉速

　　　ϕ　：磁場強度

　　　K_1：轉換常數

馬達啓動前須先加電壓於場繞組以產生磁場ϕ，而當電樞加上電壓後，其轉速漸增，但反電勢亦增加，一直到電樞電流正好可以克服慣性與消耗爲止。當外加負載時，電樞電流即增加以供給所需的轉矩，其公式爲

$$T_2 = K\phi I_A \dots\dots\dots\dots\dots\dots\dots\dots\dots\dots\dots(13\text{-}14)$$

由(13-14)式可知，此時反電勢必須減少才能維持式子的平衡，故馬達的速度亦將降低。由(13-12)及(13-14)式可解得計算轉速的公式爲

$$N = \frac{E_A - I_A R_A}{K_1 \phi} \dots\dots\dots\dots\dots\dots\dots\dots(13\text{-}15)$$

由上式可知，馬達的轉速可由改變E_A及ϕ來控制。通常以改變電樞電壓E_A來控制額定轉速以下的變化範圍；而以改變磁場ϕ來控制額定轉速以上的速度變化。圖13-15所示爲電樞電壓控制與磁場控制的範圍。

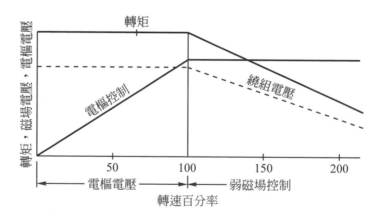

圖 13-15　直流分激馬達的速度控制

　　大多數的電子直流馬達控制裝置，是以一參考訊號來決定所欲要求的速度；而使用一控制裝置來改電樞或磁場電壓；再以一回授裝置使馬達轉速與所設置的參考訊號相比較。如圖13-16所示即爲一最簡單且經

濟的SCR控制。由馬達所產生的反電勢或電樞電流送至回授裝置,以作為回授訊號,而SCR的觸發時間係依所設定的參考訊號與回授訊號的誤差訊號之控制。雖然,單相SCR的控制不能得到平穩,準確的控制以符合部份應用的要求,但是對於中型馬力級的馬達速度控制且很實用。大馬力的馬達可利用三相整流控制,以使在重負載下亦可得到平穩準確的速度控制。

實際上,單相馬達的基本速度控制理論亦可應用到多相控制上。下面分析商用SCR單相直流分激馬達的速度控制,以了解固態電子裝置如何解決馬達速度控制的問題。

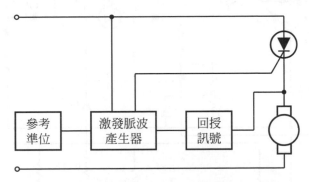

圖 13-16　基本 SCR 馬達控制電路方塊圖

13-3-1　中型馬力級馬達的速度控制

小型直流分激馬達常用於需要作速度調整控制的場所,圖 13-17 所示為一 1/50 馬力直流分激馬達的 SCR 控制器電路圖,下面討論該控制器的設計特點。

交流電壓加於端點 1 及 2 間,經CR_2、CR_3、CR_4及CR_5所構成的橋式整流電路,將交流轉變為直流電壓。此直流電壓供給端點 3 與 4 間的馬達場繞組電源。電樞電流則經SCR_1、CR_6二極體及CR_{14}二極體而完成回路。其餘的電路係用來產生一適當的觸發脈波，以維持馬達的定速運轉。參考訊號來自設定馬達所需轉速的R-25P電位器上。電容器C-4係一濾波電容器，用以將全波整流後的電壓濾成一穩定的電源。

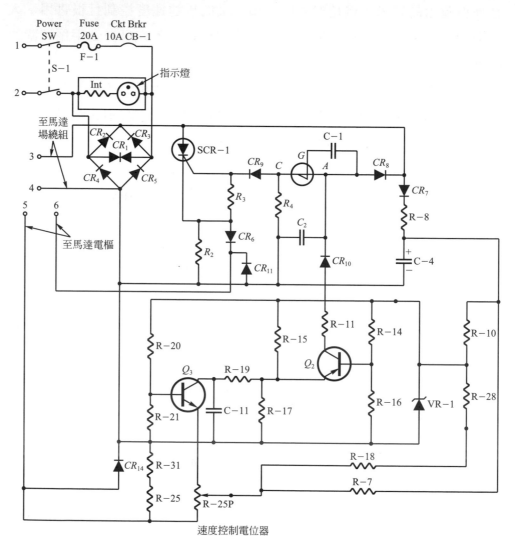

圖 13-17　中型馬力級馬達控制電路圖

回授作用是由電樞電流流經 R-25 上而發生。Q_3電晶體的射極電壓是依馬達轉速R-25P電位器所設定位置而變。圖 13-18 所示為Q_3電晶體的動作分析圖,由圖中可知:

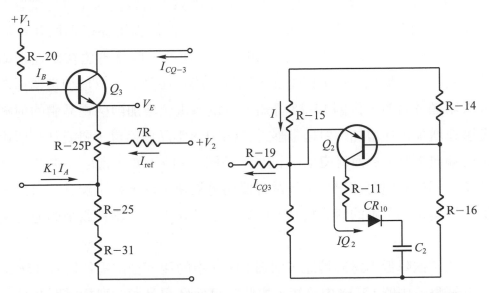

圖 13-18　圖 13-17 的部份電路圖　　圖 13-19　圖 13-17 中的充電電路

$$V_E = R\text{-}25P(I_E + K_2 I_{\text{ref}})$$
$$+ R\text{-}25(K_1 I_A + I_{\text{ref}} + I_E)$$
$$+ R\text{-}31(K_1 I_A + I_{\text{ref}} + I_F)................(13\text{-}16)$$

式中,R-25P、R-25 及 R-31 為各電阻值,以歐姆為單位。K_1為流經R-25電阻器的電樞電流;K_2是 R-25P 電位器所設定的位置。

由於Q_3電晶體的集極電流是依其射極電壓而改變,是故,相當於集極電流是受馬達轉速與電位器所設定的參考轉速所控制。SCR-1 的激發脈波係來自Q_1、R_4及C_2所構成的矽開關弛張振盪器,電流流經R_{15}、Q_2、R_{11}及CR_{10}向電容器C_2充電,當C_2電容器被充電至矽開關的轉態電壓時,

Q_1矽開關元件導電，使得電容器C_2經Q_1、R_4、R_3、R_2及SCR-1閘極而放電，故SCR-1導電，而供給馬達電樞電壓以維持定速運轉。由於C_2電容器的總充電電流是受Q_3電晶體的集極電流控制，圖13-19所示即為電容器C_2的充電電路，所以，當I_{CQ-3}增加時，即減少流經Q_2而充電C_2電容器的電流，因此，電容器的充電時間較長，而促使弛張振盪器的頻率降低。將上述的動作綜合即可看出如何控制速度，假設馬達在定速運轉時，其主軸的機械負載突然增加，則馬達轉速必降低，以增加電樞電流來供給額外負載。由圖13-18可知，當電樞電流增加則Q_3電晶體的射極電壓亦增加，此增加的射極電壓對於Q_3NPN電晶體而言，將使基－射極間的順向電壓減少而促使I_{CQ-3}減少。由圖13-19可知，當I_{CQ-3}減少，則C_2電容器的充電電流增加，故電容器充電較快，SCR較早觸發，所以，供給馬達電樞電壓的時間較長，所以馬達轉速上昇以維持原來的運轉速度。

倘若欲降低馬達的轉速，則圖13-17中的速度控制電位器 R-25P 須往下調整。由圖13-18中可知，如此將可使Q_3電晶體的射極電壓減低；減低射極電壓對 NPN 電晶體而言將使射－基極間的順向電壓增加，故Q_3的集極電流增加。由圖13-19可知，I_{CQ-3}增加使得C_2電容器的充電電流減少，所以電容器兩端電壓欲充電至矽開關元件轉態電壓所需的時間較長，故SCR較慢被觸發而促使供給馬達電樞電壓的時間較短，因此馬達轉速降低。

13-3-2　三馬力的直流分激馬達控制

圖13-20所示為控制三馬力直流分激馬達之SCR控制器電路圖，其內部使用積體電路運算放大器來控制SCR激發脈波的時間。圖中交流電源係加於L_1及L_2兩端點，而D_1及D_2二極體配合Q_1及Q_2SCR構成一橋式整

流電路，以供給馬達電樞的直流電壓。馬達的速度係由SCR的相位控制所調整；而 SCR 的觸發脈波是加於圖中的G_1及G_2兩端點。D_4係一閘流體(Thyrector)，係用來作電路保護裝置，以免交流電源電壓發生暫態高壓而損壞此控制裝置。

馬達場繞組電源係以D_2二極體作半波整流來供給；二極體D_5、D_6、D_7及D_8構成另一橋式整流電路，以整流T_1電源變壓器中的 56V 供給CR繼電器工作。當按下起動鈕後，整流電流流經CR繼電器的線圈而使正常開啟的繼電器接點閉合，以維持起動電路的工作。繼電器的另一正常閉合的接點使得Q_4、Q_5電晶體及第二運算放大(OP放大器)電路，在繼電器不被激勵時，不工作而處於"關閉"狀態。電晶體Q_4及Q_5係用以產生激發脈波供給 SCR。當CR繼電器動作時，此正常閉合(NC)接點將開啟，使得Q_4、Q_5電晶體工作以供給 SCR 觸發脈波。

控制馬達所需轉速的參考電壓是由電位器P_1來調整；而最大轉速則由P_2電位器來設定，而此兩電壓均加於第一運算放大器的輸入 1 端。圖 13-21 係用來說明此電路中的運算放大器之工作。由

$$e_{o1} = -K_1 E_{\text{ref}} - K_1 E_{\text{max}} \quad\quad\quad\quad\quad (13\text{-}17)$$

式中　　E_{ref}：P_1電位器的輸出

　　　　E_{max}：P_2電位器輸出

E_{max}是依馬達電樞的反電勢及其R_1電壓降而定。第二運算放大器的輸入是第一運算放大器的輸出與電位器P_3輸出的總和。但是，P_3電位器兩端電壓是依電樞電流而定，即：

$$e_{o2} = -e_{o1} - K_4 E_F \quad\quad\quad\quad\quad (13\text{-}18)$$

式中　　E_F：P_3電位器的輸出

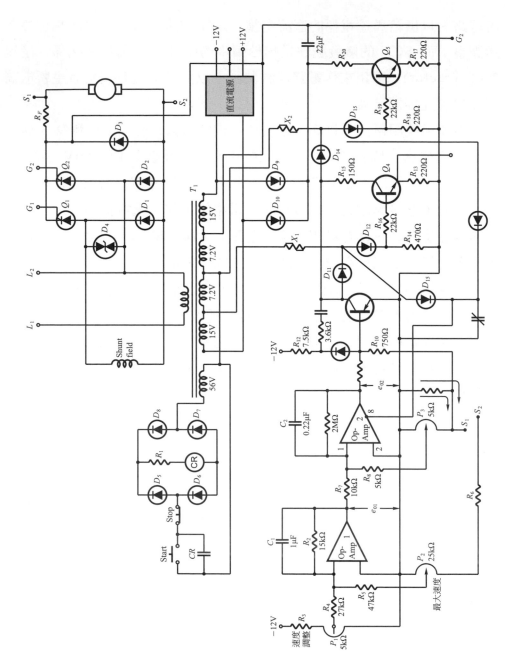

圖 13-20 SCR 馬達控制器的電路圖

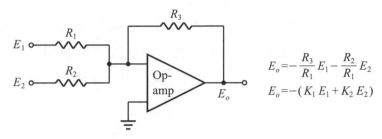

圖 13-21　以運算放大器作加法器

由上二式得：

$$e_{o2} = K_3 K_1 E_{\text{ref}} + K_3 K_2 (I_A R_A + E_{\text{emf}}) - K_4 E_f \dots\dots\dots\dots (13\text{-}19)$$

$$E_o = -\frac{R_3}{R_1} E_1 - \frac{R_2}{R_1} E_2$$

$$E_o = -(K_1 E_1 + K_2 E_2)$$

由於馬達的$I_A R_A$可以省略，故增加P_3電位器的輸出即可降低轉速。第二運算放大器的輸出是用來控制Q_3電晶體的偏壓。電抗器X_1、X_2與Q_3電晶體構成一磁性放大器(Magnetic Amplifier)觸發電路。為易於了解磁性放大器在何時產生觸發脈波，在Q_3及Q_4電晶體電路單獨繪於圖 13-22。於圖 13-22 中，當A點電壓為正時，電流經X_1、D_{12}及R_{14}而使Q_4電晶體工作於順向偏壓。故Q_4電晶體的射極電流，使得G_1的輸出為正。由於單向電流使得飽和電抗器X_1發生飽和，其工作點為圖 13-23 所示磁化曲線中的"1"點。當負半週的起點，Q_4電晶體將處於逆向偏壓，故G_1端點的輸出為 0，此時，電流將流經Q_3電晶體及D_{11}二極體，使得磁飽和電抗器反向激磁而達圖 13-23 中的"2"點。此電抗器反向激磁所需的時間，視Q_3電晶體的基極電壓e_{o2}而定，e_{o2}負壓愈大則反向飽和所需的時間愈短。當下一個正半週再開始時，Q_4電晶體必須等到電抗器X_1返回圖 13-23 中"1"點的工作點才能再導電。此反向激勵所需的時間，兩個半週大致相同，且均受e_{o2}的控制。故G_1端點的正電壓延遲時間是受e_{o2}的控制。同理，X_2、Q_5及端點G_2的工作與上述完全相同。G_1與G_2端點的電壓延遲時間係決定SCR的觸發角度，而觸發角度的變化即可控制加於電樞的電壓時間，而控制馬達的轉速。下面則綜合上述的動作來說明控制馬達轉速。

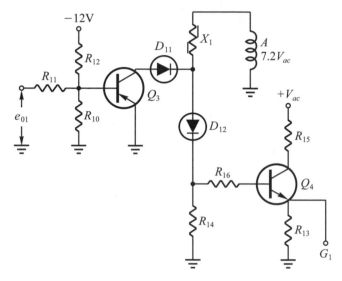

圖 13-22　圖 13-20 中的磁性放大器激發電路

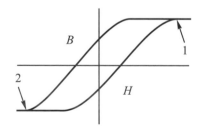

圖 13-23　典型飽和電抗器的磁化曲線

假設馬達在定速下運轉，而突然馬達的機械負載增加時，則馬達速度下降，而電樞電流增加。依(13-19)式得，電樞電流增加將使E_F增加，所以e_{o2}變得更負。e_{o2}負電壓加大將減少X_1及X_2電抗器的反向激磁時間，因此，每一半週G_1與G_2端的正電壓提早出現，故兩只 SCR 均提早被觸發，以供給馬達電樞較長的電壓時間，而促使馬達的轉速提昇至原來的速度。

　　假如欲降低馬達的轉速，可將P_1電位器反時針旋轉，即可減少(13-19)式中的E_{ref}值；由於E_{ref}由$-12V$電源供給，故e_{o2}將變得較正，故X_1及X_2所需的反向激磁時間增加，其結果將使SCR的觸發時間延遲，因而減少了馬達電樞的電壓供給時間，是故馬達轉速即慢下來。

13-4 數位式步進馬達的控制

　　數位步進馬達需要適當順序與大小的脈波加於場繞組上，使馬達轉動適當的角度。指令訊號通常是一連串低準位脈波，每一脈波將使馬達輸出轉向前轉動一步；因此，馬達控制器須將指令脈波訊號轉換為適當的觸發順序。圖 13-24 所示即為此類控制系統的驅動方塊圖。通常馬達控制器均使用邏輯電路，圖 13-25(a)所示即為產生一適當脈波順序使馬達前進的簡單數位控制電路，其真值表則如圖 13-25(b)所示，而馬達的連接如圖 13-25(c)所示。

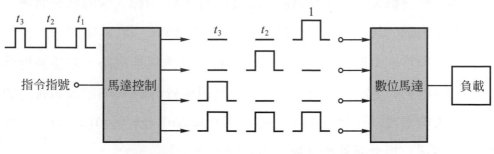

圖 13-24　數位馬達的驅動系統示意圖

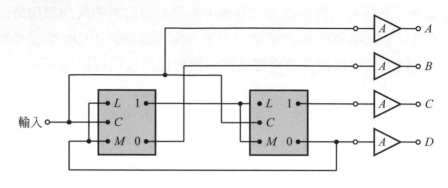

(a) 控制電路

輸入脈波	A	B	C	D
0	0	1	0	1
1	1	0	0	1
2	1	0	1	0
3	0	1	1	0
4	0	1	0	1

(a) 真值表　　　　　　　　　　　(c) 馬達連接圖

圖 13-25　數位馬達控制電路

　　此控制器採用 "D" 型正反器，其 L 與 M 輸入端是連接在一起的。當有一時計脈波輸入時，正反器的 1 端輸出將依 L－M 輸入端的狀況而變。正反器輸出端的放大器用以推動馬達。圖 13-26 所示為能使同一馬達作逆向轉動的控制電路。圖 13-27 所示為利用其他閘控電路，來控制馬達正或逆向轉動的電路，其正、逆轉的控制視加於 F 或 R 端的脈波訊號。倘若於輸入端增設一可變電壓振盪器(Variable Voltage Oscillator)，即可使馬達轉速依指令訊號的振幅大小而變。

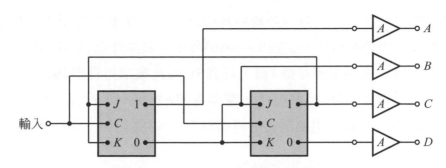

圖 13-26　修正圖 13-25(a)以驅動馬達逆向轉動

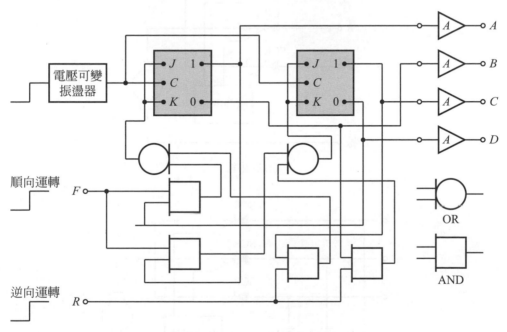

圖 13-27　馬達的可調速度控制器

13-5 三相直流馬達速度控制

　　最簡單之三相馬達速度控制系統如圖 13-28(a)所示，此系統爲半波控制，但仍可保持電流不斷地流過電樞，因任何一相成爲負時，至少有

其餘二相之一必為正。若在系統中無中線，三相半波的控制仍可藉增加
三只整流二極體來構成，如圖 13-28(b)所示。其原理為當外線電壓AB推
動電樞之時，電樞電流可從A線，經過SCR_A及電樞再經過D_B進入B線；
同理，外線電壓BC推動電樞時，電樞電流B經過SCR_B及電樞與D_C；而
外線CA推動電樞時，電樞電流則經過SCR_C、電樞與D_A，然後回至A線。

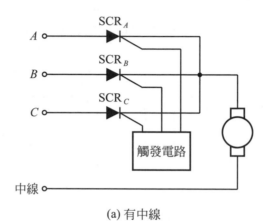

(a) 有中線

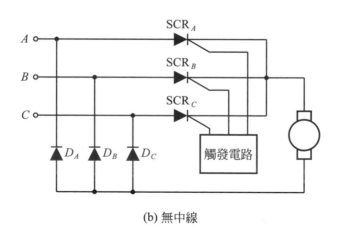

(b) 無中線

圖 13-28　三相半波馬達速度控制系統

　　圖13-28所示為三相馬達速度控制系統電路圖。230V三相電源A、B及C均接於雙相閘流體T_Y，其崩潰電壓稍大於電源峰值電壓(額定值約為350V左右)，可限制每相電壓不超過額定值。B及C兩電源線間的230V_{BC}交流電壓，用二極體D_1作半波整流後加至馬達之磁場繞組。二極體D_2可使V_{BC}在負半週時，磁場繞組仍可使電流繼續流通。(因磁場繞組所感應之電壓使D_2為順偏)。

　　繼電器R_Y為磁場失效繼電器，其作用係可經常監視磁場繞組的電流，於磁場流過電流時，R_Y保持激能狀態，若磁場電流由於某種原因中斷，前R_Y失去激能，所有電源將不加至電樞繞組，以防止因直流馬達無磁場時，若電樞有電流時所產生之反電動勢造成過熱而損壞。

　　變壓器T_1將230V降為115V，以便使用於起動－停止電路，其目的可保護操作人員。因當按下起動鈕時，馬達起動器M動作，其輔助接點自行封閉起動按鈕迴路，若起動按鈕鬆開亦無影響，而電樞則通以電流，馬達開始旋轉，若M失去電源，馬達立刻停止。若將正常接通之停止按鈕按下，或R_Y接點分開，馬達亦會發生停止轉動。

　　速度控制電路中，若V_{AB}在正半週(通過60°點)推動電樞時，電樞電流流過SCR_A、D_B回至B線。於V_{BC}推動時，電樞電流流過SCR_B與D_C，於V_{CA}推動時，電樞電流流過SCR_C與D_A。三只SCR由各別觸發電路大約相同的延遲角觸發，其由各別電位器來控制。圖13-29中觸發電路僅繪以觸發電路A，其餘兩組相同。

　　觸發電路之電源由T_2、D_3及C_1整流濾波為＋28V直流電壓。Q_1之基極電流由R_V設定，R_V向下調節，Q_1基極電壓增加，基極電流增大，進而集極電流增加，經R_5向C_E充電越快，使UJT越早到達峰值電壓V_P，SCR觸發愈快，反之，R_V向上調節，則SCR觸發愈慢。

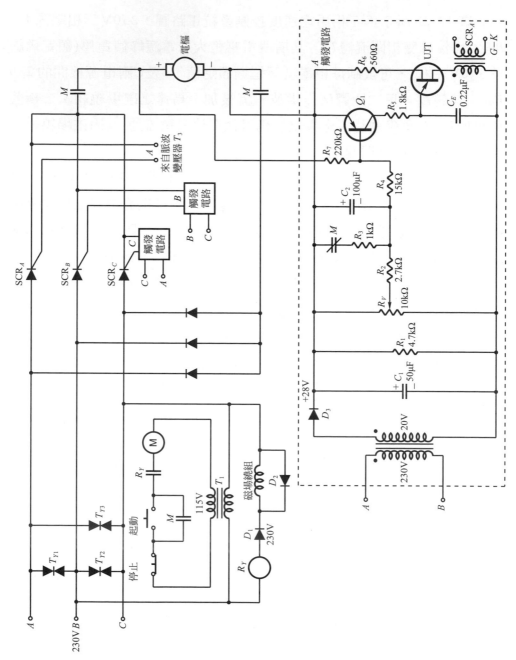

圖 13-29　三相馬達速度控制電路

設R_V調整至2000r.p.m 之速度，電樞之反電動勢經由R_7使得Q_1之基射間呈逆向偏壓，但由於R_2、R_4，使Q_1呈導通狀態。若馬達之轉矩負載增加，馬達會稍微減速，反電動勢下降，則R_7饋入Q_1之逆偏減小，Q_1基極電流稍增，使C_E充電稍快，於是 UJT 觸發稍加提早，如此增加 SCR 施加至電樞之平均電流，使馬達速度稍快而獲得修正。

C_2、R_3及M正常接通(N.C)電路，為在馬達開始起動時，使馬達加速緩慢。其原理為起動器M獲得電流前，正常接通接點提供電容器C_2放電，由於R_4與Q_1基射間兩端形成短路，此時Q_1截止，當馬達起動器M獲得電源時，正常接通接點分開，C_2經R_2及速度調節電位器R_V而充電，C_2充電後形成斷路狀態，故Q_1基極電流慢慢到達穩態值。然在到達穩態值之前，UJT 與 SCR 的觸發延遲，已超過正常觸發的時刻，於此種情況下，電樞電流在起動器獲得電源後，有一段暫時下降的時刻，因而，馬達的加速，可緩緩到達設定速度值，於是可避免電樞電流產生初期湧浪現象。

13-6 交流感應馬達速度控制

交流感應馬達的轉速是略低於旋轉磁場之同步速度。旋轉磁場之同步速度，決定於定子繞組上之磁極數及外加交流電壓之頻率。

$$同步速度(r.p.m) = \frac{120f}{P} \dots\dots\dots\dots\dots\dots\dots(13\text{-}20)$$

f ：電子電壓頻率(Hz)

P ：定子繞組之磁極數

交流馬達之速度控制，是改變加至定子的電壓頻率以改變同步速度，再促使轉子軸速改變。對交流電壓之頻率變動方法有兩種：

1. 將直流電源轉換為頻率可變的交流電源，稱換向器(Inverter)
2. 將60Hz之交流電源改變為頻率可變的交流電源稱變換器(Converter)

不論是換向器或變換器，兩種電路均由SCR組成。換向器如圖13-30所示，其中三只SCR依序觸發，每只SCR均使用控制電路，使其觸發，然後切斷。SCR$_A$觸發後，過一段時間，再切斷。接著SCR$_B$觸發導通，同樣一段時間後，然後切斷。而SCR$_B$切斷之時，SCR$_C$由其控制電路予以觸發，經過相同時間，SCR$_C$切斷，於是SCR$_A$又觸發而重覆循環。故加至定子繞組之有效頻率由 SCR 導通時間來決定。若各 SCR 導通時間長，則有效定子繞組頻率低，則旋轉磁場同步速度慢，使馬達旋轉軸速度減緩。反之，馬達旋轉軸速度加快。

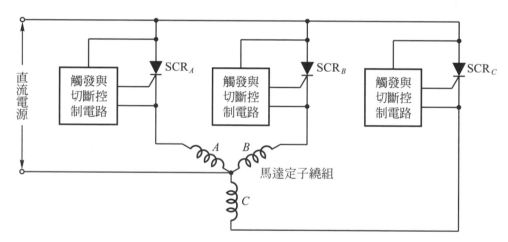

圖 13-30　三相換向器推動交流感應馬達電路

頻率可變變換器，其作用基本上與換向器相同。施加於定子電壓頻率是由SCR導通時間來決定。其電路如圖13-31所示。此電路為半波型態，若為全波則需使用36只SCR，且須具有36個觸發與切斷控制電路。

除改變定子的電壓頻率外，尚有其他方法可使用於調節交流馬達的速度。即利用電磁開關以改變定子繞組上之磁極數，可取得兩種或兩種以上的固定速度。另一法使用繞線轉子感應馬達(Wound Rotor Induction Motor)，其電樞為線繞式而非鼠籠式構造。電樞繞組相位引線可經由炭刷與滑環引出於機器之外。電樞繞組的引線接至三相變阻器，改變三相變阻器之阻值可改變轉子速度。阻值增加，馬達速度下降，反之阻值增加則轉子速度增加。

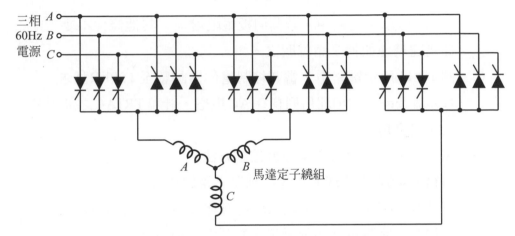

圖 13-31　三相半波變換器推動交流感應馬達電路

習題

1. 請列舉馬達控制電路之設計應考慮那些因素。

2. 試列舉電容式馬達之轉類。

3. 試比較串激式及分激式直流馬達之差異。

4. 請說明步進馬達之工作原理。

5. 圖 13-10 所示電路中，若其回授電阻增加，其他條件不變，則此馬達轉速如何？請說明之。

6. 圖 13-11 所示電路中，當其控制電位器調整至 150kΩ 試求 (a)α_{min} 及 α_{max}，(b)利用同樣 DIAC 規格，計算 TRIAC 之最大及最小觸發角。

7. 試說明分激式直流馬達速度控制方法。

8. 請繪方塊圖說明 SCR 馬達控制器之電路原理。

9. 試就圖 13-20 電路，請說明 D_4 為何種二極體，其功用為何？

10. 請繪圖說明數位式步進馬達之控制電路原理。

11. 請說明三相直流馬達之基本控制系統原理。

12. 試述何謂換向器與變換器。

Chapter **14**

同步系統控制電路

➡ **本章學習目標**

(1)瞭解 UJT 同步觸發控制電路之結構與原理。

(2)明瞭電晶體振盪器同步的方法。

(3)瞭解彩色電視機繫色系統同步控制電路之
種類及原理。

　　同步(Sychronization)是信號電波傳送與接收間之精確匹配，即信號在傳送分解與接收組合時其速度(掃描頻率)完全相同，信號的起點(相位)也必須完全一致。亦即，信號傳送與接收兩方面之掃描頻率與相位趨於一致。一般電子電路控制，電路對被控制的裝置如馬達、電磁閥或機械驅動設備等，有時須使其按照一定的工作時序來動作，即決定是否適時的開啓或關閉，此須仰賴同步系統來達成控制目的。彩色電視信號的傳送，接收時必須與發射出來的信號取得同步，其畫面才能得到穩定的掃描與正常的顏色，因此同步控制是使傳送與接收系統間能完成有效的傳輸工作最重要的方法。

14-1 同步信號

　　同步信號是一種控制信號也是一種觸發信號，它可能是脈波信號，也可能是一種正弦波或不規則的脈波信號，只要能將所欲控制的裝置達到頻率及相位一致，使控制系統能按預定的時序作變化，此種控制信號即爲同步信號。

14-2 同步控制電路

　　相位控制電路中，有的脈波振盪電路所產生的觸發信號必須與被控制之功率負載元件的電源取得同步，才能得到有效的控制；信號的發射與接收，其接收部份的振盪電路，必須要與發射機取得同步，才能作好信號傳送工作，故同步電路之觸發，必須考慮不受電源電壓之變動，半導體特性或負載之變動而發生變化，且同步脈波之加入，應不影響振盪電路之穩定性及不能有太大的功率消耗。

14-2-1　UJT 的同步觸發控制電路

　　UJT脈波振盪電路，雖然可以獲得任意頻率數的閘極脈波，但是使用於交流相位控制時，SCR或TRIAC的閘極必須與外加電源取得同步，且須按設定的相位來觸發。而UJT之同步觸發電路有多種型態，可以完成上述的要求。

1.　變化E_{BB}之同步觸發電路

　　　如圖14-1所示，利用UJT兩基極間電壓E_{BB}上加逆向同步脈波，於此瞬時使峰值電壓V_P下降，以觸發UJT，達到同步觸發的目的。

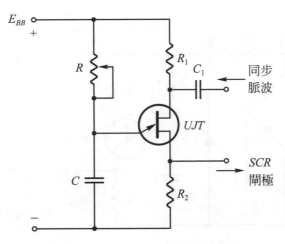

圖 14-1　變化E_{BB}之同步觸發電路

2.　利用電晶體截止之同步觸發電路

　　　如圖 14-2 所示，當同步脈波輸入時，電晶體Q_1截止，C開始充電，於達到峰值電壓V_P時，UJT 導通，產生觸發脈波，去觸發SCR 以達到同步作用。

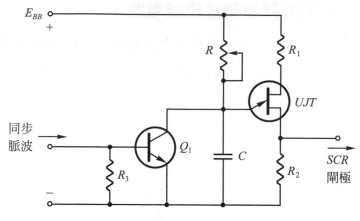

圖 14-2　利用電晶體截止之同步觸發電路

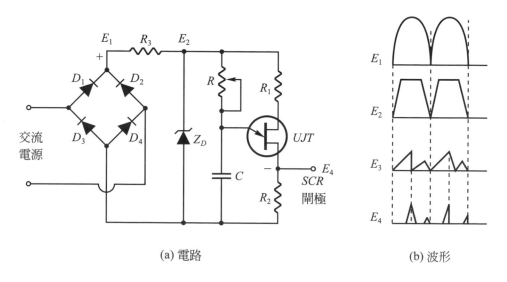

(a) 電路　　　　　　　　　　　　(b) 波形

圖 14-3　利用稽納二極體之同步觸發電路

3. 利用稽納二極體之同步觸發電路

此種電路即是與電源電壓同步之觸發電路，如圖 14-3(a)所示。
由波形圖 14-3(b)所示可知，E_1 為全波整流後之脈動直流電源，經稽納二極體Z_D使波形被剪截為E_2，而C所充電之V_P值完全依據稽納二極體限壓後之大小而變化，故UJT在R_2上所產生之觸發信號能與電源電壓取得同步作用。

4. 串聯法及並聯法同步觸發電路

　　電源同步觸發電路中，改變電容器C充電迴路中之電阻器R可使閘極脈波的相位發生變化，以達到同步控制之目的，如圖14-4所示，係以電晶體取代電阻R，則電晶體導電與否改變了電容器C電壓之上升值以進行相位之同步控制。(a)圖電晶體串聯於電容器C上為串聯控制法，如(b)圖電晶體並聯於電容器C上為並聯控制法。

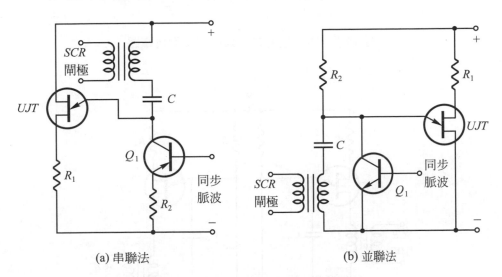

(a) 串聯法　　　　　　　　　　　　(b) 並聯法

圖14-4　串並聯控制之同步觸發電路

5. 差動放大器同步觸發電路

　　差動放大器因具微小輸入即可產生輸出變動之靈敏度，以及溫度互為補償的穩定性之優點，故利用差動放大器與脈波振盪電路組合，可形成控制效率極佳的同步觸發電路。圖14-5所示即為UJT之差動放大器同步觸發電路。

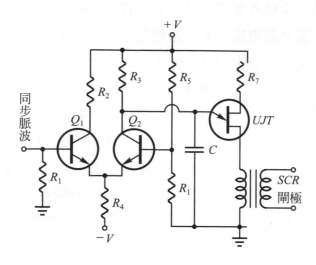

圖 14-5　UJT 之差動放大器同步觸發電路

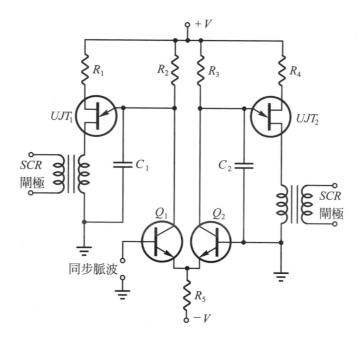

圖 14-6　可逆性 UJT 同步觸發電路

6. 可逆性 UJT 同步觸發電路

如圖 14-6 所示，可應用於兩組相反極性之 SCR 的直流電動機可逆性速度控制電路中。當輸入同步脈波為正值時，UJT_1 截止，UJT_2 因 Q_2 內阻增加而導通，使 UJT_2 所產生之觸發閘極脈波相角向前移，觸發 SCR，產生輸出電壓。而當輸入同步脈波為負值時，Q_1 內阻增加，UJT_1 動作，觸發另一個反向的 SCR，因而送出相反極性之輸出電壓，使馬達完成順逆向的控制。

14-2-2　電晶體振盪器的同步觸發控制電路

電晶體間歇振盪器(Blocking Oscillator)或多諧振盪器，其振盪頻率，均由 RC 時間常數來決定。同步觸發脈波一般加於基極電路上，NPN 型電晶體加正脈衝，PNP 型電晶體加負脈衝，如圖 14-7 所示，(c)圖所示為加同步脈波後同步的情形。

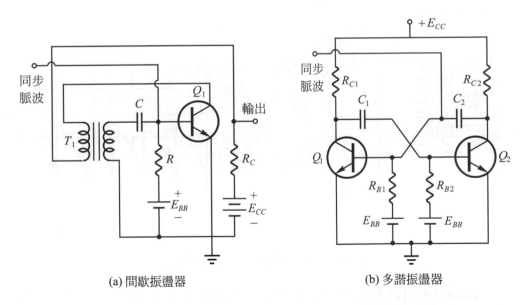

(a) 間歇振盪器　　　　　　　　(b) 多諧振盪器

圖 14-7　電晶體振盪器同步脈波控制電路

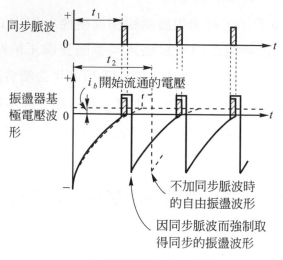

(c) 同步脈波加入波型圖

圖 14-7　電晶體振盪器同步脈波控制電路(續)

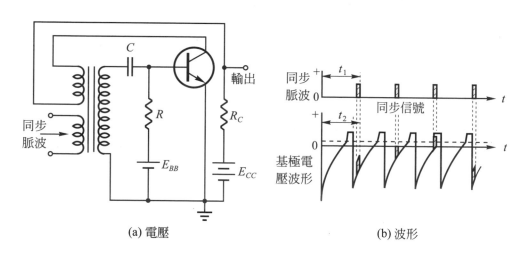

(a) 電壓　　　　　　　　　　　　(b) 波形

圖 14-8　另一種加同步脈波的方法

　　如圖 14-7(c)所示，一定週期之同步脈波輸入振盪器時，為求能有效地強制振盪器同步，應使振盪器之自由振盪頻率(t_2週期)比同步脈波頻率(t_1週期)略低，即$t_2 > t_1$。振盪頻率若是比同步脈波頻率高，則不能取得同步，且同步脈波也須具有一定的準位，方能達成同步控制作用。

　　圖 14-8 所示，是利用振盪變壓器之第三組繞組施加同步脈波的方法，使控制電路更趨穩定。

14-3 彩色電視機繫色系統同步控制電路

　　繫色(Burst)電路是彩色電視機內產生與發射機相同之 3.579545MHz 之色副載波信號的電路，使其頻率與相位達到同步作用，如此，電視機畫面的色相(Hue)才不致於發生變化，以期色彩能與發射機一致，達到傳眞收視的效果。其電路有

1.　振鈴式(Ringing)
2.　自動相位控制式(Automaatic Phase Control)
3.　繫色注入式(Burst Injection)等三種同步控制電路。

14-3-1　振鈴式同步電路

　　此型的方塊圖 14-9(a)所示，係以繫色同步信號鍵控(Keying)高Q值的晶體共振電路，使共振(諧振)電路產生連續振動(Ringing)，此振動波經放大後利用限制器(Limiter)限制振幅，再由輸出端取出連續的副載波。此信號送入移相電路予以相位調整之後，便能夠得到解調器所需要的基準副載波。而Ringing型同步電路的優點就是無需設置 3.58MHz的振盪電路，無繫色信號輸入時(黑白播送時)如果不設法使連續波放大器斷流(Cutoff)將會產生雜訊，所以須利用消色電路將此電路截止。圖 14-9(b)為其電路圖。

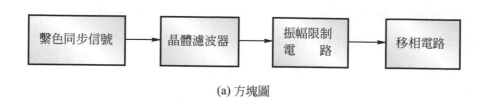

(a) 方塊圖

繫色同步信號　晶體濾波器　　　　　　　　　　　Q_3 限制器　振幅限制放大器輸出

Q_2 3.58MHz 放大

Q_1

晶體濾波電路

3.58MHz 輸出

(b) 電路

圖 14-9　振鈴式同步電路

14-3-2　自動相位控制式同步電路

　　自動相位控制式簡稱APC同步電路，此電路之優點為(1)穩定性高(2)相位誤差少。電路方塊圖如圖 14-10(a)所示。由繫色閘電路取出之繫色信號與 3.58MHz 振盪器之輸出在相位檢波電路比較，其相位差所檢出之電壓經積分電路予以直流化後送入 FET 電抗電路以控制汲極電流，而 FET電抗電路之等效電容可因汲極電流變化而變化，其為 3.58MHz晶體振盪器的一部分，進而控制振盪器之頻率及相位，以達到同步的作用，圖 14-10(b)為完整電路圖。

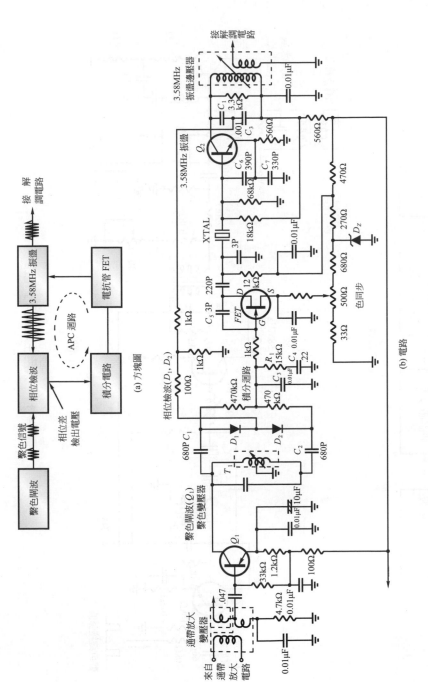

圖 14-10 APC 同步電路

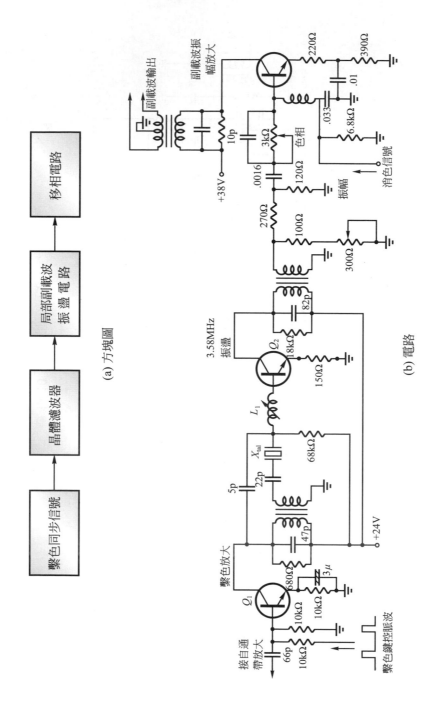

(a) 方塊圖

(b) 電路

圖 14-11　繫色注入式同步電路

14-3-3　繫色注入式同步電路

　　繫色注入式同步電路，是以通過晶體濾波器(Crystal Filter)的連續波信號注入 3.58MHz 振盪器施以強制同步的方式。圖 14-11(a)為其電路方塊圖。

　　圖 14-11(b)的 Q_1 繫色同步信號放大，在繫色鍵控脈波未加入之期間是截流，一旦有脈波加入，則 Q_1 在該期間導通，並在輸出獲得繫色信號。此信號通過晶體濾波器即形成為連續波信號，然後送入 Q_2 的振盪器予以強制同步取得色副載波。Q_2 基極上的 L_1 乃是為使無信號輸入時之振盪頻率與色副載波頻率一致。

14-4　數位電路同步控制

　　許多複雜的數位電路的動作狀態是由一個固定頻率之計時(Clock)脈波來控制。數位電路大部份或全部的狀態改變可由這些計時脈波來同步，因而可稱為"同步電路"。

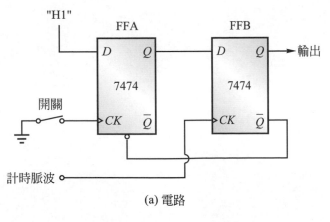

(a) 電路

圖 14-12　同步正反器

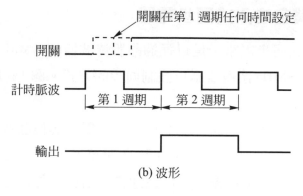

(b) 波形

圖 14-12　同步正反器(續)

　　圖 14-12(a)為同步正反器之電路，其輸出能與計時脈波同步。即在計時脈波第一週期內的任何時間以開關設定正反器A，正反器B在第一個正反器被設定後，再被計時脈波設定，而形成同步輸出，波形如圖 14-12 (b)所示。

習題

1. 試說明同步控制之意義。

2. 請繪圖說明利用電晶體截止之UJT同步觸發電路原理。

3. 試繪圖說明與電源電壓同步之UJT同步觸發電路原理。

4. 試說明可逆性同步觸發電路工作原理。

5. 請敘述如何將有效地使電晶體振盪器達到同步作用。

6. 請繪彩色電視機繫色系統APC同步電路之方塊圖並說明其原理。

7. 試述繫色注入式同步電路之動作原理。

8. 請說明數位電路同步控制之原理。

Chapter **15**

大電流控制電路

→ **本章學習目標**

(1)瞭解大電流控制電路之架構與原理。

(2)熟悉電阻焊接機之操作步驟。

(3)明瞭商用固態電阻焊接機之電路結構與控制原理。

在許多工業系統中常須使用低阻抗、大電流的負載，例如，電阻焊接機、熔爐加熱器、電鍍槽的溫度控制及強光燈泡等。此等裝置常須使用一變壓器以使電力系統與負載相匹配；且經常於變壓器的初級圈利用 SCR 相位控制，以控制傳送至負載的平均功率。以商用電阻焊接器為例來討論大電流相位控制系統。

商用固態電子焊接機，其焊接控制電路中包含了許多電子元件與電路裝置，如 UJT、SCR、電晶體、RC 相移電路、多諧振盪器、樞密特觸發器及延時電路等均應用到此複雜電路中，此焊接控制電路中的一些設計技術可應用到其他電路的設計。由於在焊接操作上所造成的電氣雜訊，會危害到周圍其他裝置，故須注意改善此種短暫電壓雜訊所造成的錯誤觸發，以使電路工作能更趨完善。

15-1 影響大電流相位控制系統的因素

大電流相位控制系統中，由於有許多的因素，如波形因數、電源電壓之變動、觸發的變動及暫態電壓與電流等會影響到整個控制系統及周邊設備的穩定性，故在設計及應用上須特別加以考慮。

15-1-1 波形因數

所謂波形因數(Form Factor)係指電流均方根值與平均值電流的比值。在圖 15-1 所示的變壓器電路中，倘若減少 SCR 的導電角度會增加波形因數。圖 15-2 所示為 $\alpha = 0°$、$45°$ 與 $90°$ 時的波形因數。圖 15-3 所示為整個相位控制範圍內的波形因數變化。當 SCR 的最大平均電流減少時，其波形因數即增加；波形因數增加的結果將導致變壓器的損失增加，且電力分配系統亦不能充分利用。如果如圖 15-2 所示，將相位控制的最大延遲角度限制在90°以下，則波形因數(FF)即可限制在2.2以下。若欲增加控制範圍，則可利用變壓器的抽頭以控制交流峰值電壓的方法來達成。

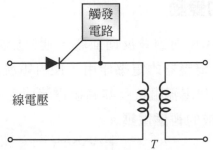

圖 15-1　單一 SCR 接於變壓器初級圈

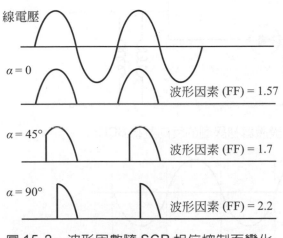

圖 15-2　波形因數隨 SCR 相位控制而變化

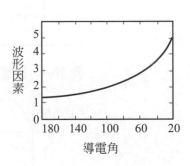

圖 15-3　電阻負載時的波形
因數/導電角的曲線

15-1-2　電源電壓的變動

除了不能有效的應用電力分配系統外，大電流相位控制亦會使電源電壓發生變動，有時可能發20～30%的電壓變動。因此，固態電子控制電路的設計，必須能夠忍受此種電源線電壓的變動才可以。同時，鄰近於大電流控制系統的其他設備與系統亦將受其影響,而產生一不良的電氣環境。

15-1-3　觸發的變動

通常利用二只 SCR 背對背反向並聯,連接於如圖 15-4 所示的電流變壓器初級側。由於變壓器的電感作用,使得電流超過正常的轉換點,此額外的導電角係依變壓器阻抗及其峰值電流而定。圖 15-5 所示為此額外導電角 "θ" 所造成的暫態電壓。

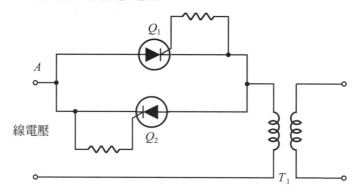

圖 15-4　連接於變壓器初級側的反向並聯 SCR

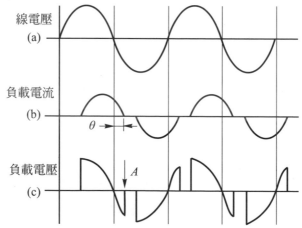

圖 15-5　圖 15-4 電路中的電流與電壓波形

15-1-4 暫態電壓及電流

在圖 15-4 所示電路中，倘若 SCR 兩端沒有足夠大的電容存在，而突然在 SCR 兩端施加電壓的話，於 A 點的 dv/dt 可能大於其額定值。倘若，負載無足夠的電抗，則突使 SCR 導電，可能產生高過額定最大的 di/dt 值。

15-2 固態電阻焊接機

固態電阻焊接機(A Solid State Resistance Welder)為一需要大電流電子控制裝置。若欲達到高品質的設計要求，則對於波形因數、電源電壓及觸發的變動、暫態電壓與電流等的影響皆須加以考慮，以下就電阻焊接機之控制加以討論。

15-2-1 焊接程序

電阻焊接是一種需要精確控制而每一操作步驟都得定時且依順序的焊接工作，其四個操作步驟為：加壓、焊接、保持及斷路。將兩片欲焊接的金屬置於焊接銅棒的尖端，啟開控制電路，其各程序的工作如下：

加壓(Squeeze)—將焊接棒壓下使焊接的金屬片壓在一起，一直到壓力穩定。

焊接(Weld)——電流流經變壓器的次級端及焊接棒而使兩金屬片焊接在一起。

保持(Hold)——在焊接電流停止時，保持壓力於焊接棒上，以使焊接處得以結晶。

斷路(Off)——焊接棒由金屬片上移開，在此程序未完成前不能再施加壓力，亦即在斷路時間未終了前，不能再施加壓力。

15-2-2　Robotron 固態電阻焊接機

　　商用 Robotron 3060 型 UJT 電阻焊接機的加壓時間為 120 週，焊接時間為 60 週，保持時間為 60 週，斷路時間亦為 60 週。從圖 15-6 所示的焊接機方塊圖可了解此控制操作的概念。

　　焊接金屬片放置於工作位置後，將圖 15-6 左上角的起動開關按下，焊接控制即開始工作。當起動開關閉合後，SCR Q_1 被觸發而導電，電流即流經 Q_1 及變壓器 T_3，而使 T_3 變壓器次級側的 Q_2 電晶體截流，而 Q_3 電晶體導電。當 Q_2 電晶體截流時，Q_4 即導電而供給變壓器 T_4 初級圈電壓。同時，T_3 變壓器的另一次級圈將促使電晶體 Q_5 導電。在 Q_2 電晶體截流時，加壓定時電路和 Q_{13} UJT 計時器起動而開始加壓程序。當起動開關閉合的時候，CR_{101} 繼電器亦被激勵而動作，因而促使點火電路的安全接點閉合，準備通以焊接電流。在 Q_2 電晶體截流時，電晶體 Q_4 導電而經變壓器 T_4 觸發 SCR Q_{101} 導電，而激勵繼電器線圈 SVCR 動作，使得在螺管閥電路內的接點閉合，故焊接棒閉合且加壓力於金屬片上。同時在起始電路中的 SVCR 接點，亦因 Q_1 電晶體的動作而閉合。UJT 計時電容器充電至所需的預置觸發電壓，此預置觸發電壓是由加壓定時選擇開關來設定的；當加壓時間終了時，UJT 計時器輸出一脈波與來自 Q_{11} 電晶體的同步脈波，一起加於 Q_{14} 電晶體的射極，Q_{14} 電晶體的輸出將使 Q_{15} 電晶體導電而 Q_{16} 電晶體截止，因而結束了加壓的程序。

　　電晶體 Q_{15} 的導電給予 Q_{17} 電晶體基極一負脈波而使其截流；而 Q_{18} 電晶體則由於 Q_{17} 正反器之作用而導電。Q_{17} 電晶體截流時，PUT 弛張振盪計時電路中的電容器充電。PUT Q_9 的輸出脈波觸發了 Q_8 SCR；而 Q_7 SCR 利用相位控制電路來控制每一正半週之同一瞬間導電。Q_7 及 Q_8 的導電電流經變壓器觸發 SCR Q_{102} 及 Q_{103}。在點火電路內，Q_{102} 及 Q_{103} 的導電使得焊接電流流經兩金屬片之間。

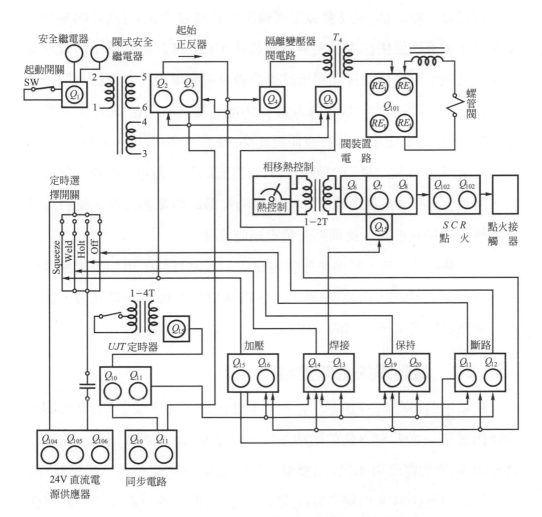

圖 15-6　Robotron UJT 電阻焊接機的控制方塊圖

　　在UJT計時電路中的電容器又開始充電至所需的觸發電壓，此觸發
準位係依焊接定時選擇開關而定。在焊接時間終了時，由Q_{14}電晶體輸
出觸發脈波使Q_{18}截流而Q_{17}導電；Q_{17}電晶體導電而促使 SCRQ_8停止導
電，使得焊接電流終止，此為焊接程序的終了。

焊接終了時，Q_{17}電晶體導電而輸出一負脈波至Q_{19}電晶體的基極，使其發生截流而促使Q_2電晶體導電。此時，在UJT計時電路中的電容器再開始充電至由保持選擇開關所設置的觸發電壓準位。當保持時間終了時，由Q_{14}電晶體輸出一觸發脈波使得Q_2電晶體截流而Q_{19}電晶體導電。Q_{19}電晶體導電後產生一負脈波而促使Q_{21}截流，Q_{22}導電。由於Q_{22}導電將促使SCRQ_4截流，使流經變壓器T_4的電流斷路，故Q_{101}的觸發脈波消失，所以Q_{101}截流，打開螺管閥線圈激勵電路的繼電器接點，使得焊接棒的壓力消失且移開，此即為保持程序的終了。

SCRQ_{101}截流後，將促使在Q_1電路內的接點打開，但如果起動開關仍然保持閉合狀況，即使Q_{22}導電，Q_1電晶體仍然維持導電狀態，此時電路斷路程序後重覆上述的工作。

15-2-3 電阻焊接機起動電路

起動電路如圖15-7所示。當起動開關閉合，即完成了T_{102}變壓器的初級側迴路；並使 SCRQ_1的陰極連接至變壓器T_{102}的次級圈端，施加以Q_1SCR 陽極的電壓與加於T_{102}變壓器的電壓反180°的相位。變壓器T_{102}的次級圈接至Q_1SCR 的陽－陰極間，利用T_{102}的電感反衝電壓以觸發Q_1SCR。此可保證SCR在陽極正半週開始時即可導電，且不會受線電壓的暫態變化或雜訊的觸發，其波形如圖15-8所示。當 SCR 陽極為正的半週，繼電器CR$_{101}$受流經RE$_{102}$二極體的電流激勵而動作；而在點火電路中的CR$_{101}$接點為正常開啟(NO)的，以防止大電流點火管的意外觸發。CR$_{101}$動作使得此 N.O.的接點閉合，以準備點火程序的動作。當Q_1SCR

導電時，連接於陽極電路的變壓器T_{103}，其次級圈將產生電壓以起動Q_2、
Q_3正反器而開始各程序之動作。

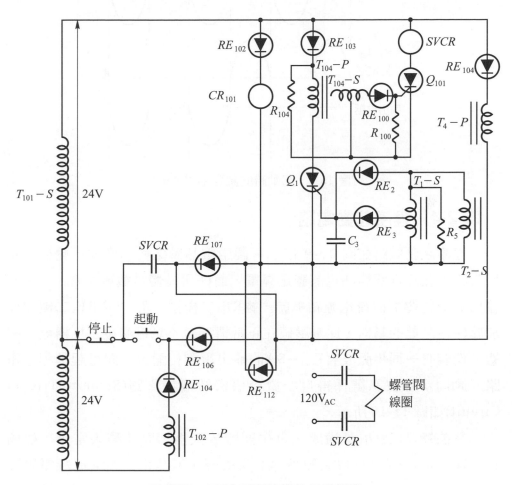

圖 15-7　3060 型焊接機的起動電路

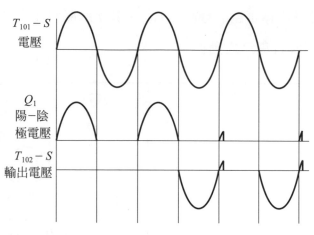

圖 15-8　起動時的激發電壓波形

15-2-4　程序起動電路

　　程序起動電路如圖 15-9 所示。圖中電晶體Q_2與Q_3構成一雙穩式正反電路；在正常狀態Q_2電晶體是導電，而Q_3電晶體是截流。$T_{103}-SA$的輸出交流電壓與直流電源相串聯，經RE_4二極體、R_{11}以及RE_2二極體而加於Q_2電晶體的基極，此電壓值在正常情況是不足以觸發正反器發生轉態。倘若有一同步脈波與$T_{103}-SA$的輸出電壓相配合，即可起動程序電路。此同步脈波訊號係得自一微分樞密特觸發電路(Schmitt Trigger Circuit)如圖 15-10 所示。

　　電晶體Q_{10}與Q_{11}是構成一再生開關放大器，而其輸入電壓，如圖 15-11(a)所示，係取自T_{101}變壓器的次級圈，但其相位與交流線電壓反180°。圖 15-11(b)所示為樞密特觸發器的輸出方形波，此方形波輸出電壓由C_6電容器微分後，經RE_{12}二極體而加於Q_2電晶體的基極。此負向變化的脈波用來同步程序的起動，使其發生於交流線電壓正半週的起始端，如圖 15-11(c)所示。在起動開關閉合後，於交流線電壓正半週的始端，Q_2電晶體轉變為截流；此截流的Q_2將促使Q_3導電，而允許電流流經

T_1變壓器的初級圈。此變壓器T_1的次級圈即為SCRQ_1的閘—陰極電路，故當T_1—S正電壓時即可使Q_1SCR 保持導電而無需經由程序控制。在Q_2電晶體導電期間，Q_4SCR的閘極電壓不會被限制Q_2的飽和電壓，其閘極電壓可由R_{25}、R_{26}及R_{27}分壓而得，故 SCRQ_4是導電的。因此，T_{104}變壓器的初級圈被激勵。由於T_{104}變壓器的次級圈係接於 SCRQ_{101}的閘—陽極電路，所以，T_{104}-S 的正電壓產生電流經RE_{109}而觸發Q_{101}。螺旋管閥繼電器 SVCR 則由Q_{101}的導電而產生動作，使得在螺旋管閥電源電路的接點閉合，而促使螺旋管閥動作，同時加壓於焊接棒上，此即為機械工作週中的加壓程序之開始。另一個置於起動電路中的SVCR繼電器接點亦閉合，故起動開關按下後即可放開了。

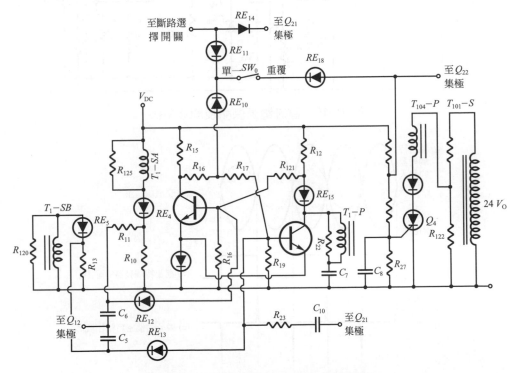

圖 15-9　3060 焊接機的程序起動電路

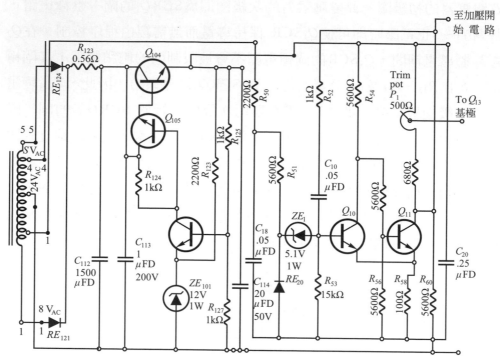

圖 15-10　直流電源供給及同步電路

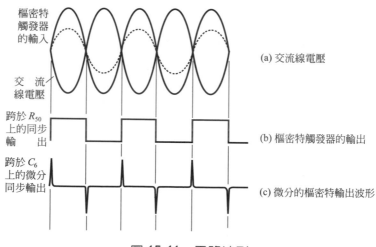

圖 15-11　電路波形

$T_{103}-SB$的輸出經RE_5及R_{13}而加於Q_3電晶體基極一正電壓，以防止當同步負向脈波加入時，Q_3不致發生截流現象，但此兩極性相反的訊號電壓和必須為正，才可以使Q_3電晶體在整個加壓時間內維持導電狀態。

15-2-5 加壓程序的定時

此控制電路的心臟部份是如圖 15-12 所示的 UJT 定時器。當程序開始時電阻器R_{60}經由導電的電晶體Q_2及二極體RE_7，而連接至直流供給電源的負端。由電阻器R_{61}與R_{60}所構成的分壓器，限制電容器C_{21}的充電電壓在一低準位，而無法達到 UJT 的射極觸發電壓。在程序開始時，電流亦流經SW_1、SW_2、R_{66}、RE_{39}及Q_2電晶體更限制了電容器C_{21}的電壓在低準位，故在Q_2電晶體導電的期間，UJT 決無法被觸發。若Q_2電晶體發生截流時，電容器C_{21}即經由在選擇開關SW_1與SW_2上的加壓定時電阻而充電；當C_{21}兩端電壓被充電至 UJT 所需的觸發電壓而使 UJT 準備導電時，由於電阻器R_{62}、R_{63}及二極體RE_{31}的作用而限制了C_{21}的充電電壓，使之比 UJT 本質分離比所需的觸發電壓低，故 UJT 無法被觸發導電。此 UJT 的發動作係由來自樞密特觸發器的負向變化同步脈波加於其B_2而完成的。此樞密特觸發器的輸出方形波係經電容器C_{22}的微分，所以負向變化的同步脈波係發生在交流線電壓的正半週開始時，如圖 15-11(c)所示。由於電晶體Q_{12}在正常情形被流經R_{73}與RE_{42}的電流作用而呈飽和狀態，因此 UJT 的B_2被限定在直流電源的正電位，使負向變化的脈波無法促其發生觸發，是故Q_{12}電晶體須截流才能使加壓動作結束。電晶體Q_{12}的截流動作是利用變壓器T_4-S的電感反衝電壓來完成，而變壓器T_4的初級圈是經二極體RE_{101}連接至S_{101}，所以在電源正半週的起始點，即有正向反偏電壓加至Q_{12}電晶體的基極，使得Q_{12}電晶體截流，且有足夠長的截流時間以使 UJT 被觸發。

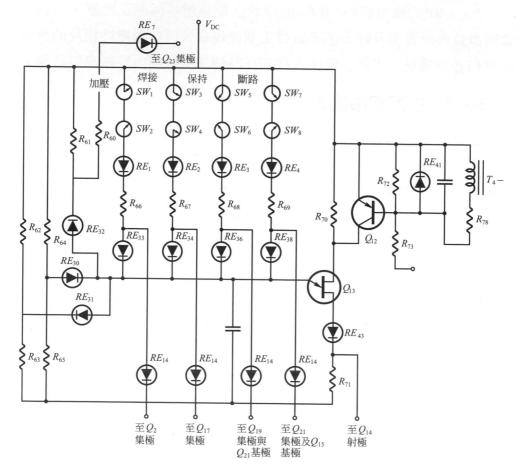

圖 15-12　UJT 定時電路

　　當 UJT 觸發導電後，電容器C_{21}即經 UJT 的$E-B_1$接合面放電，而於電阻器R_{71}與R_{75}上產生正脈波電壓。但是，UJT 的輸出訊號尚不足以驅動程序控制電路中的正反器，還須使用緩衝放大來增高其推動能力，圖 15-13 所示電路中的Q_{14}電晶體，即為UJT的緩衝放大電路。在UJT輸出脈波尚未到達之前，Q_{14}電晶體是處於導電狀態，當 UJT 輸出脈波而使連接於Q_{14}電晶體射極的電阻器R_{75}兩端電壓突然地上昇，使得Q_{14}電晶體

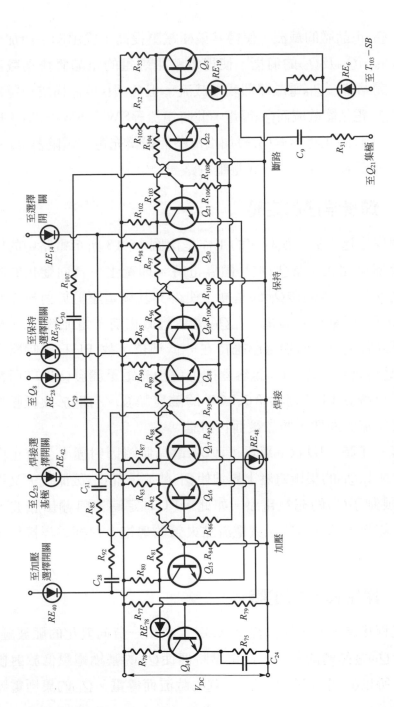

圖 15-13　3060 焊接機的程序控制電路

截流。由於Q_{14}電晶體的截流，使得其集極電壓提高，經由RE_{45}而加至電晶體Q_{16}、Q_{18}、Q_{20}及Q_{22}的射極，使得電路中導電的電晶體變為截流。在程序動作開始時，Q_{16}電晶體即變為截流，但Q_{15}與Q_{16}係構成一雙穩式正反器，故Q_{16}電晶體截流而Q_{15}導電，此時電流經SW_1、SW_2、R_{66}、RE_{40}及Q_{15}電晶體，以防止電容器C_{21}經加壓電路而繼續充電。電阻器R_{64}、R_{65}及二極體RE_{30}為構成斜波及基底電壓電路。

15-2-6 焊接程序的定時

由一個程序進入另一個程序的工作是由圖15-13所示電路中的四個雙穩式正反器來完成。當Q_{15}電晶體導電時，即產生一負向變化的脈波經電容器C_{28}而加於電晶體Q_{17}的基極，使得其基極電壓低於射極電壓，故Q_{17}截流，而Q_{18}電晶體導電。在Q_{17}電晶體截止前，電流經R_{49}、RE_{28}及Q_{17}，使得C_{17}電容器兩端電壓維持在一低準位，故 PUT 定時器不動作。當Q_{17}電晶體截流時，C_{17}電容器即可自由充電至觸發Q_9PUT所需的陽極電壓，以觸發 PUT 而供給 Q_8SCR 的觸發脈波。有關於此種脈波如何控制焊接電流的問題，將於後面再討論。

在焊接終了時，UJTQ_{13}導電；而Q_{14}電晶體將因射極上受有正向脈波而截流；所以Q_{14}的集極電壓上昇迫使Q_{18}截流。而Q_{18}截流後，又迫使Q_{17}導電而限制了C_{17}的充電電壓。如此，PUT 定時器無輸出脈波，Q_8SCR將不被觸發，因而阻止了大電流點火管的導電，此即為焊接程序的結束。

15-2-7 保持程序的定時

在焊接程序結束時，電晶體Q_{17}導電，產生一負向變化的脈波經C_{29}電容器加於Q_{19}電晶體的基極。此電壓將促使Q_{19}的基極電壓低於射極而產生截流，所以Q_{20}電晶體即因正反器Q_{19}截流而導電。Q_{19}的集極電壓上昇阻止電流經RE_{37}，電容器C_{21}即可經保持定時電路的SW_5、SW_6、R_{68}及RE_{36}而自由充電。當C_{21}電容器充電至所需的觸發電壓，UJTQ_{13}導電使電容器C_{21}經RE_{43}、R_{71}、RE_{44}及R_{75}而放電，使得Q_{14}電晶體的射極電位昇高而截流。Q_{14}的集極電壓昇高經R_{45}傳送至Q_2的射極，使得Q_2電晶體截流而Q_{19}電晶體導電。Q_{19}電晶體的導電產生一負向變化脈波經C_{30}而加於Q_{21}電晶體的基極，使得Q_{21}截流。Q_{22}電晶體即因正反器Q_{21}的截流而導電。當Q_{22}電晶體導電時，流經R_{25}的電流將被轉變為由Q_4閘極經RE_{18}及Q_{22}。所以 SCRQ_4即在陽極電壓正半週的末端時截流；Q_4截流後即無電流流經$T_{104}-P$，所以供給Q_{101}閘極電路的$T_{104}-S$電壓亦將消失，故Q_{101}SCR 亦將於陽極正半波的末端截流。此時螺管閥繼電器線圈即不被激勵，使得在螺管閥電源電路內之接點打開，而釋放加於焊接棒尖端的壓力，此為機械工作週中的保持作用的結束。

15-2-8　斷路程序的定時

假如圖 15-9 所示電路的SW_9開關放置於重複(Repeat)位置，則此機件將停留在休息或斷路程序中 61 週波時間，而後機件將如同起動開關閉合一樣，重覆其程序工作，其總斷路時間將由開關SW_7及SW_8的設定位置來控制。當保持程序結束時Q_{21}截流，此時經SW_7、SW_8、R_{69}、RE_{14}及Q_{21}的路徑不通，故電容器C_{21}乃經SW_7、SW_8、R_{69}及RE_{38}而充電，其充電則依SW_7及SW_8所設定的電阻而定。當電容器C_{21}充電至所需的觸發電壓時，UJTQ_{13}導電，此時電容器C_{21}經RE_{43}、R_{71}、RE_{44}及R_{75}而放電。此時加於Q_{14}射極上的正脈波將使Q_{14}截流，而Q_{14}集極電壓增高又迫使Q_{22}截流。Q_{22}截流時，Q_{21}導電而其集極送出一負向變化的脈波經C_{10}與R_{23}至Q_3電晶體的基極，而促使Q_3截流，故Q_1閘極的電壓將消失。但是，只要起動開關是閉合的，T_{102}變壓器將供給Q_1閘極觸發訊號。

Q_2電晶體因正反器Q_3的截流而導電，電流經SW_1、SW_2、RE_1、R_{66}及Q_2而限制電容器C_{21}的充電電壓於一低準位，所以 UJT 不導電，即定時器仍處於休息狀態。由於起動開關仍閉合，故Q_2將因下一同步負脈波經C_6加於其基極而截流，此即斷路程序的終了，但是機械工作週將繼續重複工作。

假如起動開關在斷路程序結束之前打開。則當Q_{21}再度導電而輸出一負脈波至Q_3電晶體的基極，迫使其截流，故變壓器T_1無磁場作用；同時，由於起動開關已打開，$T_{102}-S$亦不能維持Q_1導電。當Q_1截流時，$T_{103}-SB$的電壓消失，以致下一負向變化脈波經R_{31}與C_9加至Q_5電晶體的基極，而促使Q_5電晶體截流。此時，Q_5上昇的集極電壓將供給Q_{16}、Q_{17}、Q_{19}及Q_{21}諸電晶體的基極，而使程序控制的正反器均重置於開始位置。此時，機件將處於休息狀態，而等待起動開關的閉合。

15-2-9　加熱控制電路

在焊接程序中的加熱控制是利用相位控制方式來改變點火管(Ignitron Tube)的導電點。相位控制電路可用來改變延遲觸發點火管的導電。圖15-14所示電路中的T_{101}變壓器次級圈、C_{110}、P_1及P_2是用來作相位控制用的；而相位控制的輸出電壓係發生在T_2變壓器的初級圈；其落後相角則由P_1及P_2兩電位器來決定。倘若兩電位器均設定於最大電阻值處，則其落後的相角亦為最大。變壓器T_2的次級側由RE_{20}、RE_{21}、C_{12}及C_{13}組成一全波整流電路，其整流輸出經R_{34}與R_{37}分壓電路而加於Q_6電晶體的基極，而Q_6電晶體僅在無整流輸出時才導電。因此，應用相移電路的整流輸出即可促使Q_6電晶體。僅在整流輸出為零的甚短期間才導電。在Q_6電晶體導電的短期間內，變壓器T_3被激勵而輸出正脈衝電壓以觸發SCRQ_7。雖然 SCRQ_7在每一半週均受有正觸發脈波，但是僅在 SCRQ_8導電期間，Q_7才可能導電。在機器程序開始時，SCRQ_8的閘極被導電的二極體RE_{28}及R_{45}、Q_{17}限制在一低準位。當Q_{17}電晶體變為截流時，也即焊接程序開始時，SCRQ_8的閘極受流經R_{45}及R_{43}的電流推動至正電壓，故當Q_7受來自$T_{101}-S2$端點的正電壓的觸發導電時，Q_8亦導電。此時，電流流經RE_{116}、R_{132}及RE_{24}而激勵$T_{106}-P$，產生正閘極脈波以觸發圖 15-15 所示焊接電流電路中的 SCRQ_{103}。於電源的另一半週期間，Q_8被來自$T_{101}-S3$端點的正電壓觸發導電，電流流經RE_{115}、R_{132}及RE_{24}而激勵$T_{105}-P$，產生正閘極脈波以觸發圖 15-15 中的 SCRQ_{102}。在焊接程序期間，SCRQ_8受Q_{17}的訊號控制以決定點火管的導電時間(以線電壓週數計)，但是SCRQ_7則決定點火管在每一半週的導電點。

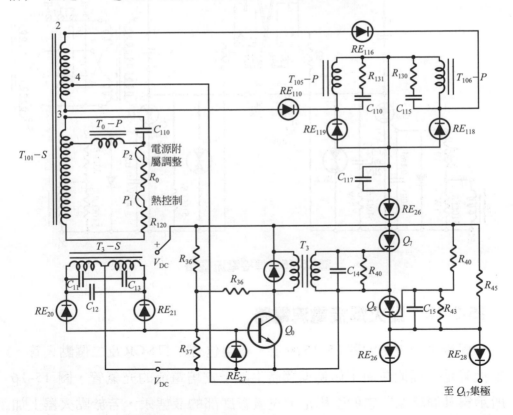

圖 15-14　3060 焊接機的加熱控制電路

在焊接程序結束時，Q_{18}變為截流而Q_{17}變為導電，故Q_8的閘極電位被限制在接近陰極電位，而截流。所以，T_{105}與T_{106}不再被激勵，故無電流流經點火管，而結束了流經焊接電路的電流。

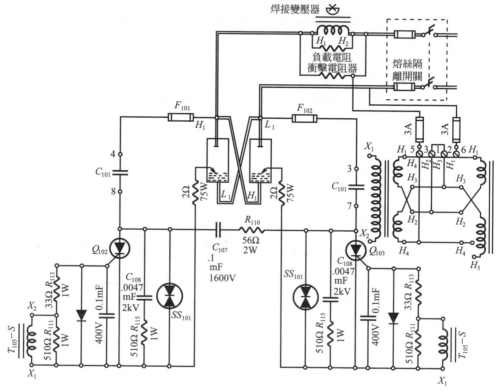

圖 15-15　焊接電流電路

15-2-10　點火焊接電流電路

焊接電流電路如圖 15-15 所示，圖中包含二只SCR及二個點火管。點火管是一種能在短工作週期間產生數千安培電流的充氣管，圖 15-16 所示為其簡略圖。它的陰極是大充氣管底部的液態汞，若於點火器上加上正電壓時，點火器端點與液態汞表面即產生強大的電場，將電子拉出液面而形成電子霧。倘若同時於陽極加上正電壓，則電子即被加速而奔向陽極，使得管內的氣體電離而導電。由上可知，點火管與SCR的工作極為相似，有些應用亦可以SCR替代點火管用，在大電流應用，如焊接機，仍以使用點火管較多。點火管內的液態汞並無封固，是故此種管子必須工作於垂直位置；並常於其金屬保護套以水冷卻之。

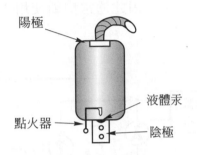

陽極

液體汞

點火器

陰極

圖 15-16　點火管的簡略圖

當 $T_{105}-S$ 與 $T_{106}-S$ 的兩端有正脈波產生時，SCR導電而加一正電壓於點火管的點火器上。二只點火管係如同 SCR 作背對背的反向並聯工作，有時稱之為"接觸器(Contactor)"。安全接觸點由起動電路中的 CR_{101} 來控制，以防止點火管的意外點火。並聯於SCR兩端的閘流體(Thyrector) SS_{101} 與 SS_{102} 係用來保護 SCR，以免受高暫態電壓的損壞。電阻器 R_{115} 及電容器 C_{106} 係用以保護 SCR Q_{102} 不受高頻暫態電壓的影響；R_{117} 與 C_{108} 係用以保護 SCR Q_{103}。在圖 15-15 中的熔絲隔離開關(Fusible Disconnect Switch)為此種大電力設備在工業上的標準裝置。

15-3 SCR 接觸器

在圖 15-13 所示電路中的點火管接觸器，在很多應用上可以SCR來替代。以二只大電流的 SCR 作反向並聯連接即可構成全波接觸器。圖

15-17所示即為使用SCR接觸器的Roboron電阻焊接機之電路圖。觸發SCR接觸器的控制脈波係由定時和程序電路所供給。

圖15-17所示電路中，電阻器R_1與電容器C_1是用來限制dv/dt，以保護SCR。電阻器R_2作為相位控制開關動作期間，負載變壓器所產生衝擊性電壓的洩放電阻。保險絲F_3亦作為保護SCR用。在此電路中並無良好的散熱裝置來使 SCR 冷卻，因此通常均須使用水循環系統來冷卻 SCR 的溫度。

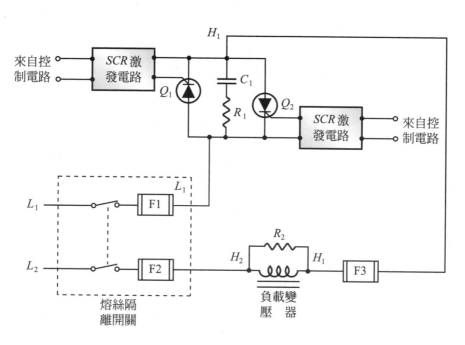

圖 15-17　SCR 接觸器電路

習題

1. 請說明大電流控制系統應考慮的因素。

2. 試說明在大電流相位控制系統中，何以使用中間抽頭變壓器可以減低波形因數。

3. 試敘述電阻焊接機之操作步驟。

4. 試繪商用固態電阻焊接機方塊圖，並列出其四個操作步驟之週期。

5. 請說明商用固態電阻焊接機焊接程序中的加熱控制以何種方式動作。

6. 試述點火管之結構及何以須把陽極作為上端且立於垂直位置才能使用。

Chapter **16**

程序控制電路

➔ 本章學習目標

(1)瞭解程序控制之意義與方法。

(2)明瞭車輪自動焊接系統程序控制電路之結構與原理。

　　程序控制大都用於閉迴路自動控制系統。製造產業大致可分為加工工業(如汽車、機械等之製造)與程序工業(如化學工業、石油工業、食品工業等)兩大類,加工產業所用之控制主要為順序控制,如數位控制式自動焊接系統。而生產程序則通常係將原料放入某裝置中,然後加能量於此裝置。裝置內之溫度或壓力等環境條件須保持一定,使其能起適當之反應而生產所希望之製品,因此所應用之控制係以定值控制為主。程式控制或比例控制雖亦可行,但因其追蹤目標值所需之時間為一般裝置響應時間之數倍以上,故實際上可視為定值控制。程序控制在本質上應包含下列三種控制,即出入量控制(控制放入製造裝置內之原料及加於裝置之能量),環境條件控制(控制裝置內適合於起物理或化學反應之環境條件,如溫度、壓力、流量、液面等為程序之四大變量)以及終端控制(控制代表製品性質之量,如密度、濃度、導電率等,並調整程序之各種條件,使最後製品能符合要求)。

16-1 程序控制之方法

　　圖16-1所示為製造砂糖時石灰處理之程序控制為例,來說明程序控制的方法。出入量控制即為原液之流量控制。在混合槽之出口處,將混合液之 pH 值轉換為電壓而檢出,經放大後用以改變石灰乳流量調節計之設定針,使其與設定值之差值為零,此即環境條件之控制。若原料之品質變化時,則雖在同一控制條件下,製品之品質就將異於正常者。此時必須實行終端控制,即控制代表製品性質之變量,並由此結果改變pH值及流量等程序條件之設定值。

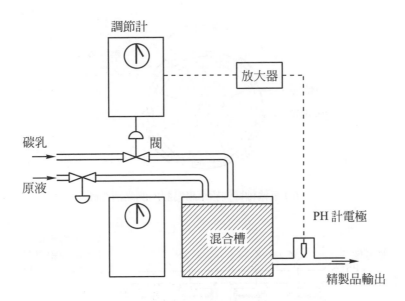

圖 16-1　程序控制圖例

16-2 車輪自動焊接系統之程序控制

　　車輪自動焊接系統之程序控制是每小時可製造 600 個車輪之自動焊接系統，與一般焊接系統之順序相同分①加壓(Squeeze)，②焊接(Weld)，③保持(Hold)，④鬆開(Release)，⑤待機(Standby)等五個步驟。

　　圖 16-2 為車輪處理舉升機械結構，以及焊接電極和附帶之氣壓控制圖。圖 16-2(a)為輪圈與車輪軸臂之關係圖。由頂上看下去時，軸臂剛好塞在輪圈內。所謂輪圈即為汽車輪胎套上之圓圈部份，而軸臂即為類似凸緣之物，包含有車輪螺樁孔，且中間有一個足以容納軸承帽之洞。車輪軸臂必須焊到車輪圈之內才是一個完整的車輪。圖 16-2(a)中指出車軸軸臂有四個鼓翼，亦即位於輪圈內側之凸起部份，每片鼓翼均由點焊焊接到輪圈上，每片焊二點，因此共有八個焊接點。

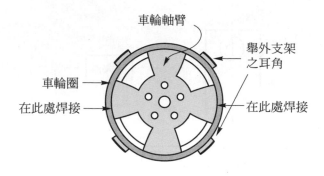

(a) 車輪軸臂位於車車輪圈內側之頂視圖

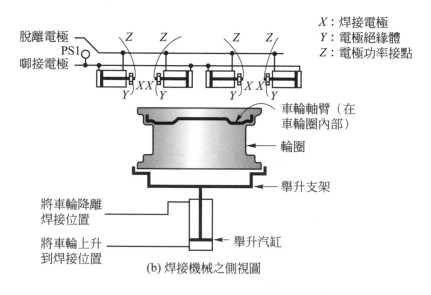

(b) 焊接機械之側視圖

圖 16-2　車輪自動焊接

　　圖 16-2(b)為在舉升架上軸臂車輪圈組合之側視圖。舉升架剛好位於舉升汽缸之上，舉升支架就由舉升汽缸來帶動往上升和往下降。當舉升汽缸使舉升架往上升時，將輪圈和軸臂擺在焊接電極位置，以進行唧接和點焊。當焊接完成後，電極後退，且令舉升汽缸往下降，使車輪下降。

焊接電極汽缸上為屋頂式表面，以使車輪可以對齊電極汽缸，為簡化圖形，圖 16-2(b)並未畫出。同樣的，尚有兩個極限開關以偵測出車輪圈與汽缸之屋頂表面式是否對齊，在圖 16-2(b)中亦加以省略，以免圖形過於複雜。

當舉升汽缸往上升且車輪位置已放好時，則唧接電極之汽缸就被送入汽壓，使四個電極汽缸的伸長，因此電極即可接觸到外部之輪圈與內部之軸臂，並利用氣壓開關控制PS1來決定汽缸是否繼續伸長。亦即電極受壓而接觸到欲焊接處之金屬表面時，就停止再伸長，圖 16-2(b)只繪出兩對電焊電極，而軸臂有八個不同地方焊接到輪圈上，所以應有八對電極才可以。當焊接完後，唧接電極之氣壓被放開，而脫離電極之氣壓被加壓，使電極汽缸往後退，即可使電極脫離，同時也令舉升支架汽缸往後退，並將焊接完成之車輪下降。

16-2-1　焊接之動作順序

當車輪位於焊接位置時，焊接電極就向前而將金屬唧接起來，一旦電極將金屬唧接，為使電極適應金屬表面曲度以及電氣之完整接觸，應停留在接合狀態一段時間才進行焊接，這段時間即為加壓時間，該時間之長短可由操作人員調整之。

加壓時間由電極汽缸送到 PS1 偵測到的位置開始，約 1 秒鐘。當加壓結束後，即可開始焊接。在焊接期間，焊接變壓器被激能，使電流通過電極而進行焊接，焊接時間約為需 2 至 10 秒。一般焊接電流並非連續的，而是以時斷時續方式供應電流，一般稱為脈波式(Pulsation) 控制。工作時可由操作人員設定脈波數以取得最佳焊接效果。

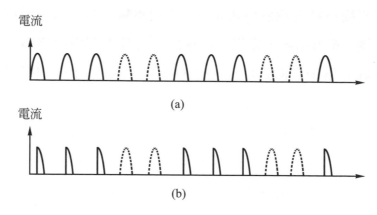

電流

(a)

電流

(b)

圖 16-3　焊接電流波形

圖 16-3 為焊接電流波形，操作人員除可調整脈波數位，亦可控制單一脈波之導電週期。如圖 16-3(a)所示為一脈衝內有三個週波電流通過，其導通角為 180°，而(b)圖則為 90°。在焊接期間，有焊接電流通過的叫加熱(Heat)區間，而無焊接電流之時間叫冷卻(Cool)區間。根據合金型式和金屬軌距，電極材料來調整加熱和冷卻週波數與導電的角度。

必須要做過許多的試驗，才能決定在何種焊接情況下，應如何設定其焊接期間脈波數，加熱週波數，冷卻週波數和焊接電流導電角，且建立一實驗數據表。操作人員就可以根據狀況，進行最佳品質的焊接。不過由於材料條件等不會完全一樣，因此在使用自動機器時，必須做某種犧牲，以獲得較佳之焊接品質與效率。

焊接完畢，在適量的脈波數輸入後，自動焊接系統就離開焊接期而進入保持期間。通常保持期約為 1 秒鐘，在保持期間，電極壓力仍在，但焊接電流斷開。這樣可以使焊軟之金屬恢復為硬質，以免電極移開時之機械力使已焊好之金屬產生變形。

保持期過後，就進入鬆開期，此時焊接電極往後退，以便車輪和電極分開。

　　鬆開期完成後，系統就進入待機期。在待機期間，舉升汽缸往後退而將已焊好之車輪下降，只要車輪下降就可將其取出。這時系統一直停留在待機期中，直到另一個新的輪圈和軸臂被擺入舉升支架中，才會再次令舉升汽缸伸長往上移，而再次進行焊接動作。

　　總之，完成焊接工作的五大程序，即依次序為待機、加壓、焊接、保持、鬆開，再回到待機位置。

16-2-2　焊接程序控制電路方塊圖

　　圖 16-4 為程序控制電路方塊圖，將此複雜電路分成九個方塊來解釋分析，以瞭解整個大電路的工作原理。每一方塊以字母 A 到 I 加以區別，方塊間之線代表其連接線，箭頭方向為訊號傳遞方向。在以下的說明中，方塊間彼此信號之交流，以兩個字母來表示，如 AB 線就代表由 A 方塊到 B 方塊；EB 線就代表由 E 方塊到 B 方塊等。

一、程序啟動電路(A 方塊)

　　A 方塊為程序啟動電路，其功能為偵測車輪何時放置妥當，而將其舉升到焊接位置，A 方塊藉著 AB 線送到 B 方塊(即區間觸發和閘電路)，使 B 方塊令系統週期由待機而進入加壓。

　　當系統進入加壓期間時，會經 CA 線送信號到 A 方塊，令焊接電極前進，且使車輪軸臂與輪圈啣合，當電極汽缸之油壓壓力足夠時，即表示可開始進入加壓期，此時就需靠 B 方塊來偵測和輸送信號，而讓 A 方塊撤到一邊，直到系統進入鬆開期。

　　當系統進入鬆開期時，又經由 CA 線將信號送回 A 方塊，使 A 方塊送出信號命令焊接電極汽缸後退並鬆開車輪。當系統完成鬆開期，再進入待機期。A 方塊又經 CA 線接收到命令裝有車輪成品之支架下降的信號。

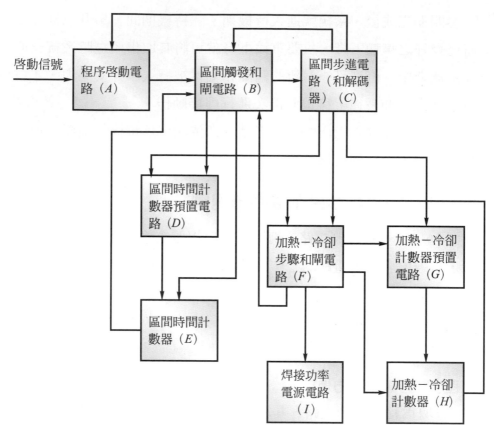

圖 16-4　車輛自動焊接系統程序控制之方塊圖

　　總之，程序起動電路的任務為起降車輪以及在適當時間喞接和脫離焊接電極，同時亦輸出信號到區間觸發和閘電路(方塊*B*)以檢出何時進入加壓期，以及進入加壓之開始期間。

二、區間觸發和閘電路(*B*方塊)

　　*B*方塊之工作為從區間時間計數器(Interval Time Counter)收到完成之信號。根據*EB*線取得之信號來進行下列工作：

1.　經過*BC*線，觸發區間步進電路，使電路進行到焊接程序的下一個步驟。

2. 經過BD線把信號送到區間時間計數器預置電路，將適當的計時預置信號載入。

3. 完成⑴、⑵動作後，即經由邏輯閘，和BE線將60Hz脈波送入時間計數器內，以開始新程序之計時動作。

不過⑶動作在焊接期並不是送出60Hz脈波，而是每完成一次焊接電流後才送出一計數脈波，因有FB線，所以在焊接期，每完成一次焊接電流脈波，就經由FB線送出一計數脈波，此計時脈波在B方塊內被數位邏輯閘處理後，就送出計數脈波到區間時間計數器(E)，而不是60Hz脈波。

三、區間步進電路(C方塊)

當B方塊完成某一動作程序時，就經由BC線，將訊號傳到C方塊，此脈波訊號令C方塊內之電路前進一個步驟，此即觸發正反器以進行前進動作。因區間步進電路是由正反器構成，則可由正反器指示在任何時間內電路所處理之程序步驟。C方塊必須要能知道目前系統所處理之程序步驟，以便經由CA、CB、CD、CF、CG線，將系統程序訊號送到A、D、F和G方塊內，再根據所處程序進行下一步之控制動作。

區間步進電路除正反器外，還有解碼電路，以將正反器狀態變換成控制和指引其他方塊電路動作之信號。由於每一動作都需有一相對之解碼輸出，因此解碼器共有五條輸出線。

例如區間步進電路之正反器處於保持程序，則解碼器之保持輸出信號為HI，而待機、加壓、焊接、鬆開各輸出線為LO，只要查出解碼器那一條輸出線為HI，就可明白系統目前所處理之步驟。

四、區間時間計數器預置電路(D方塊)

D方塊之主要工作為將正確的兩位數載入區間時間計數器內。當系統一進入新的動作程序，就立刻將數目載入，除待機外，操作人員都可選擇每一步驟所需之時間，借用 10 位置選擇開關來進行預置動作。不過焊接期之動作方法不同。

區間時間計數器預置電路根據C方塊送來目前所處理之程序狀況來決定該將那一個 10 位置選擇開關訊號讀入，然後經由DE線送到區間時間計數器內。

五、區間時間計數器(E方塊)

區間時間計數器真正負責加壓、保持和鬆開區間之時間計數工作，以及焊接期間電流脈波計數工作之電路，主要是由往下數計數器(Down Counter)組成，在將預置值下數到零時，就經由EB線，送出信號到區間觸發和閘電路，以告知程序動作已完成，而使系統再進入另一步驟中。

例如，預置到時間計數器期間之保持期間為 45，則在經過 45 個週期後，即會令計數器倒數到零，亦即經過 45/60 秒後，B方塊就會收到信號，而準備觸發鬆開區間。

六、加熱－冷卻步驟和閘電路(F方塊)

加熱－冷卻步驟和閘電路有如下幾種功能：

(1) 當系統處於焊接時，電路就工作於加熱和冷卻期間之往復動作中。

(2) 當進入一新的區間時，就經 FG 線，送信號到加熱－冷卻計數器預置電路內，以命令電路將適當的預置數目載入加熱－冷卻計數器內。

(3) 一旦完成預置動作、加熱－冷卻步驟及閘電路將 60Hz 經FH線送到加熱－冷卻計數器內，以便計數區間之AC週波數。當完成加熱或經冷卻區間後，加熱－冷卻步驟及閘電路就經由HF線收到完成信號，以便進入另一區間中工作。

總之，加熱－冷卻步驟及閘電路之目的為將適當之信號送到進行加熱和冷卻區間之G、H和I方塊內，並在完成焊接電路脈衝後，送出一信號通知B方塊，使B和E方塊可以追蹤到焊接區間之動作情況。

七、加熱－冷卻計數器預置電路(G方塊)

加熱－冷卻預置電路之觀念與D方塊相同，加熱－冷卻預置電路經由GH線，將兩位數目由選擇開關送到加熱－冷卻計數器內，加熱和冷卻區間都有屬於自己的一對選擇開關，加熱－冷卻計數器預置電路就根據由FG線取得之系統目前所處程序，將正確的開關信號讀入加熱－冷卻預置電路內。

八、加熱－冷卻計數器(H方塊)

加熱－冷卻計數器之觀念與E方塊同，主要是利用F數計數器將預置值計數到零時，輸出一信號經由HF線送到F方塊，讓F方塊可命令進入下一個區間。

九、焊接功率電源電路(I方塊)

I方塊為焊接功率電源電路，當系統處於焊接期間之加熱區間時，就令焊接功率電源電路激能焊接變壓器，而使電流送到焊接電極上。

習題

1. 何謂程序控制與順序控制。

2. 請說明車輪自動焊接程序控制之五大步驟如何工作？

3. 為何需要保持步驟在自動焊接系統程序控制中，請說明之。

4. 試述區間步進電路在自動焊接系統中之功能。

5. 請說明自動焊接系統中區間時間計數器預置電路之作用。

Chapter **17**

比例積分微分控制

　　一般應用於產業上之電子電路控制系統中，常用的控制方法為開關通斷(ON-OFF)控制方式，其控制之變動量較大，若要想得到更精確的控制時，就必須借助於PID控制電路。所謂PID即指比例控制(Proportional Control)、積分控制(Integral Control)及微分控制(Derivative Control)的組合應用電路。此為一種動作狀態依特定條件中所得到的誤差信號而作線性修正變化的控制方法。通常控制器對於誤差信號之反應叫做"控制模式"，此可分為下列五種基本模式：

1. 開關控制
2. 比例控制
3. 比例＋積分控制(PI)
4. 比例＋微分控制(PD)
5. 比例＋積分＋微分控制(PID)。

　　其中開關控制是最簡單的一種控制模式，而比例積分微分控制則為最精準的控制模式。

17-1 開關控制

　　開關控制就是藉著控制元件的全開(Full Open)或全閉(Full Close)作用而達到控制的目的，故又稱為ON-OFF控制或是兩位置控制。它是一種最簡單而且被廣泛使用的控制模式，最常見的例子就是繼電器(Relay)或電磁閥(Solenoid Valve)受激磁時的全開及全閉ON-OFF控制。其ON-OFF動作曲線如圖 17-1 所示。

　　以電磁閥作溫度控制閥的操作為例，如圖 17-2 所示，若控制溫度設定在 120°F，只要溫度高於 120°F，則溫度控制閥關閉，阻止蒸氣進到熱交換器，以使溫度慢慢下降，同理，溫度下降到 120°F 時，溫度控制閥打開，使蒸氣進入熱交換器，藉以提升室內溫度，使得控制溫度繞著設定點(120°F)擺動。在圖 17-2(a)中之上衝量(Over Shoot)和下衝量(Under Shoot)皆為 5°F，這些值的大小是決定於控制元件的特性。開關控制之特性曲線與鐵芯的磁滯曲線相類似，稱為差分間隙(Differential Gap)曲線如圖 17-2(b)所示。任何的開關控制器都需要一差分間隙，以

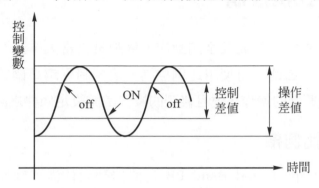

圖 17-1 開關控制動作曲線

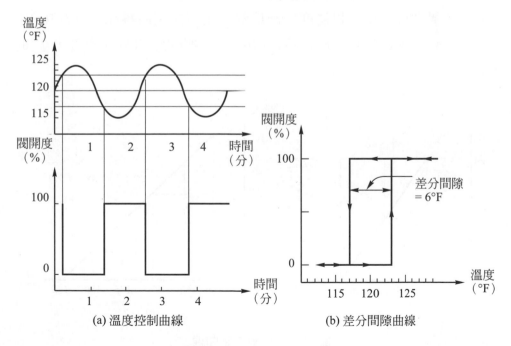

(a) 溫度控制曲線 　　　　(b) 差分間隙曲線

圖 17-2 溫度之開關控制

防止追逐(Hunting)現象的發生。差分間隙又稱為中性區(Neutual Zone)，其定義為：控制值須超過設定值多少時，才會使控制元件作修正動作。

17-2 比例控制

由於開關控制之全開及全閉動作，變動量相當大，且容易減短控制元件使用壽命，因此，可使用比例控制，使控制更趨準確精密。比例控制為具有連續範圍的操作，並且修正的操作是與設定條件之誤差成正比。

17-2-1 比例帶

比例帶(Proportional Band PB)是使控制元件滿刻度操作所需的誤差變化百分比。即是使控制元件改變 100%操作，所需控制量變化對於滿刻度範圍之百分比。以溫度控制為例，比例控制曲線如圖 17-3(a)所示，比例增益決定對應於已知誤差信號之控制閥開度(打開程度大小)的變化。

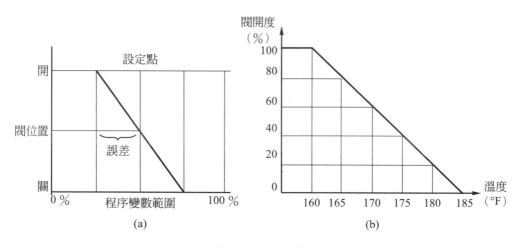

圖 17-3　比例控制曲線

如圖 17-3(b)中，當控制溫度低於 160°F 時，溫度控制閥的開度爲 100%；若控制溫度高於 185°F 時，控制閥的開度爲 0%，控制比例帶爲 185－160 ＝ 25°F，若此控制閥的設定操作範圍爲 75°F~300°F，則比例帶(PB)應爲：25°F/(300°F－75°F)＝ 0.1111 ＝ 11.11%。當程序負載變化時，例如溫度控制中的控制室內熱量損失很大時，若欲維持在一定的溫度，則閥的開度就必須變大。如圖 17-4 所示，爲三種不同溫度狀況下，20%比例帶之控制閥開度與溫度相對應之變化圖。

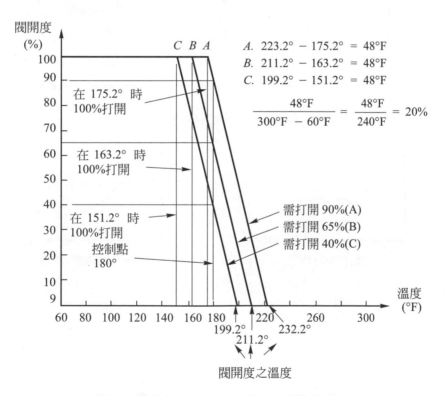

圖 17-4 在三種不同溫度狀況下，20%比例帶之閥開度與溫度相對應變化圖

17-2-2　比例控制的響應

　　如圖 19-5 所示，若控制系統受外界某種因素干擾，如冷空氣的流入或是熱空氣的突然增加，而使得誤差突然跳升到另一固定值，則控制閥之動作會自動地向零誤差值作比例調整，使控制溫度保持一定。

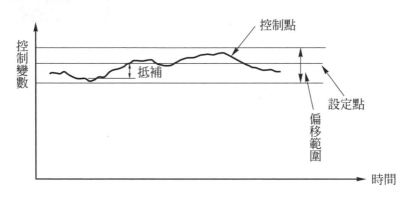

圖 17-5　比例控制的響應

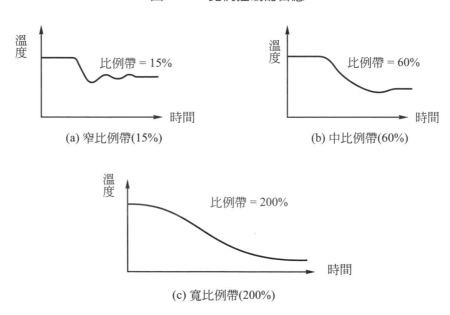

(a) 窄比例帶(15%)　　　　　　　　(b) 中比例帶(60%)

(c) 寬比例帶(200%)

圖 17-6　負載受干擾後之溫度對時間曲線

外界的干擾對於控制溫度的影響之變化曲線如圖 17-6 所示，在(a)圖中之比例帶調整為 20%，雖因干擾而造成振盪現象，但很快地就穩定於控制溫度附近。若將比例帶調整到 60%((b)圖)，雖然系統穩定所需的時間較長，但振盪現象會較小些。若把比例帶再調整到 200%，從(c)圖中可知系統穩定所需的時間更長，但系統不再有振盪現象發生。

17-2-3 比例控制之抵補

實際應用上，當控制系統受到干擾時，溫度控制應將實際溫度恢復到原來設定溫度值才正確。然由於控制溫度與設定溫度之間，在比例控制系統上，永遠存有差異值，因此，事實上並不能回復到設定溫度上。這差異值的大小取決於比例帶調整的範圍寬窄，若比例帶愈寬，則差異值愈大，這差異值就是比例控制之抵補(Offset)值。如圖 17-7 所示為比例控制之抵補現象圖。

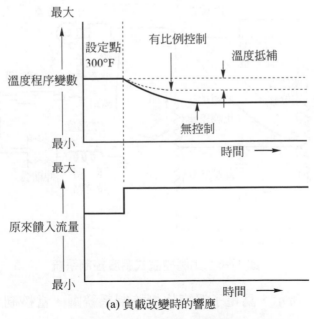

(a) 負載改變時的響應

圖 17-7　比例控制抵補現象

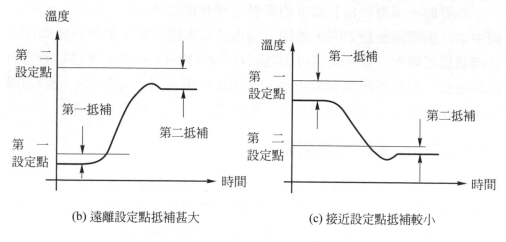

(b) 遠離設定點抵補甚大　　　　　　(c) 接近設定點抵補較小

圖 17-7　比例控制抵補現象(續)

17-2-4　電子溫度比例控制系統

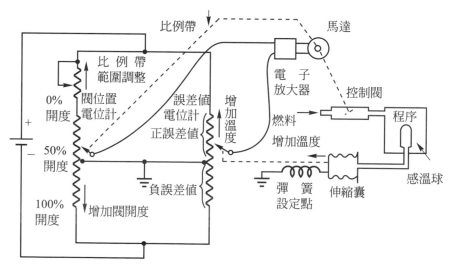

圖 17-8　比例控制式溫度控制系統

如圖 17-8 所示，爲電子溫度比例控制系統圖，當控制程序之溫度上升時，由感溫球感知，促使伸縮囊膨脹，誤差電位計之擺臂因而向上滑動，造成電橋的不平衡，此誤差信號經由電子放大器予以放大，驅動馬達將控制閥予以調整，並且將閥位置電位計之擺臂上升到一定的位置，藉以平衡電橋。若將比例帶範圍調整電阻之阻值調大，則可降低施加在閥位置電位計上之電壓，因而閥位置電位計之擺臂就必須移動較大的距離，才能達到電橋的平衡。也就是誤差電位計擺臂之較小移位，即可獲得較大之閥位置電位計之擺臂移位而使得比例帶的範圍變窄。

17-3 積分控制

若負載的改變超過了控制閥開度的設定值，則比例控制會產生抵補誤差。若要消除此項誤差，則可在控制系統中重置設定值，如使用單速率浮接控制(Single Speed Floating Control)，此係將定速馬達帶動控制閥，以達到自動重置的目的。另一種方法是為比例速率浮接控制(Proportional Speed Floating Control)，其為將控制閥之移位速度與抵補誤差之導函數成比例之控制，只要控制程序中有任何誤差存在，則控制系統將推動控制閥，以消除存有的誤差。因此，只要有充分的時間，則積分控制可得到完全的零誤差與正確的補償。

17-4 比例＋積分控制(PI)

比例控制與積分控制結合成為雙模式控制(Two Mode Control)，其由比例積分控制部找出抵補誤差，經過一段時間後，再將控制閥之位置按照抵補誤差的方向移動，藉以降低抵補誤差。因為控制閥係受到誤差信號之時間所予以積分，所以任何的抵補誤差都會因時間的加長而消失。

　　如圖17-9所示之比例＋積分控制式之溫度控制系統，其動作原理和圖17-8所示例子之主要不同點，在於多加了一RC積分電路。當程序溫度上升時，誤差電位計之擺臂向上移動，造成電橋的不平衡，經由放大器放大推動馬達，使閥位置電位計擺臂亦上升一段，藉以修正程序溫度，在此時，電容器C亦開始充電，使得跨於電阻R兩端的電壓下降，所以在放大器輸入端就有電位差存在，經放大後驅動馬達轉動，使閥位置電位計之擺臂更向上移動。因此，只要誤差信號不爲零，則跨於電阻R兩端之電壓會漸漸地被降低，致使閥位置電位計之擺臂不斷的上升，使得控制閥的位置愈來愈接近於設定點，因而使程序溫度回復到設定點，並且使得誤差電位計之擺臂亦回到中點位置。

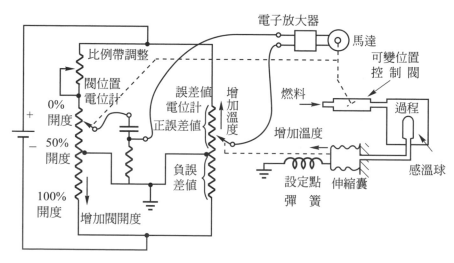

圖 17-9　PI 控制式溫度控制系統

　　由此控制系統可知，控制閥的位置首先是由控制系統的比例部份予以決定，最後才由積分部分把控制閥位置穩定下來。調整電阻R的大小，可以改變RC時間常數，又稱爲重置時間(Reset Time)，當RC時間常數變小時(R電阻調小)，則產生較顯著的積分響應，圖17-10繪出了對於各種不同 RC 時間常數所造成的響應曲線。在工業控制上，通常是以重置時間的倒數，稱為重置速率(Reset Rate)來做為變數。

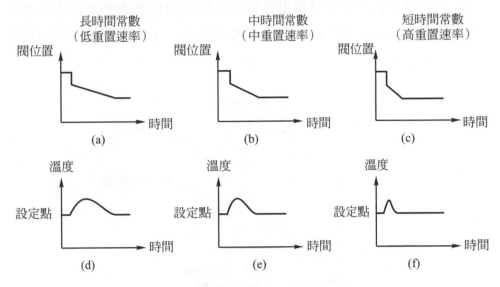

圖 17-10 閥位置與溫度對時間的變化曲線

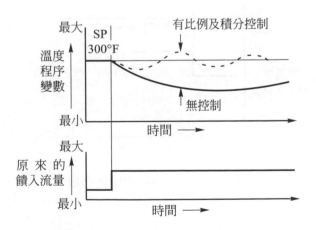

圖 17-11 比例＋積分控制對負載改變之響應

　　圖 17-11 所示爲 PI 控制模式對於閉路系統的響應曲線。圖 17-12 所示爲 PI 控制模式，對於步級誤差所產生的響應曲線。PI 控制法適用於大部份的程序控制，尤其是應用於負載與設定值變動大的系統上，並且可得到很好的控制結果，而且在程序被干擾後，不會出現長時間的振盪和永久的抵補現象。

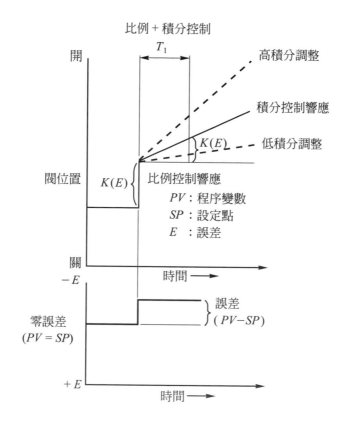

圖 17-12　PI 控制的響應曲線

17-5 微分控制

在程序溫度回復到零誤差以前,可能已經過了一段相當長的時間,假如產品對於所控制的變數(例如溫度)的變化量很敏感的話,則在系統回復到正常以前,可能生產了許多不合格的產品。為了改進這項缺點,可以在變數開始變化之前,事先測得其誤差。亦即是,先測出變化率或誤差的導函數,並加進一常數項以做為控制元件的修正,此方法即是微分控制。

17-6 比例＋微分控制(PD)

比例加微分之雙模式控制特性曲線如圖 17-13 所示。在工業應用上,此種控制法通常是使用在伺服控制系統上。此控制模式無法消除比例控制之抵補誤差,但是只要負載變化之抵補可容許的話,此種控制對於處理快速的程序負載變化相當有用。

如圖 17-14 所示為比例＋微分控制式溫度控制系統,其為在圖 17-8 上多加一 RC 微分電路。當干擾發生時,程序溫度上升,使得誤差電位計擺臂上移,電橋不平衡信號經放大後,驅動馬達,帶動閥位置電位計之擺臂上移,由於 RC 電路的延遲現象,使跨於電容器 C 兩端的電壓滯後,所以閥位置電位計的擺臂移位,會使得控制閥的移位超出設定值,直到電容 C 兩端的電壓升高到與誤差電位計兩端的電壓相等時為止。過量修正值的大小端賴誤差的改變的速率而定;若誤差值變化很快,則閥位置電位計的擺臂必會很快的移位,以致於電容充電電壓滯後,所以需要較大的修正值才足以使放大器輸出為零,以達到穩定狀態。反之,則電容 C 有足夠的充電時間以充電到達誤差電位計兩端的電壓,因而不會產生太大的過量修正值。

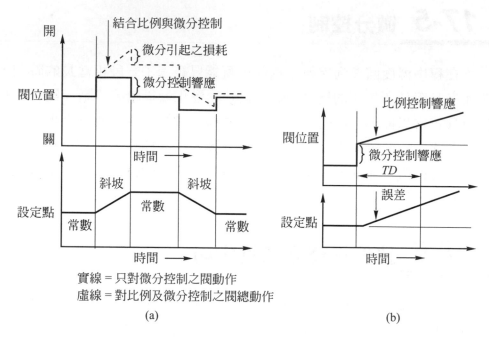

實線＝只對微分控制之閥動作
虛線＝對比例及微分控制之閥總動作

(a)   (b)

圖 17-13　PD 控制的響應曲線

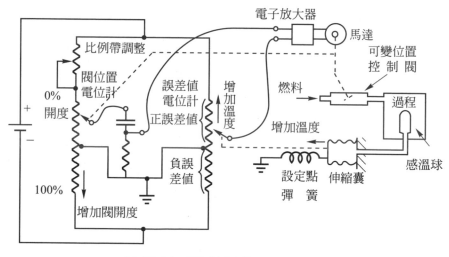

圖 17-14　PD 控制式溫度控制系統

17-7 比例＋積分＋微分控制(PID)

　　組合比例控制、積分控制及微分控制形成PID控制方式，亦稱三模式控制(Three Mode Control)。此種控制模式，適合於任何的程序變化狀況，能夠消除比例控制之抵補誤差，並且能壓制程序振盪現象，圖17-15所示為PID控制對誤差值之響應曲線。

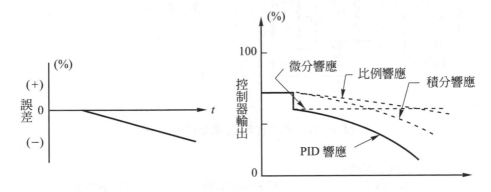

圖 17-15　PID 控制器動作顯示比例、積分及微分之響應曲線

此種控制控制閥之位置由下列三項因素來決定：

(1)　比例部份控制誤差值。

(2)　積分部份作誤差值之時間積分，即將誤差值乘以所停留的時間。

(3)　微分部份作誤差值之速率改變，即誤差值的改變速率愈快，控制閥位移愈大。

　　圖17-16為PID式溫度控制系統，圖中將積分部份之RC電路輸出接至微分部份之RC電路輸入。控制閥移位與程序溫度變化曲線如圖17-17所示。

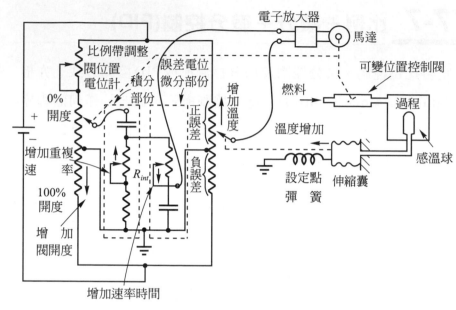

圖 17-16　PID 控制式溫度控制系統

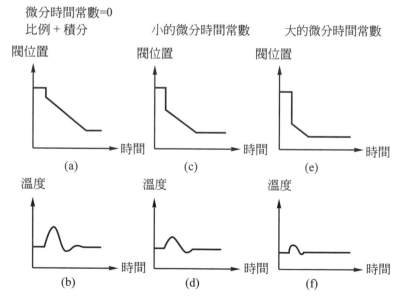

圖 17-17　PID 控制閥移位與程序溫度變化曲線

習題

1. 何謂五種基本控制模式。
2. 請說明開關控制差分間隙之定義。
3. 何謂比例控制，請說明其特性。
4. 何謂積分控制，請說明之。
5. 試述微分控制具有何種功能。
6. 請列舉 PID 控制之應用實例，並說明其特性。

Chapter **18**

應用電路實例

本章學習目標

(1)瞭解各種工業控制應用電路之種類與結構。

(2)明瞭各種應用電路之原理與控制方法。

電子元件、電路裝置以及各種控制方法可組合成各種不同的電子應用電路。在各種生產設備、民生工業機器或是家庭電器用品上，如燈光、光電、溫度、速度、液位、定時、計數、防盜或遙控等控制電子電路，已廣泛被使用。本章就各種不同控制的電子電路，將以實際應用的電路實例，說明分析其電路結構及原理，以期對電子電路能有更進一步的認識。

18-1 調光控制電路

通常調光電路負載可分為電阻性負載(如白熾燈)及電感性負載(如日光燈)。兩者因特性不同，故調光電路也不同。調光電路有三種基本方法：

1. 電流可變方式：將電燈泡電路中串聯阻抗加以變化，以改變流經燈泡的電流，但因串聯電阻過大而電流損失太多，效率也很差。

2. 利用自耦變壓器方式：直接改變電燈泡的工作電壓而達到控制燈光亮度的目的。然因自耦變壓器純為一種機械式的操作，故設備費用因調光裝置的附屬元件太多而高昂，佔空間多而且保養費時，控制效果也不盡理想。

3. 相位控制調光方式：利用開關元件(Switching Element)，如SCR、TRUAC、DUAC、SSS 或 SBS，直接和燈泡電路串聯，以改變交流電源在各半週期間的導電時間，亦即控制各半週期的導電角而達到控制燈光亮度的目的。

18-1-1 電阻性負載調光電路

圖 18-1 所示為最簡單的調光電路，當可變電阻 R_1 旋轉於低阻值時，電容器 C_1 迅速充電至觸發二極體 DIAC 之崩潰電壓值，於是在電源每半

個週期的起始點觸發 TRIAC 導通,所以電源之全部電功率差不多可以輸往負載。當電阻R_1旋轉高阻值時,在C_1兩端的電壓要經過一段時間才充滿電壓至觸發二極體所需的崩潰電壓值。假設加到 TRIAC 兩陽極的電源週期處於90°時,C_1才達到崩潰電壓值而使TRIAC觸發導電,如此只有一半的電源功率由負載取得。此種相位控制法可以很容易獲得調光效果。但是於實用上,此種電路會有諧波產生,干擾到收音機等,可如圖 18-2 所示加裝L_1及C_2之諧波濾除網路,以減低諧波干擾。

但上述電路仍有缺點存在,當R_1旋轉於低阻值時,電容器C_1充電速率很快,觸發二極體的崩潰率趕不上充電率時,電容器便滯留了殘餘電荷,於是使觸發電壓相位與加至TRIAC第二陽極T_2之電源起始點不同,因此發生了顯著的遲滯現象(Hysteresis)。所謂遲滯現象是 TRIAC 沒有跟隨R_1旋轉比例導電,即 TRIAC 會不依常規而急速導電(導電角提前變大)使燈泡顯著的突然發光,但當R_1旋轉於高阻值時,燈光又過於顯著的暗下去,即R_1沒有平滑控制率。波形如圖 18-3 所示。

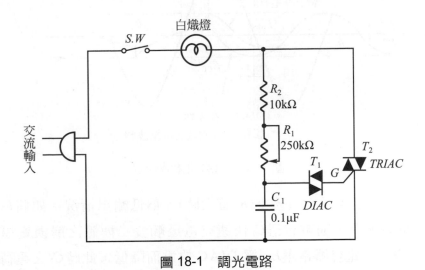

圖 18-1　調光電路

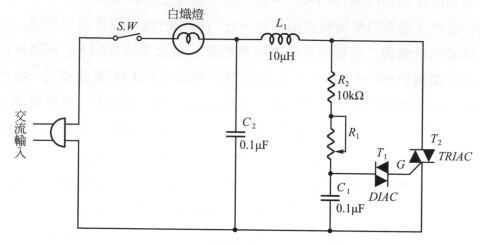

圖 18-2　可消除諧波干擾調光電路

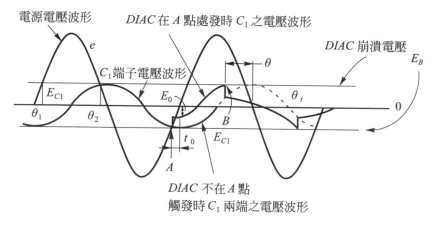

圖 18-3　遲滯現象波形

　　正半週時若導電角θ_2甚小(R_1值大時)，為低輸出情況。如將R_1再減小至很低阻值時，則電容器C_1快速充電至觸發二極體之崩潰電壓值，TRIAC 導電，電容器電壓E_{C1}經 DIAC 放電而降低，此時C_1之電荷仍有部份滯留，此時之電壓稱為E_O，則E_O小於崩潰電壓E_B，DIAC呈OFF狀態。緊隨著次一個半週到來，E_O往正E_B方面再度增加，快速上升至圖中之B點，達到E_B崩潰電壓值，結果 DIAC 再度導電而觸發 TRIAC。

　　第二個正半週之導電角θ提前很多，即θ大於θ_2，故負載得以取得更多功率。圖中虛線表示 DIAC 不在A點導電時C_1兩端之電壓波形，由波形可知，第二個正半週導電角和第一個正半週的導電角是相同的(第二個正半週導電角未繪出)。

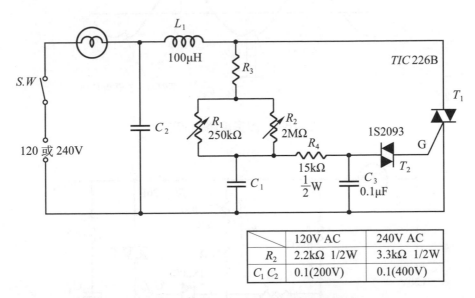

	120V AC	240V AC
R_2	2.2kΩ 1/2W	3.3kΩ 1/2W
$C_1 C_2$	0.1(200V)	0.1(400V)

圖 18-4　改良遲滯現象之調光電路

　　為減低遲滯現象可以將電路加以改良如圖 18-4 所示，加入另一組時間常數的網路，以降低C_1放電脈衝速度，從而減少C_1電壓之瞬間變動。由於R_4之加入，在觸發二極體導電時，C_3不致以前降低太多。當C_1所充的電荷經R_4輸至第二組時間常數C_3，結果C_1的電壓比C_3略高。若當C_3充到 32V 時(設觸發二極體$E_B = 32V$)，DIAC 與 TRIAC 均被觸發，使C_3的電壓降至 27V，然因C_1因電阻R_4的隔離，而以保持 27V 以上電壓，所以在觸發後，C_1的高電荷會流經R_4去補充C_3所失去的電荷，使C_3由於觸發

DIAC後所變動之電荷很微小，則TRIAC之導電角幾乎無變動，遲滯現象就不明顯，圖18-5所示為改良電路之波形，圖中可看出$\theta_1 = \theta_2$。

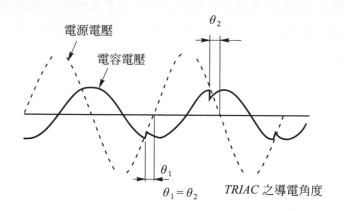

圖 18-5　改良電路之波形

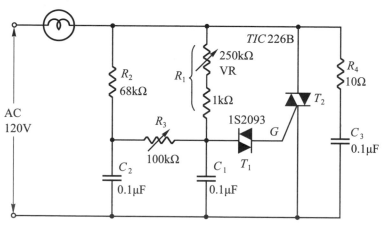

圖 18-6　更加改良之調光電路

另一種使遲滯現象更加減少的電路如圖 18-6 所示。因圖 18-5 電路仍有一缺點，即是當R_1旋轉至差不多最大電阻值時，燈光會有閃爍數週才熄滅。此因電路用了兩組時間網路，使C_3電壓本身的相位變化已超過

90°，使總有效相位延遲超過 180°之故，結果當R_1旋轉於最大阻值時，TRIAC會在每個半週期末端盡處被觸發。為克服此種現象，可調整R_3，使當R_1旋轉於最大阻值時，燈光仍未完全熄滅時，將電源開路。

18-1-2　電感性負載調光電路

使用日光燈時因其燈管具有負電阻特性，故需串一只限流線圈來限制電流，因此日光燈可稱是具電感性，電流相位落後於電壓。故使用SCR來控制電感性負載時，應特別注意閘極信號與維持電流之關係。若SCR 的閘極受脈波信號觸發導電，如果 SCR 的導電電流還沒有上升到維持電源以上時，而閘極信號即消失，則SCR無法維持導電狀態，而又回復不導電狀態，即為閘極無控制作用。故應用雙重控制法，以拓寬SCR閘極觸發脈波範圍。

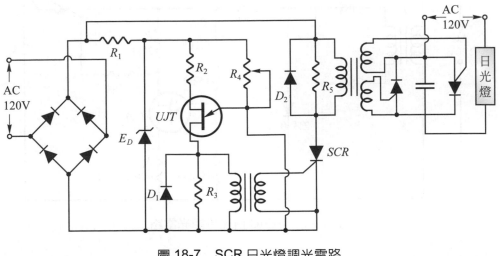

圖 18-7　SCR 日光燈調光電路

　　圖 18-7 所示電路，UJT脈波產生器之電源由橋式整流電路及R_1與E_O所構成，其供給觸發脈波觸發SCR_1，SCR_1導電後在T_2產生與SCR_1導電角相同之觸發信號，再去觸發主控制電路之SCR_2及SCR_3的閘極，以調節日光燈之亮度。圖 18-8 所示爲另一種日光燈調光電路。交流經全波整流後再經R_1及Z_D穩壓整形，作成 UJT 的電源電壓，此爲一梯升直流電壓。經C_1、R_2及R_3串聯網路充電至UJT峰值電壓。當UJT導電後電容器C_1經B_1放電，放電電流觸發 SCR 閘極，SCR 導電再觸發 TRIAC。調整R_3之阻值，可以改變觸發閘極之相位角，以達到改變亮度的目的。圖 18-9 所示爲利用 TRIAC 及 DIAC 之日光燈調光電路，特點爲電路簡潔調整方便。

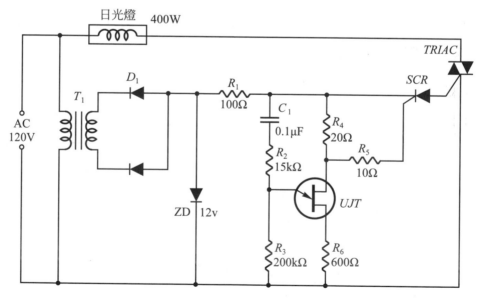

圖 18-8　TRIAC 日光燈調光電路

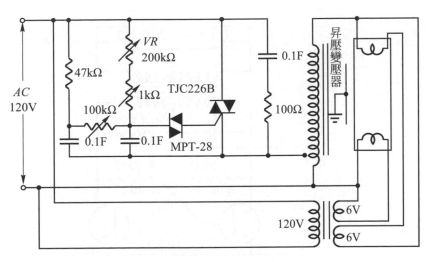

圖 18-9　日光燈調電路

18-2 電池式日光燈

　　日光燈若用電池為電源，則攜帶甚為方便，其電路可由電晶體或閘流體等半導體元件來組成，以下就兩實例加以說明。

18-2-1 電晶體式電池日光燈

　　圖 18-10 所示為電晶體電池日光燈，電路係利用兩電晶體組成之多諧振盪器，將 12 伏特之直流電壓轉換為 200 伏特左右之交流電壓，然後將日光燈接於交流電壓側。變壓器可利用以前真空管收音機之電源變壓器即可。

　　電路原理為，當直流電源 E_{dc} 加上時，設 Q_1 導電而 Q_2 截止，直流電源 E_{dc} 經變壓器初級圈 N_{P1} 及 Q_1 而導通，因而變壓器次級圈 N_S 產生電壓供給日光燈負載，而換向電容器 C_1 亦充電至 $2E_{dc}$。

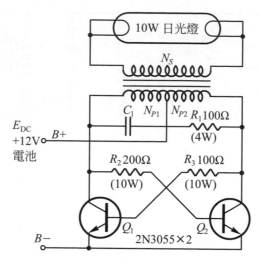

圖 18-10　電晶體式電池日光燈

由於換向電容C_1的作用，使得Q_1受$2E_{dc}$的逆向電壓而截流，此時直流電源E_{dc}經變壓器N_{P2}及Q_2而導通，變壓器次級產生反向電壓供給日光燈負載。同時換向電容器C_1亦被反向充電，如此週而復始地作用，以電晶體交替導電形成振盪產生脈衝電流，流入初級圈，再由次級圈升壓的作用取出高壓點亮日光燈管。此種電路因有電晶體損失、鐵心損失及線圈損失，因此頻率不宜太高或太低，通常須率宜選擇在 30Hz～100kHz 範圍內。

18-2-2　SCR 式電池日光燈

圖 18-11 所示是 SCR 式電池日光燈。當開關S_1 ON 時，脈衝電流經由C_2、C_3、C_4、L_1、CR_1、T_1構成回路，則C_2、C_3及C_4被充電。當這些電容充至電池電壓後，L_1、CR_1及T_1便無電流流通，使T_1(35T)處之電流截止。於L_1、CR_1及T_1流通電流之瞬間，T_1自耦變壓器 1 及 3 端感應高電壓，結果將日光燈點亮。同一時間，JIT 之射極受C_2、C_3及C_4所充電壓

經R_4、R_3及C_1放電，R_4、R_3及C_1之RC時間常數則決定它被C_2、C_3及C_4在放電時所充電之快慢程度。當C_1充電壓達到5V時，UJT開始觸發導通，使R_2產生一正向脈衝電壓(R_2上端為正，下端為負)，C_1也同時由E極向B_1極放電。R_2上之脈衝加到 SCR 閘極，結果使 SCR 導通，C_2、C_3及C_4經L_1迅速地向SCR放電，T_1、CR_1也同時因為SCR導通情形下，在T_1初級圈中獲得大量之脈衝電流而得以再次激勵T_1之初級圈，使次級圈 1 和 3 端感應高電壓，故日光燈之電能能隨第一次C_2、C_3及C_4充電後再獲得補充。

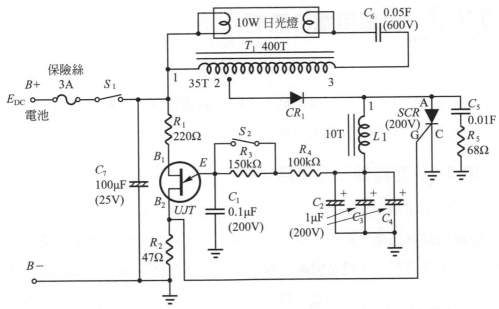

$T1=$ 第一端至第二端用#22 線繞 35 圈　　$T1$及$L1$繞線軍繞於 1 吋直徑之環形
　　　第二端至第三端用#30 線繞 400T　　鐵粉蕊圈上
$L1=$ 用#22 線繞 10 圈　　　　　　　　　途中之#1、#2、#3 為繞線時同方
　　　　　　　　　　　　　　　　　　　　向上之始及終

圖 18-11　SCR 式電池日光燈

　　當 UJT 之激勵現象停止後，SCR 自行由 ON 狀態變爲 OFF，然 T_1 中之電流還沒有減少，因爲 C_2、C_3 及 C_4 這時便需要靠著電池之電能再重新充電，所以 T_1 之電流是較當 SCR OFF 後延遲一些時間才截止的，則 C_1 又再開始靠著 C_2、C_3 及 C_4 之電能經 R_4、R_3 充電，情況又再次重覆。如此之脈衝變動時間約爲 $200\mu S$ 發生一次，快慢由 RC 時間常數決定。時間短時，亮度亮些。變化頻率約在 50kHz 左右，故人眼感覺不出有閃爍現象。

18-3 汽車用電子照明

　　電子電路裝置廣泛應用於汽車上，如電子點火、電子轉連計、電壓調整器及電子照明等。而汽車電子照明一般常用者方向指示燈電路，油量指示燈電路及車燈自動明亮電路等。

18-3-1 方向指示燈電路

　　方向指示燈如圖 18-12 所示，當外加電源加上時，C_1 由 R_4 及指示燈之串聯回路被充電，經過一些時間之後 Q_1 開始導電。Q_1 之導電促使 Q_2 也導電，指示燈更亮。但是因電容器隨著將因 Q_1 及 Q_2 之飽和，而經 Q_1 及 Q_2 之回路以相反方向進行放電。指示燈的熄滅時間是受 $C_1 R_4$ 的時間常數所決定，而點亮的時間則受 $C_1 R_3$ 的放電時間常數所決定。所以，閃光的頻率是比例於 $\dfrac{1}{(C_1 R_3 + C_1 R_4)}$。$Q_3$、$Q_4$ 是構成一個警示回路，車箱內指示燈 LP_1 如不亮時，則表示車頭及車尾外邊方向指示燈故障損壞。而 Q_5 及 Q_6 係組成聲音警示裝置。

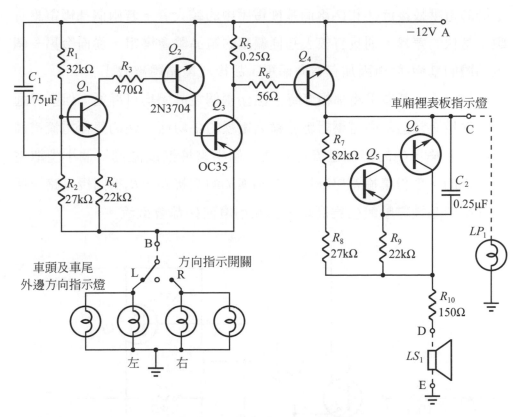

圖 18-12　汽車方向指示燈電路

18-3-2　油量指示燈電路

　　汽車油量指示燈裝置如圖 18-13 所示。本電路適用於汽車電池負極接地的車子，Q_1 和 Q_2 構成對電壓敏感的差動放大器，而 Q_2 和 Q_3 晶體又構成一個再生開關。

　　在 Q_1 和 Q_2 的差動放大器部份，彼此有一個公共的射極電阻 R_2。由汽油油量指示表電路來的外加電壓被加於 Q_1 的基極，其間並經由二極體 D_1 和 R_1。Q_2 的基極電壓由 R_4 的大小所決定。Q_1 在射極輸出的信號，使得 R_2

上端的電壓較接近Q_1和Q_2兩個基極電壓中的較大者。若兩個基極電壓有數十毫伏的差異，則具有較大基極偏壓的電晶體會導電，從而令另一個電晶體的基極-射極因加有逆向偏壓，故後一電晶體被截止。

然當兩個基極電壓都相等時，Q_1Q_2兩個電晶體均可導通，但Q_2導通的條件是僅當Q_1基極電壓對應於輸入電壓的平均值。Q_2的集極電流被饋入Q_2的基極，Q_3的集極電流可點亮一個小電燈泡或激勵一個小型繼電器。Q_3的一部份集極電壓被回授到R_4與R_5的交接點，R_6為回授電路。所以當Q_1的基極電壓較Q_2為高時，Q_2和小燈泡Q_3都會截流。

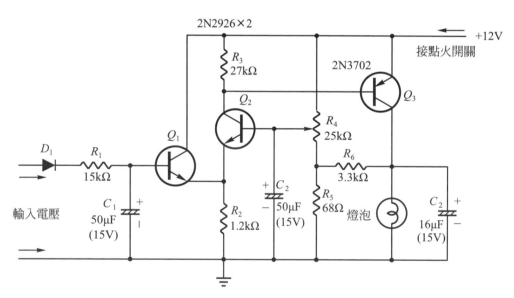

圖 18-13　汽油油量指示燈電路

反之，當兩者的基極電壓相等時，Q_2和Q_3也導電，此時，Q_3集極電壓便移向電池的正電位，同時有一部份的電壓經由R_6回授到R_4及R_6的交接點。使Q_2基極電壓也增加，故使Q_2導電，Q_3更加導通。經由R_6所得的回授電壓恰好維持開關狀態下的再生作用。

在正常狀態下，小燈泡不亮，一旦輸入電壓低於預定值(由R_4來校準)時電子回路便開始動作。C_2是用以防止汽車電池電壓的劇烈變化時所感應而起的意外觸發作用。C_3則用以防止電源線暫態電壓的觸發作用。此處輸入電壓是從油錶引來的，油量愈少時，輸入電壓愈小。

18-3-3 車燈自動明亮電路

如圖18-14所示，由兩只OPA μA741，一枚電晶體及一些分離元件組成車燈自動明亮電路。IC_1與IC_2均組成樞密特觸發電路，基本電路如圖18-15所示，非反相端維持於參考電位，由反相端當作觸發輸入，電阻RC作正回授，目的在使觸發電路更靈敏。而Q_1作驅動放大，以驅動繼電器動作。

電阻R_1、VR_1和光敏電阻R_{11}形成分壓器。在白天時，光敏電阻受光線照射，R_{11}阻值很低，所分配到的電壓低於IC_1非反相端電位(約為12V$\cdot \dfrac{R_4}{(R_3+R_4)}$)＝6V，因$R_3＝R_4$)。因此，$IC_1$輸出電壓為高電位(約接近12V)，$D_1$為ON，而使$IC_2$反相端電位高於非反相端電位(約為12V$\cdot \dfrac{R_3}{(R_{10}+R_8)}＝$12V，$\dfrac{15}{(10+15)}＝$ 7.2V)。因此，IC_2輸出電壓為低電位(約為 0V)，D_3熄滅，Q_1為OFF，繼電器不工作，車頭燈及側燈均熄滅。

當天暗時，光敏電阻R_{11}阻值提高，適當調節VR_1大小，使其所分配到的電壓(須6V以上)高於IC_1反相端電位(約6V)。因此IC_1輸出電壓轉為低電位。由於延遲電路R_6與C_1之關係，IC_2反相端輸入並非即時轉為低電位。此時，電容C_1開始由＋12V 經電阻R_6而充電，IC_2反相端電位隨著C_1充電電壓的增加而降低。當 IC_2反相端電位降至低於非反相端電位(約 7.2V)時，IC_2轉態，其輸出變為高電位，D_3點亮，Q_1導通，繼電器動作，兩組控制接點也跟著變換，而使頭燈、側燈及其指示器均點亮，達到自動明亮目的。

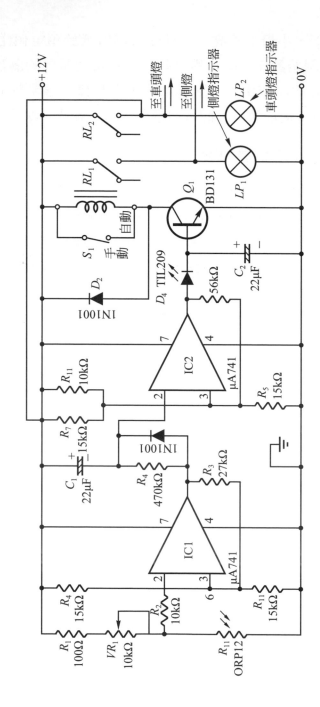

圖 18-14 車燈自動明亮電路

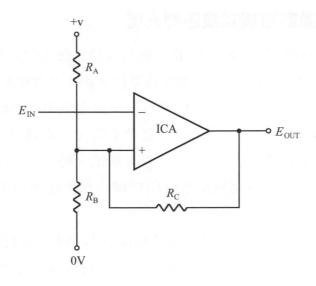

圖 18-15　樞密特基本電路

延時電路R_6與C_1對電路作延時20秒才使其工作，目的是使光敏器得以區分亮燈時間或黑暗的短隧道。二極體D_1為得使延時不會重複發生。D_2為保護Q_1。D_3主要目的是使 IC_2為低電位時，Q_1得不到輸入。電阻R_7由繼電器控制接點反饋到 IC_2的第3腳，目的是使電池電壓變化時，不會導致繼電器顫動。

18-4　廣告閃光燈電路

工商業發達的現今社會中，五顏六色美觀的廣告閃光燈是商業活動上重要的標誌之一，可謂花樣種類繁多。廣告燈通常是利用LED、燈泡或霓虹燈配合邏輯式積體電路或微處理機來控制，使其產生變化萬千的動態效果，以達成商業廣告行銷的目的。

18-4-1　動態可調式廣告閃光燈

　　圖 18-16(a)所示為 16 只 LED 之動態可調式廣告閃光燈電路，其係由兩只 CMOS NAND 閘所組成的振盪電路，產生二個頻率 f_1 及 f_2，而 f_2 大於 f_1，分別將二頻率送到 8 位元移位記錄器(8-BIT Shift Register) 74164 邏輯積體電路，以高頻率 f_2 信號頻率送入 CK 端進行觸發工作，此低頻 f_1 信號頻率送入第 1 腳及第 2 腳資料輸入端，使 74164 之輸出由 Q_A 一直移位到 Q_H，共 8 個輸出端由 NOT 閘反相再推動 LED，使 LED 順序閃亮。

　　由圖 18-16(b)波形圖可知，移位記錄器 74164 的信號輸出僅在 f_1 信號頻率為 "1" 輸入時方能使 LED 發亮，而輸入為 "0" 時則不亮。從圖得知，將造成數個亮的 LED 向在掃描，接著又暗一段時間，再使 LED 發亮，如此重覆進行，其週期視振盪電路之常數而定。

$$T = -RC\left[\ln \frac{V_{DD} - V_T}{V_{DD}} + \ln \frac{V_T}{V_{DD}} \right] \dots\dots\dots\dots\dots\dots\dots\dots(18\text{-}1)$$

V_{DD}：振盪器電源電壓

V_T　：臨限電壓

若波形完全對稱，則工作週期(Duty Cycle)為 50 % 之臨限電壓

$$V_T = \frac{1}{2} V_{DD}$$

則

$$T \simeq 1.4RC \dots\dots\dots\dots\dots\dots\dots\dots\dots\dots\dots\dots\dots\dots\dots(18\text{-}2)$$

調整 VR_1 可改變 LED 亮的時間寬度，調 VR_2 則改變 LED 移動之速度。t_1 為亮的時間寬度，t_2 則為暗的時間寬度。

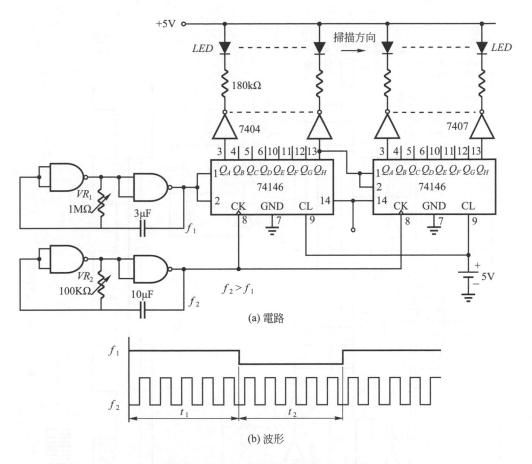

(a) 電路

(b) 波形

圖 18-16　動態可調式廣告閃光燈

18-4-2　左右閃爍廣告閃光燈

　　如圖 18-17(a)所示爲具 16 只 LED 自動左右移動閃爍廣告閃光燈電路,其爲應用邏輯積體電路左右移位記錄器 74198,完成左右移位閃亮動作,其控制左右移位的接腳爲S_0及S_1(接腳 1 及 23)。當$S_0 = 1$、$S_1 = 0$時,由左向右位移,振盪器 2(OSC-2)的信號將從第一個 74198 的第 2 腳進入,使輸出向右掃描。而當$S_0 = 0$、$S_1 = 1$時則爲由右向左位移,振盪

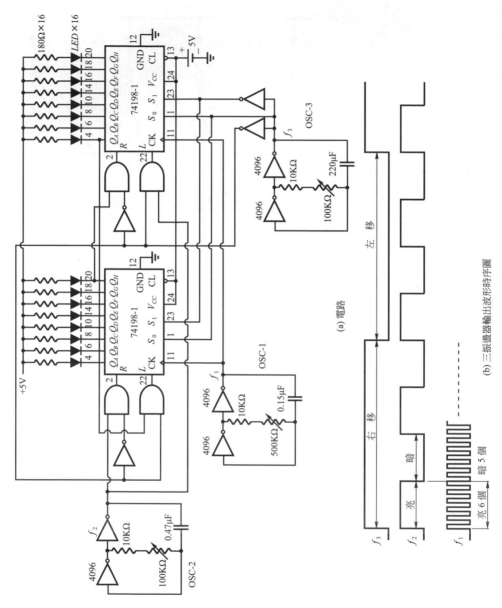

圖 18-17　左右閃爍廣告閃光燈

器 2 之信號將從第二個 74198 的第 22 腳輸入，此時，LED 將依據 OSC-1 之脈波速度向左掃描，而 OSC-3 為控制左移或右移的變化。當 74198 輸出端為低電位時可吸入 16mA 之電流去直接推動 LED，三個振盪器波形時序圖如圖 18-17(b) 所示。

18-5 光電控制電路

光電控制電路是由光而作用的半導體元件，如光敏電阻、光二極體、光電晶體及光閘流體等配合電子電路所構成之控制電路，其應用於事務機器、自動控制系統、警報系統及電腦系統中。

18-5-1 光電自動開關

光敏電阻 CdS 有價廉、堅固及高靈敏度，且明暗電阻比超過 100：1，對可見光區域響應好的優點，故其使用範圍廣泛。圖 18-18 所示為利用 CdS 組成惠斯登電橋之光自動開關電路。

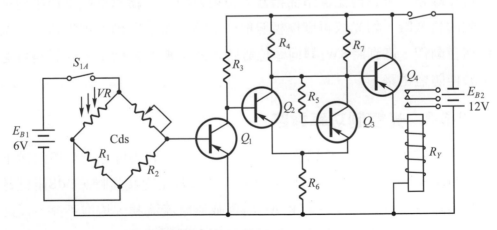

圖 18-18　光電自動開關電路

其動作原理為，當電橋電路因CdS受光而檢出之電壓訊號加於Q_1的基-射極之間。然後由Q_2及Q_3組成的樞密特觸發電路(Schmitt Trigger)，把由Q_1放大後的電流轉變成單純的脈衝，再由Q_4去推動繼電器，以作控制負載之ON及OFF。

Q_2和Q_3共用一個公共射極電阻R_5，Q_3的偏壓取自上一級Q_2的集極。如果Q_2不導電時，基極電壓和射極電壓就很接近，集極之電壓也差不多和電池的負極相等，則Q_2集極的電壓幾乎也等於電池負壓了，故Q_3的基極偏壓就過高了。同理，如果Q_2的基極加上一點負壓，則Q_3截止(因Q_2導電，其集極電壓下降，Q_2基極電壓下降之故)，因此，如果 CdS 之電阻因光照射或光被遮斷(一般均採用遮斷才動作)，繼電器就動作，而可以由繼電器做各種控制用。如果在AC電源使用，可以由變壓器整流之後取得直流電壓。

18-5-2　SCR 光電開關

圖 18-19 係由CdS及SCR構成的基本光電開關。本電路之特點是加上自保線路。所謂自保線路係指當光線被遮斷時，繼電器吸下而接通被控制的負載時，如光線再度恢復照射CdS時，繼電器仍然被吸著，負載仍然在動作，直到將SW_2轉向②位置時才能使繼電器斷電。此電路可適用於作防盜電路。

18-5-3　光控制功率電路

圖 18-20 所示足以CdS作為負載功率控制。若光度強時CdS阻值下降，TRIAC的觸發角延後，負載功率下降。若光度甚強時，CdS阻值甚低其壓降不足觸發DIAC和TRIAC則負載無電流流動，燈泡不亮。反之若光度低時，CdS阻值上升，C_1兩端電壓上升可觸發DIAC，使TRIAC觸發角移前，則負載功率增加，燈泡發亮。

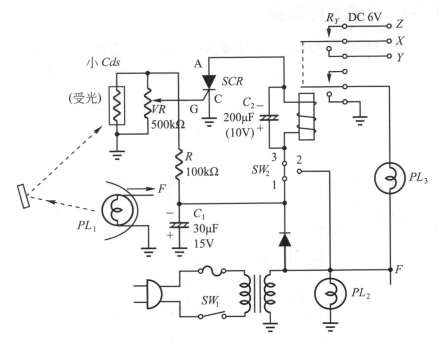

圖 18-19　SCR 的光電開關

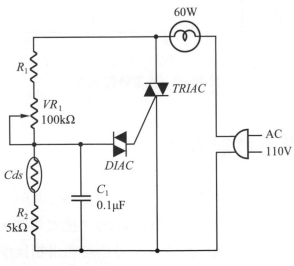

圖 18-20　光控制功率電路

18-5-4 光電警報電路

如圖 18-21 所示是利用光電晶體爲檢知元件之警報電路。當 Q_1 受光照射時而導通，促使 Q_2 及 Q_3 也跟著導通，進而控制 Q_4 及 Q_5 組成之多諧振盪器動作，產生一聲音頻率，驅動 Q_6 及 Q_7 所構成之低頻放大電路，推動揚聲器發出警報音響。

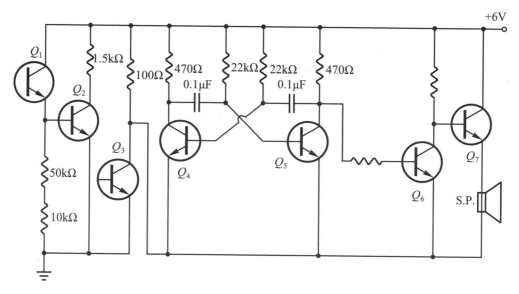

圖 18-21　光電警報電路

18-6　溫度控制電路

工業上應用電路之溫度控制，通常是使用熱敏電阻、熱電偶或二極體感測溫度之變化。來驅動加熱器(Heater)之控制電路，即是以"ON-OFF"動作控制加熱器之輸入功率。另外也可利用相移控制電路，改變觸發功率閘流體的角度，以達到控制負載溫度之目的。

18-6-1 ON-OFF 溫度自動控制電路

圖 18-22 是一個電子溫度自動控制線路，大約可以有 100W 的功率送到加熱器上，而溫度可以被控制在誤差只有 ±0.5℃ 的範圍內。這電路中的電晶體是操作在 ON 及 OFF 的狀態下，可使電晶體承受的熱功率為最小。

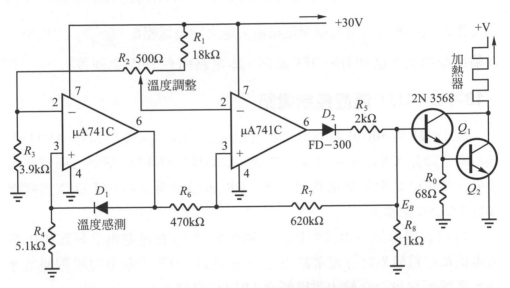

圖 18-22　100W 功率的溫度自動控制器

溫度感測用的二極體 D_1 被 OPA_1 偏壓在一定電流值，在這種線路的情況下，即一定電流流過二極體之情況下，D_1 有一線性的溫度係數，約在 $-2.2mV/℃$ 的大小，又 D_1 的電流被 R_4 限制在 $1mA \left(\dfrac{5.2V}{5.1k\Omega} \cong 1mA \right)$。

R_1 及 R_3 構成的分壓電路使 OPA_1 的反相輸入端有約有 $30 \times \dfrac{3.9}{(18 + 0.5 + 3.9)} \cong 5.2V$ 的正電壓，D_1 的電壓經由 R_6 送入 OPA_2 的正相輸入端，這電壓和 OPA_2 的反相輸入端(R_2)上的分壓)相比較，故 R_2 可決定這加熱器的溫度。如溫度比預定的冷時，D_1 的順向電壓將高於 R_2 所預定之電壓，OPA$_2$的輸出將推動Q_1，使得Q_1、Q_2飽和，而經由＋V的電源加熱負載，直到爐子的溫度升高到稍大於預定溫度時為止，此時 OPA$_2$的輸出為零伏，Q_1呈 OFF 狀態。

溫度控制之精確度取決於正回授電阻R_7。欲使Q_1及Q_2飽和，R_8上之電壓降至少為$V_{BE1} + V_{BE2}$，即當$E_B = 2V_{BE}$時，R_6之電壓降為$(E_A - E_B)$ $\dfrac{R_6}{R_6 + R_7}$，此持Q_1及Q_2導通加熱器溫度上升。OPA$_2$為比較器電路，其為以反相輸入端R_2之設定電壓與正相輸入端之回授電壓$E_B \times \dfrac{R_6}{R_6 + R_7}$作比較，以輸出驅動$Q_1$及$Q_2$作 ON-OFF 動作。本電路約有 1mV 之誤差。

18-6-2　UJT 溫度控制電路

圖 18-23 為 600W 電熱器負載之溫度控制電路。交流電壓 AC110V 經R_1電阻降壓 CR$_1$～CR$_4$作全波整流，CR$_5$為二個 11V 稽納二極體接為串聯，使全波電壓被剪截為梯形波。CR$_2$兩端電壓加到UJT Q_1作為同步觸發 TRIAC 之電源。

C_1電容器於每一半波電壓之始端開始充電(充電電壓之最高值由熱敏電阻R_5與電阻R_4之分壓電路決定)，充電達 UJT 之觸發電壓則開始導電，使脈衝變壓器之輸出電壓觸發 TRIAC 導電。

交流電力由TRIAC控制，電熱器之溫度變化由熱敏電阻予以檢測，當溫度上升則熱敏電阻降低，因而可調整A點之電壓對時間之延遲變化，可檢出 2℃ 變化之溫度，由R_3及R_4可變電阻予以調整。

18-6-3　PUT 溫度控制電路

PUT 與 TRIAC 之溫渡控制電路，如圖 18-24 所示，電源 AC110V 電壓經 16kΩ電阻降壓後，經全波整流為直流，以稽內二極體(18V)，剪截全波電壓為梯形波，100kΩ可變電阻及 0.2μF 調整 PUT 之觸發脈波角度，經脈衝變壓器輸出觸發 TRIAC，以控制負載之溫度。

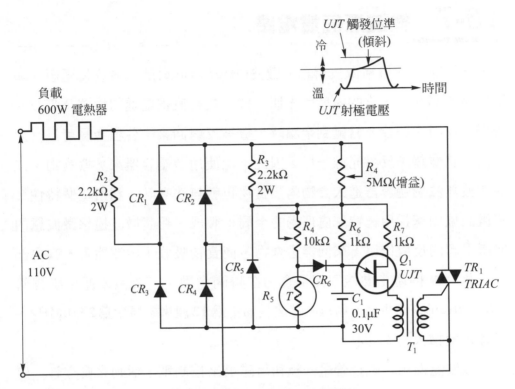

圖 18-23 UJT 溫度控制電路

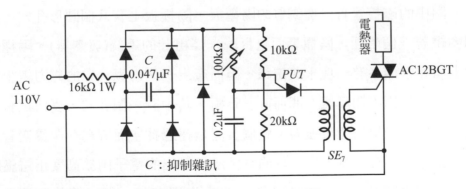

圖 18-24 PUT 溫渡控制電路

18-7　微波烹飪爐電路

　　微波烹飪爐俗稱微波烤箱，微波(Microwave)是一種波長極短、頻率極高的高頻波，它的速度與光速一樣，具有直線前進的性質及吸收、透過、反射之特性。當碰到金屬時，會被反射回來。各種金屬可以反射微波，就像鏡子反射光線一樣，因此不能使用金屬容器來烹煮食物，以免微波無法透過容器進入食物內，食物也就無法煮熟。利用這個特性，將微波爐內壁採用經特殊處理過的金屬來製成，藉著微波撞擊微波爐內壁所引起的反射作用，來回穿透食物，使食物吸收了微波能量，其內部分子相互摩擦產生熱能，使得食物在瞬間煮熟。一般微波爐用磁控管(Magnetron)來產生微波射線，其波長通常為12厘米，頻率為2450MHz，可透入食物大約3厘米。

　　微波爐採用之磁控管是一種利用磁場來控制電子活動之真空管。磁控管之結構如圖18-25所示。

　　圖中的磁控管有一塊銅質的陽極板，陽極板上有八個圓形孔穴，團團圍繞著一個陰極，陰極裏面包裹著一條粗壯的燈絲(發熱器)。陽極板的上面和下面各有一塊永久磁鐵，因而產生一個磁場，它的磁力線平行地通過了陽極板和反應空間而直達陰極。其中有一個孔穴，裏面藏有一個拾波環，以拾取微波振盪。整個裝置是經過抽空而成為一個真空管。

　　當磁場不存在時，由受熱的陰極所發射出的電子由於高度正電壓的吸引而奔赴陽極。在此情形之下，它的作用有如一個二極真空管。不過，如果我們將磁場加上去，那些電子便為磁力所迫，在奔赴陽極的途中，會循著細小、緊迫和圓形的途徑而移動，這樣做時，它們便會在每一個孔穴中產生微波振盪。在本質上，每一個孔穴是一條調諧的 LC 電路，其電感量(*L*)就是那一圈銅圈，其電容量(*C*)就是那個隙口。當所有的孔穴都發揮作用而產生微波振盪時，那個銅質的陽極可能因動作過度而發高熱，故一般實用的微波爐都在陽極附近裝設散熱片，幫助陽極散熱。

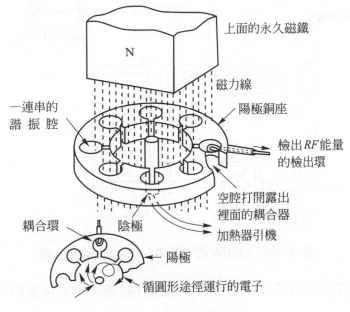

圖 18-25　磁控管結構圖

　　磁控管有多種，各有不同的形狀尺碼，但用於微波爐的磁控管，大都與圖 18-26 所示者相類似。此種磁控管都附有散熱片，協助陽極散熱。磁控管的效率各有不同，由百分之三十至百分之七十不等。其效率的高低大都視乎磁場強度、陽極至陰極的電壓以及由負荷所形成的阻抗而定。

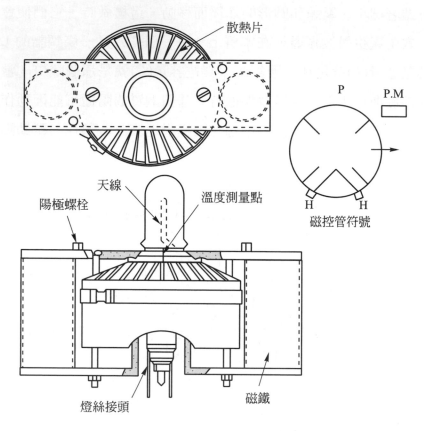

散熱片

P   P.M

陽極螺栓

天線   溫度測量點

磁控管符號

H   H

燈絲接頭   磁鐵

圖 18-26   1300W 微波爐中的 2M 90 型磁控圖

　　圖 18-27 所示為微波爐電路圖。磁控管是產生微波振盪的重要元件，其電源來自高壓變壓器、整流電路及燈絲變壓器。吹風機是供磁控管散熱之用，攪波馬達帶動攪波風扇使微波透射於被烹調的食物上。而時間開關為設定食物的烹調時間。圖 18-28 所示為微波爐的結構剖示圖。

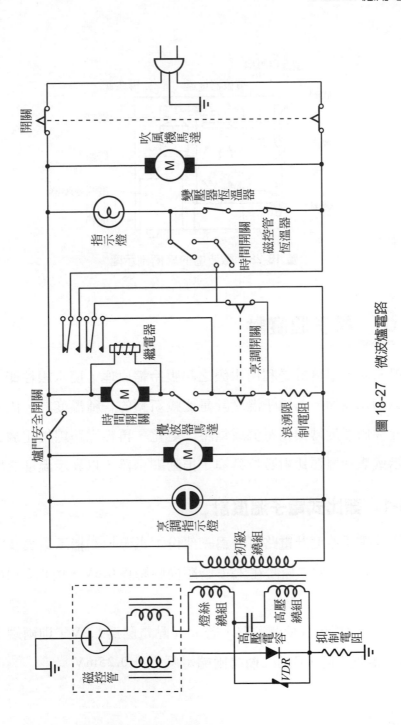

圖 18-27　微波爐電路

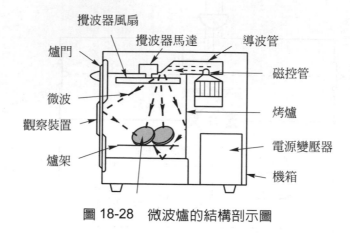

圖 18-28　微波爐的結構剖示圖

（圖中標示：攪波器風扇、攪波器馬達、導波管、爐門、磁控管、微波、烤爐、觀察裝置、電源變壓器、爐架、機箱）

18-8　電子溫度計

　　一般常用的溫度計是利用水銀之熱脹冷縮原理，使水銀柱產生高低的變化以指示溫度。而電子溫度計是比較新穎的一種溫度計，因它是利用感測元件將溫度轉換為電流或電壓之變化，再經電路線性化放大後，驅動指示儀表或經類比對數位轉換，推動顯示器，以表示溫度之數值。

18-8-1　類比式電子溫度計

　　類比式電子溫度計電路可分為三部份①電源，②指示電表及平衡調整部，③檢測部。矽二極體在 25℃ 時順向壓降為 0.6V，所以 2 只串聯之壓降為 1.2V。

　　圖 18-29 之電橋式檢測電路，若 a、b 點電壓為 1.2V，則兩端下降為 0.25mA。溫度下降 1℃ 則二極體兩端電壓上升 0.25mV。

設定溫度計測溫範圍為$-40℃\sim+60℃$，平常位置 25℃(電表中央)，並使電表依刻度等分刻劃。若刻劃準確可使溫度差為±2℃以內，溫度計之校正電路如圖 18-30 所示，AA' 為低溫校正部用可變電阻，BB' 為高溫校正用電阻。圖 18-31 所示為其電路圖。

電橋電路之電源使用 Q_1、Q_2 電晶體及 6V 稽納二極體，作穩定電壓電路，使(z)點之電壓為 7～7.5V 之間，以確保電路準確。

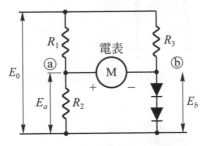

圖 18-29　溫度測定原理電路

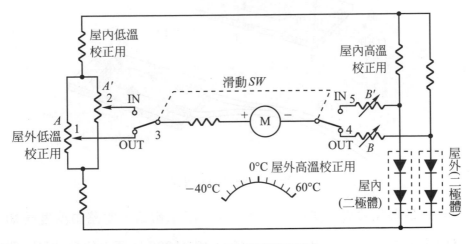

圖 18-30　校正電路原理圖

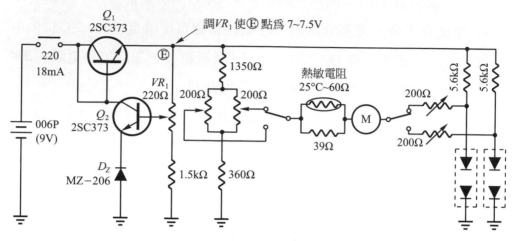

圖 18-31　類比式電子溫度計

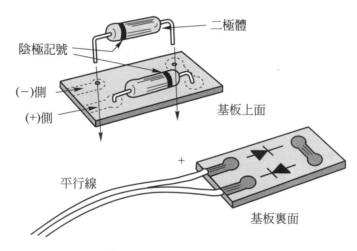

圖 18-32　檢溫器之裝配

　　另一種類比式電子溫度計如圖 18-33 所示電路。電路由溫度檢知，直流放大，電表三部份組成。二極體由 2SC1000 也可以代替(但CE要短路)。測量室溫時是二極體和VR₃所串聯之檢測器。而在測量低溫時則由

2SC1000電晶體代替二極體不串聯VR_3的電路來作檢測。μA741構成一直流放大器，然後由放大後的電流去推動電表，指示溫度值。VR_1及VR_2是用來調整校正溫度，VR_3也是用來控制負回授之電阻值。

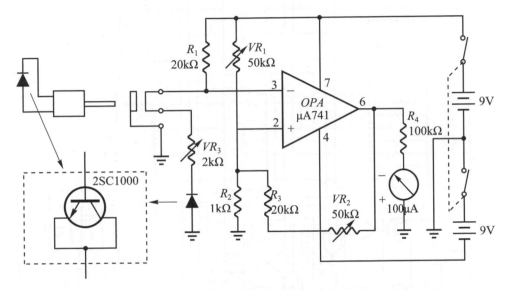

圖 18-33 類比式電子溫度計

18-8-2 數位式電子溫度計

　　數位式電子溫度計是以溫度感測器(Sensor)將溫度變化量轉換為電氣信號，而經溫度轉換成的電氣信號呈非線性，必須予以修正成線性後，由放大電路將信號放大，再經A/D電路將信號數位化，去作適當的解碼並加以顯示，其電路方塊圖如圖18-34所示。

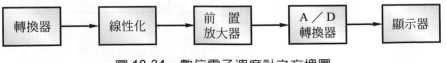

圖 18-34 數位電子溫度計之方塊圖

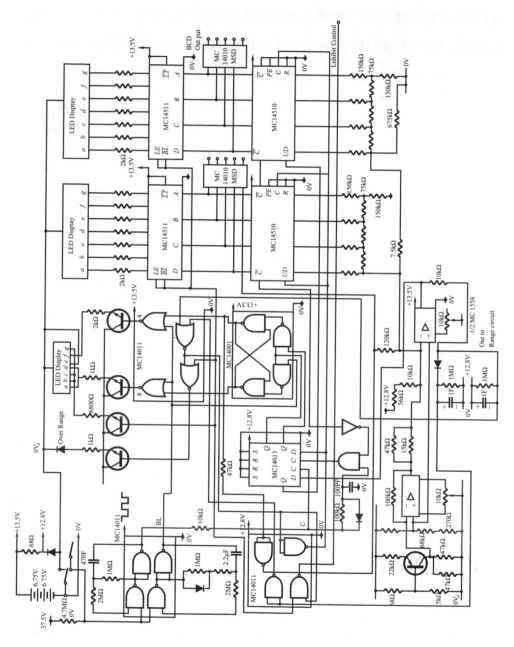

圖 18-35　數位式電子溫度計電路

圖 18-35 所示為數位式電子體溫度計電路。其溫度感測是以 2N3307 PNP 電晶體之基極射極間電壓對溫度之敏感性作檢測。此電晶體裝於體溫檢測用探針內，與皮膚直接接觸，其轉換特性為 2.2mV/℃。前置放大器使用 MC 1558 之運算放大器，可在 30～50℃ 範圍內，放大具有 100mV/℃ 溫度特性之類比信號。因此 A/D 轉換電路採用階梯電阻電路作成的連續比較型方式，將類比電壓轉換成數位脈波信號，再加以計數，送入解碼器／驅動器、推動顯示器，以顯示溫度的大小。

18-9 點焊機電路

點焊機為電阻焊接機的一種，其原理是將兩種金屬欲接合的部份疊合在一起，並通以低電壓大電流的一種焊接。如圖 18-36 所示。由於接合處的接觸電阻較大，電壓降均產生在該處，因 $W = \dfrac{E^2}{R}$ 而發熱形成半熔融狀態，再施加以壓力令其熔合，待冷卻後，便可緊密結合。

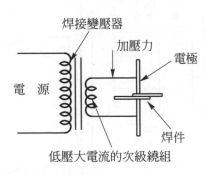

圖 18-36　點焊法

不同性質及厚度的金屬要得到堅固的焊合，必需有適當的焊接時間和電流，否則電流過強或焊接時間太久，都會使焊件變脆甚至燒穿。此外欲達到自動化、生產快速及提高品質的目的，點焊機在設計上，其焊接程序必須給予適當的控制。電路之特點有：

1. 完全自動操作：祇需將焊件置於電極上，而其壓夾、熔接、開放
   等手續完全不用人手操作。在程序上又分為「循環式自動」，與
   「獨立式自動」。

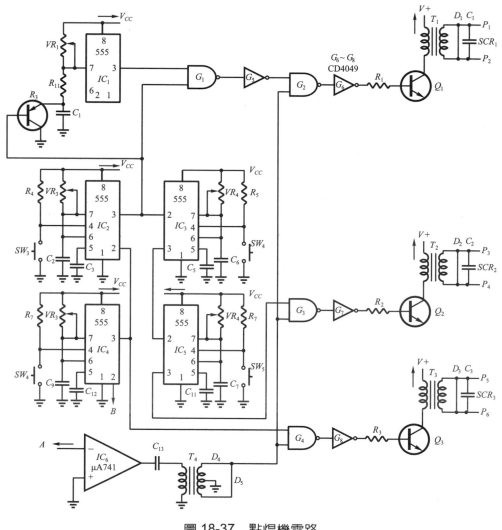

圖 18-37　點焊機電路

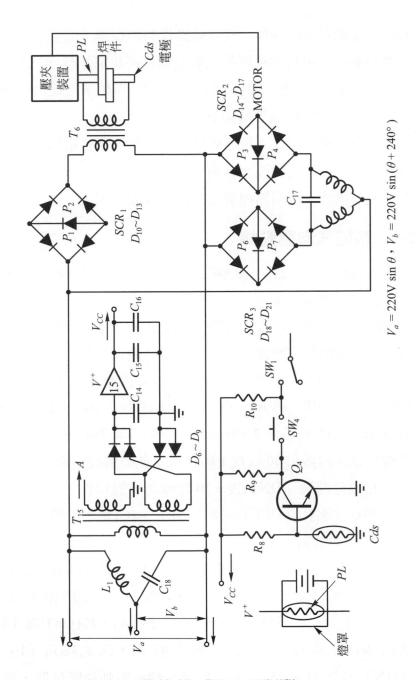

圖 18-37　點焊機電路(續)

2. 自動及手動可同時操作：在自動操作的過程裡，倘發現有異狀或不需自動時，可按手動開關，令該動作停止或進行下一動作。

3. 各程序之時間(壓夾、熔接、冷卻、開放)與熔接之電流，可依焊件之性質與厚度做適當的調整。

4. 電極之壓夾動作係受光控開關控制，須有焊件於電極上，電極才能被馬達帶動，發生壓夾作用。

以焊接金屬飯盒為例，說明點焊機之工作原理如下：

18-9-1　循環式自動點焊

若焊接金屬飯盒之吊耳，由於吊耳之點焊位置之要求較不精細，故可採用循環式自動焊接方法。

1. 置SW_1於 1 位置，表示「循環式自動」。由經驗得知，設若焊接該吊耳所需的壓夾時間為 3 秒，熔接時間為 0.15 秒(9 週波)，冷卻時間為 2.85 秒，開放時間為 2 秒(參考波形 E 及 F)，則分別調VR_6、VR_3、VR_4、VR_5，令 $1.1\ VR_6C_8 = 3sec$；$1.1VR_3C_5 = 0.15sec$；$1.1VR_4C_6 = 2.85sec$；$1.1VR_5C_7 = 2sec$。適當調VR_1，令焊接電流約為 8500A(為美國標準之低碳鋼板點熔接條件)。

2. 當三相電源開關「ON」後，因電極間未置焊件，PL 之燈光往 CdS 照射，令Q_4「OFF」，B為「1」，IC_4並不被觸發，點焊機之各項動作均靜止。

3. 當置焊件(飯盒與吊耳)於電極上時，因PL之燈光被焊件所遮擋，CdS 之阻值大增，令Q_4「ON」，B為「0」。因B由「1」變至「0」是為負脈波，故IC_4被觸發(參考波形A)，$V_0(pin3)$為「1」，當D_4 & D_5之V_0為「1」時(參考波形 J)，G_8之V_0為「1」，Q_3「ON」，令 SCR_3「ON」，馬達正轉，驅動油壓裝置，使得電極下降，設此時時間爲t。當上下兩電極與焊件接觸後，電極壓力始增加，直至飽和點止。從t秒至$t+3$秒此段時間爲壓夾時間。

4. 當時間爲$t+3$秒時，IC$_4$之V_0爲「0」，馬達停止轉動，同時因IC$_2$有負脈波輸入，其V_0爲「1」(參考波形B)，若IC$_1$之V_0亦爲「1」(參考波形K)，則G_5之V_0爲「1」(參考波形G)；又當D_4及D_5之V_0爲「1」，則G_6之V_0爲「1」，Q_1「ON」，SCR$_1$「ON」，T_6之二次端產生熔接電流，因焊件之電阻較大，故熱量均發生在焊件上，乃成半熔狀態。倘IC$_1$之V_0爲「0」，則SCR$_1$「OFF」，無熔接電流產生。熔接電流值之大小爲：$I_{rms}\times$SCR$_1$「ON」的時間÷熔接持間，其中$I_{rms}=\dfrac{1}{\sqrt{2}I_{p-p}}$($I_{p-p}$：熔接電流峰值)。從$t+3$秒至$t+3.15$秒此段時間爲熔接時間。

5. 當時間爲$t+3.15$秒時，因IC$_2$之V_0爲「0」，SCR$_1$「OFF」，T_6之二次端無熔接電流發生，同時IC$_3$被觸發(參考波形C)，從$t+3.15$秒至$t+6$秒爲冷卻時間。

6. 當時間爲$t+6$秒時，因IC$_3$之V_0爲「0」，對IC$_5$之輸入端而言，正如一個負脈波，故IC$_5$被觸發其V_0爲「1」(參考波形D)，當D_4 & D_5爲「1」時，Q_2「ON」，SCR$_2$「ON」，馬達逆轉，驅動油壓裝置，令其壓力放鬆，電極壓力逐漸減少，最後使電極上升，至固定點後停止。從$t+6$秒至$t+8$秒爲開放時間。

7. 當時間爲$t+8$秒時，馬達停止轉動，此時可取出焊件。

8. 當再拿另只焊件置於電極上時，點焊機又開始工作，其動作如同3.～7.項。

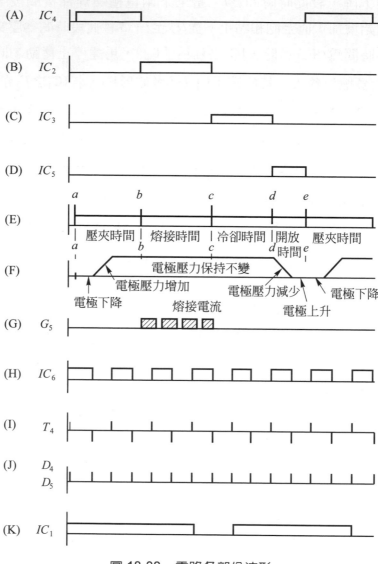

圖 18-38　電路各部份波形

18-9-2　獨立式自動點焊

　　若焊接一小圓盤於大圓盤上的中心位置，由於小圓盤必須正確地焊於大圓盤的中心點，因此當焊件置於電極上時，必須令夾壓裝置停止動作，才能調整其正確的中心位置，故應採「獨立式自動」。

1.　同 18-9-1 之 1.項，唯 SW$_1$ 置於 2 位置。

2.　同 18-9-1 之 2.項。

3.　當焊件置於電極上時，雖然 Q_4 之 V_0 為「0」，但 B 為「1」，IC$_4$ 不被觸發。當焊件調妥後，按一下 SW$_2$，令 IC$_4$ 被觸發，接著下去的動作同 18-9-1 之 3.項至 7.項。

18-9-3　點焊機動作要點

1.　倘在焊接時發生異常事件，則可按 SW$_6$ 或 SW$_3$ 或 SW$_4$ 或 SW$_5$，令正在進行的工作停止，繼續下一步的工作。例如：於 $t+1$ 秒時，發現焊接點錯誤，則可按 SW$_6$ 令馬達停止正轉，再按 SW$_3$、SW$_4$，令馬達逆轉，當電極開放後再調整焊接點於適當位置，然後再令點焊機工作。

2.　若點焊機祇焊接一、二個焊件，則「手動」將較「自動」方便，可適當調整 VR$_1$ 及 VR$_2$，再將 VR$_3$～VR$_6$ 置於 max 處。置 SW$_1$ 於 2 處。

　(1)　當焊件置於電極上妥當後，按 SW$_2$，馬達正轉，電極下降。

　(2)　當電極壓力達到飽和點後，按 SW$_8$，令產生熔接電流。

　(3)　當焊件成半熔狀態後，再按 SW$_3$，令切斷熔接電流。

　(4)　當焊件冷卻後，再按 SW$_4$，令馬達逆轉，電極上升，取出焊件。

3. IC_1為不穩態多諧振盪器 IC_1係控制 SCR_1的點焊週波數，以達到控制電流大小的目的。$IC_2 \sim IC_5$為單穩態多諧振盪器，IC_6為比較器。

4. 當 $VR_1 = \max$ 時，$0.693(VR_1 + R_{11})C_4 \simeq 1$ sec。

   當 $VR_2 = \max$ 時，$0.693R_{11}C_4 \geq 1/120$ sec。

   當 $VR_3 = \max$ 時，$1.1\ VR_3C_5 = 1$ sec。

   當 $VR_4 = \max$ 時，$1.1\ VR_4C_6 = 5$ sec。

   當 $VR_5 = \max$ 時，$1.1\ VR_5C_7 = 3$ sec。

   當 $VR_6 = \max$ 時，$1.1\ VR_6C_8 = 3$ sec。

   已知 $VR_1 \sim VR_6$為 $10k\Omega$可求得$C_4 \sim C_8$之值。

5. 因點焊機使用單相電源，故需將三相電源變為單相。L_1與C_{18}組成平衡器。令$V_a = 220V\ \sin\theta$，$V_b = 220V\ \sin(\theta + 240°)$。則$V_b = \dfrac{1/j2\pi fC_{18}}{j2\pi fL_1 + \dfrac{1}{j2\pi fC_{18}}} \times V_a$，若$L_1$已知，可求得$C_{18}$。

18-10 定時電路

定時電路為時間延遲電路，利用 RC 時間常數之充放電作用與電晶體、UJT、SCR 閘流體元件組合，控制繼電器之 ON 及 OFF 作用，而達到定時開關控制之目的。

18-10-1　電晶體定時電路

圖 18-39 為一定時電路圖。Q_1及Q_2電晶體組成達靈頓電路，所以增益(Gain)相當高。由Q_2的集極接上一個繼電器R_Y，利用R_Y來控制電路之開與關(ON與OFF)。當開關S_2 ON時，Q_1由R_1及R_3的電阻取得偏壓，Q_1

導通，R_Y激磁，R_Y所控制的接點S_3動作，使本來是NC接點的OFF，NO的ON。因為S_2是按鈕開關(Push Button)，故手一放開時，S_2又OFF。此時大容量電容器C_1被充電，至充滿電時，R_Y失去激磁則S_3所有接點回復為原狀，同時把電源切斷，則負載OFF。R_Y延遲失磁的時間由RC(C_1、R_2及 VR_1)的時間常數來決定。本電路之特點為將電容C_1接在晶體 CB 間，而一般均採用接在 BE 間，如用後者之接法電容器之容量及電阻之阻值都要相當大。前者之接法可以使用較小的R及C值。控制定時之時間為 6 秒～60 秒之間變化。

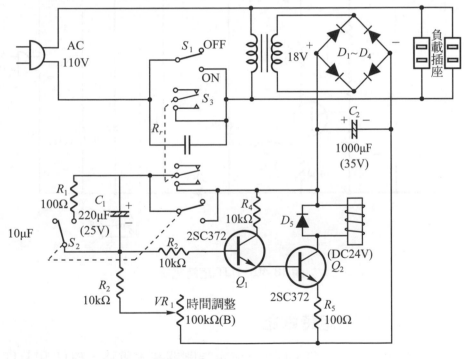

圖 18-39　電晶體定時電路

18-10-2　UJT 定時電路

　　圖 18-40 是使用 UJT 及 SCR 之定時電路。利用 VR_1、R_2 及 C_1 之充電使 UJT 產生觸發脈波而控制 SCR 之導電相角，而使繼電器(R_Y)動作，達到控制負載之目的。

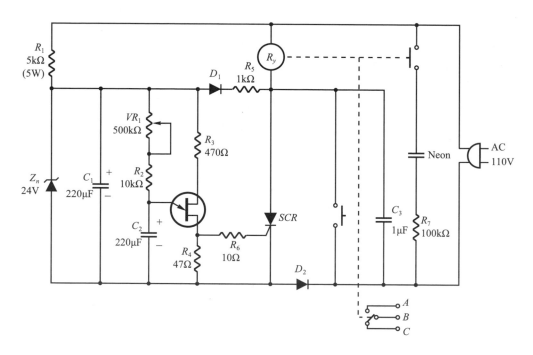

圖 18-40　UJT 定時電路

18-10-3　PUT 定時電路

　　圖 18-41 為使用 PUT 的 60 分鐘定時開關基本電路。PUT 和 UJT 很相似，同樣也會呈現負電阻的現象。但 PUT 之參數與 UJT 不同，可為自由控制。所以才稱為(Programmable Unijunction Transistor)圖中定

時的時間由R_1和C_1的電阻電容來決定。動作開始時，接上負載的 PUT$_2$不導通。這時電容通過電阻被充電，直到電容器達到足夠的高電壓時，左邊的PUT$_1$開始導通(因此時$V_A > V_S$)，於是通過C_2的電容器，把在閘極上出現的負脈衝耦合到右邊的PUT$_2$去，使該PUT$_2$跟著被觸發而導通，所以負載的電路計時終止。本電路之缺點為如欲作成長時間的計時，必需要使用大容量的電容器，則其漏電之情況必需要克服。

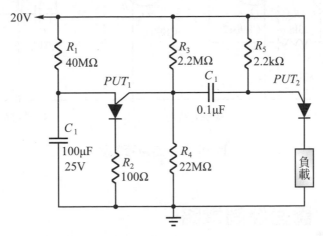

圖 18-41　　PUT 定時電路

18-10-4　定時警報器

圖 18-42 為另一種型式的定時警報電路，則用Q_1 UJT定時，Q_2及Q_3組成雙穩態多諧振盪器，由UJT送來的信號觸發產生動作，再由雙穩態的輸出去推動低週振盪器Q_4及Q_5動作，而使喇叭發聲。如果不用喇叭當負載也可用繼電器來代替，但阻值應相同才行。定時時間長短由VR$_1$調整之。

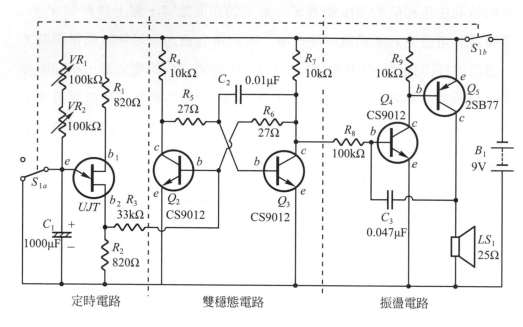

圖 18-42 定時警報器

18-11 調速控制電路

調速控制電路是以電子電路來控制電動機之速度。而電子電路通常使用 SCR 及 TRIAC 等閘流體作電動機速率控制元件，對直流電動機而言，可利用整流控制法及換流或稱截波(Chopper)控制法；對交流電動機而言，有利用相位控制法或頻率控制法。

直流電動機整流控制的方法係應用於鐵路電氣化和煉鐵、造船、紡織，等工業機器上。一般絕大多數使用三相橋式控制法。利用截波控制的方法則應用於電池式車輛(如火車站及一般工廠使用的推高機小型搬送車等)，最近鐵路電氣化的行車控制以及電氣制動控制上均被使用著。

交流電動機相位控制的方法，由於電路構成之簡化與價格低廉，在家庭電器器具及輕工業用機器上被廣泛的應用著。頻率控制的方法雖爲交流電動機速度控制的理想方法，然因裝置複雜而價格高昂，故只應用於需要精密控制和高速旋轉的工業機器上。

18-11-1 分激直流電動機速度控制

圖 18-43 係最簡的分激電動機速度控制電路圖，$D_1 \sim D_4$ 組成橋式全波整流電路。分激磁場和電源並聯，故電源電壓不變時場電流不變。C_1 經電樞 D_7、R_4、R_3、R_2 被充電，C_1 兩端之電壓達 DIAC 之崩潰電壓時，DIAC 導電，SCR 隨著導電，電樞接入電源，電動機開始起動運轉，每一半週終了時，C_1 經由 $D_5 - R_1 -$ 磁場繞組放電。

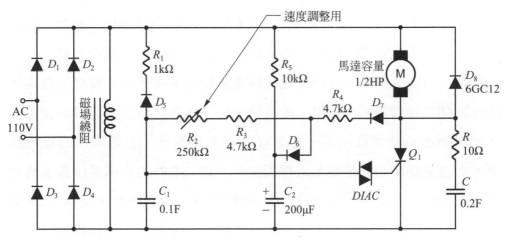

圖 18-43　分激電動機速度控制電路

Q_1 之導電角由 R_2 及 SCR 兩端之電壓決定。SCR 兩端之電壓等於 DC 直流電源電壓減去電樞反電動勢(E_a)。故 SCR 之導電角和電樞反電動勢有關。

設電動機之轉速降低時，反電動勢減低，C_1之充電時間變快，則Q_1之導電角度大，電樞從電源取入更多之功率，促使電動機轉速增加，再恢復至原來之轉速。

D_7是吸收湧浪電壓用，$R_5 - C_2 - D_6$組成遲緩起動(Soft Start)電路。當電源加入時，C_2被慢慢充電(因容量大)，則Q_1之導電角延遲，結果電動機以緩慢速度而逐增加，可以限制電源加入時瞬間產生的大量起動電流值。

18-11-2　鐘斯電路

圖 18-44 所示為鐘斯電路(Jones Circuit)，它常用於 SCR 直流控制電路中。圖中Q_1是使負載導電的SCR(即是控制負載通或斷電的SCR)，Q_2是關閉用的SCR(即使Q_1關閉用的SCR)，而Q_3為轉換用二極體，L_1與L_2分別為自耦變壓器的初級與次級繞組。當Q_1 SCR的閘極受發時，電流流經Q_1，L_1與負載R_L，此時流經L_1的電流於L_2兩端感應一電壓，此電壓極性對Q_3二極體是順向偏壓，故電流經L_2，Q_3與Q_1而使電容器C_1充電，其充電電壓極性如圖所示。當電容器完全充電後，充電電路的電流為零，而負載繼續由直流電源取得電流。當Q_2 SCR 的閘極受觸發而導電時電容器C_1上的電壓將加至Q_1 SCR 此時陽極的負電壓將迫使Q_1 SCR 關閉。於是電流將經Q_2，L_1及R_L而使電容器反向充電，其充電電壓極性與圖中所示者相反。當Q_1閘極再度受觸發而導電時，電容器C_1的電壓又迫使Q_2 SCR 關閉，如此重覆地工作。此種方法稱為自轉換法(Self Commutation)在直流電動機控制電路中，常用來控制轉速。

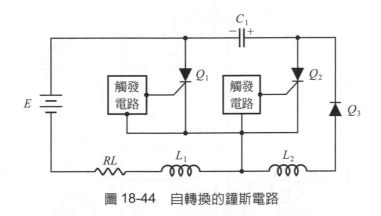

圖 18-44　自轉換的鐘斯電路

18-11-3　串激直流電動機速度控制

　　圖 18-45 是鐘斯電路的實際應用例。UJT_1，VR_1 及 C_1 組成一個振盪電路，而且產生觸發脈衝波來激發 SCR Q_1 導電。當 Q_1 導電時，電流經自耦變壓器的 L_2 圈，D_1 而向電容器 C_2 充電，C_3 充電之極性如圖中所示，上方為負，下方為正。同時 UJT_2，VR_2 及 C_2 組成的第二個 SCR Q_2 觸發電路也開始工作，但時間較為延遲。當 SCR Q_1 導電後，C_3 充電時，SCR Q_2 在適當時機被觸發而導電，則 C_3 向 SCR Q_2 放電，結果此放電電壓剛好加於 SCR Q_1 的陽陰極間，極性相反、SCR Q_1 截止。如此反覆地依 ON 及 OFF 的時間作比例控制，結果電動機取用的平均功率也可以加以調整而達到控制作用。

　　C_4 之作用係防止當電路連續 ON，OFF 時因電壓變動所產生的感應電勢破壞 UJT_1。TP-1 二次側所加入的橋式二極體電路係用來防止因主 SCR Q_1 截止時將負電壓加入 UJT_1 的基極，故係為保護用。

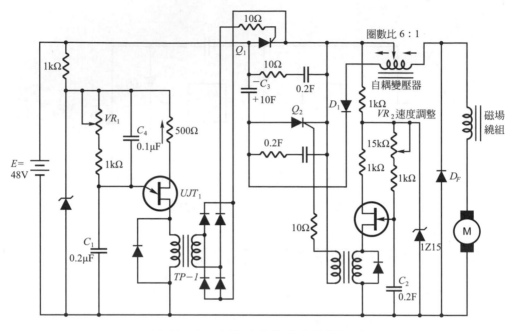

圖 18-45　串激電動機速度控制電路

18-11-4　單相感應電動機速度控制

　　如圖 18-46 所示為電動機回授控制電路。電路是由轉速發電機 TG (Tachometer Generator)檢出之回授電壓經橋式整流電路及RC網路濾波後，加在由Q_1及Q_2組成的差動放大器的Q_1基極。設定基準電壓於Q_2之基極共由 VR_1 來調整。

　　由轉速發電機回授來的電壓和Q_2之基準電壓相比較，而使差動放大器依此兩電壓之差值而動作。如負載加重，電動機之轉速勢必降低，由轉速發電機回授來的電壓當較小。Q_2之基極電流增加，則Q_2集極電壓降低結果Q_3基極電壓也跟著下降，Q_3之等效阻抗降低，結果UJT射極所連接的電容器充電時間較快，故UJT的觸發脈衝相位較為引前，致TRIAC的導電角變大，促使TRIAC把更多的電源功率供給電動機而提高其轉速。

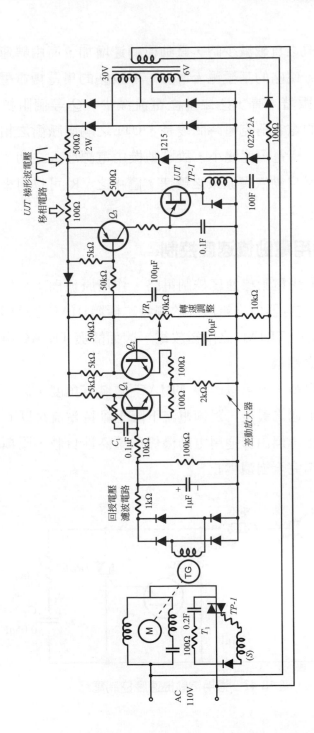

圖 18-46　單相感應電動機回授控制電路

反之，電動機之負載減少時，電動機轉速增加，而由轉速發電機回授來的電壓增加，使Q_1的基極電流增加，導致Q_2的集電極電壓上昇。結果Q_3基極電壓也跟著上昇，Q_3之基極電流減少，Q_3等值阻抗變大，則UJT射極所連接的電容器充電時間變長，UJT之觸發脈衝之相位較爲延遲，導致 TRIAC 導電角度變小，故電動機由電源取入之功率較少，則電動機轉速降低又自動恢復原來之轉速。圖中之VR_1可以用來調整電動機轉速。

18-11-5　通用電動機速度控制

圖 18-47 爲通用電動機速度控制電路，作用原理爲：R_1C_1構成一個RC移相電路，當電容器C_1之電壓大於觸發二極體DIAC之轉態電壓時，DIAC 導通，使C_1向 TRIAC 之閘極放電，因而觸發 TRIAC 導通，供給電壓到達電動機之電樞。

調整可變電阻R_1，就可以改變 TRIAC 的導電角度，即可控制電動機之速度。在每半週之最後，陽極電流下降至維持電流I_H以下，TRIAC此時應該變爲截止，但由於通用電動機係爲電感性負載，陽極電流會繼續流過，直至磁場完全崩潰爲止。

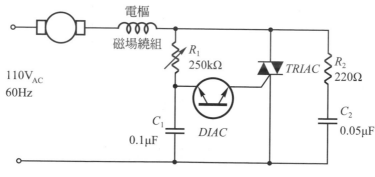

圖 18-47　通用電動機速度控制電路

18-11-6　電動機正反轉控制電路

如圖 18-48 所示利用 TRIAC 做電動機之正反轉控制，設 S_1 ON 時則 Q_1 導電電動機正轉，反轉時則將 S_2 ON 即可。但 S_1 及 S_2 不要在同時 ON。

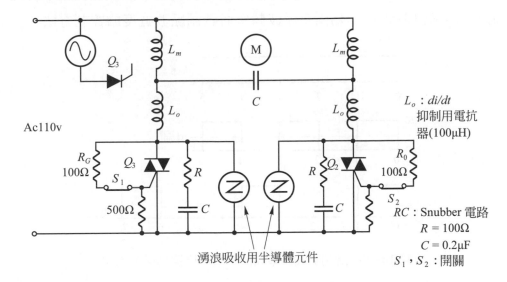

圖 18-48　電動機正反轉控制電路

　　當 Q_1 及 Q_2 TRIAC 任何一方由 ON 狀態轉為 OFF 狀態的過渡瞬間，換相用電容器與電動機繞線的電感會產生諧振之現象，以致有 4 倍於電源電壓峰值的湧浪發生。Q_3 是施行電動機制動時，使電源加一直流電流於電動機繞組上，而使電動機瞬間停止旋轉。

18-12 電動車速度控制電路

　　電池操作的車輛亦須使用速度控制，例如高爾夫球場的小車、叉式起重卡車、輪椅及目前流行的電動汽車等。最近的電動汽車亦為應用電子速度控制的車輛。這些車輛大都使用具有高起動轉矩的串激直流馬達，其轉速控制大都改變加於場繞組與電樞端的平均電壓。改變此平均電壓的方法有兩種，兩種方法均利用截割(Chopoing)直流電壓以減少加於馬達的平均電壓。圖 18-49 所示為固定脈波寬度而調制脈波頻率的控制方法；圖 18-50 所示為固定脈波頻率而調制脈波寬度的控制方法。

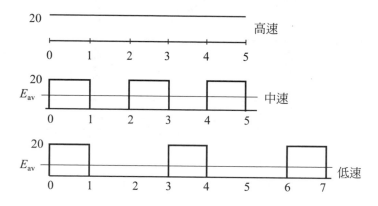

圖 18-49　調制脈波頻率以控制直流馬達轉速的方法

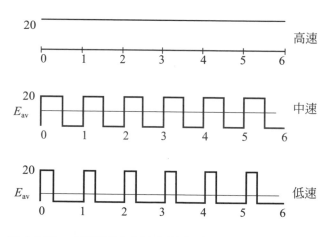

圖 18-50　調制脈波寬度以控制直流馬達轉速的方法

　　圖18-51所示為電池驅動馬達的方塊圖，此電路大都使用SCR來作為電子開關；但是SCR在直流工作電路無法自行斷路，因此須加設關閉電路。關閉電路有二種：⑴主動關閉電路：使用主動元件的半導體裝置以使 SCR 發生斷路作用。②電感關閉電路：使用電抗振盪型電路以使SCR斷路。下面將討論使用這兩種方式的控制電路設計。

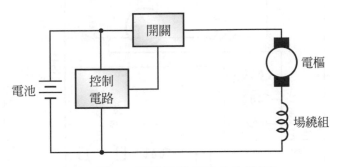

圖 18-51　　電池驅動馬達的方塊圖

18-12-1　中型馬力電動車速度控制

　　電動車的電子控制由蘇格蘭格拉斯堡(Glassgow)的西部學院(Western Rogional Hospital)研究發展出來。使用一個1/10馬力的串激馬達，以使100磅重的車輛行速在0～3哩／時之間，而其效速可高達90％。圖18-52所示即為此控制電路的簡圖。

　　圖中，R_{11}電阻器與ZD_5稽納二極體形成穩壓器作為弛振盪電器電源之用。而導通頻率可由VR_3電位器來調整。這是一固定脈波頻率，而調制脈波寬度的控制方式，因為經由變壓器T_1而加於 SCR_1閘極的觸發脈波是有一定比率的。當 SCR_1導電時，即有電源電壓加於馬達兩端；同時電流經R_1向C_1電容器充電。當SCR_1斷路時，利用飛輪二極體(Freewheeling diode)MR_3以維持流經馬達的電流。另一邊電路中，R_2電阻器與稽納二極體 ZD_1形成穩壓器以控制弛張振盪器的關閉。馬達的速度控制係利用

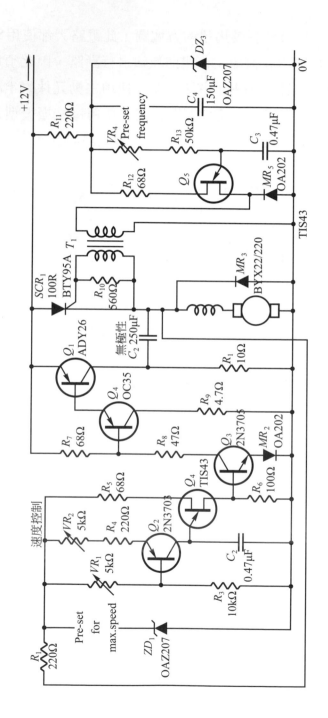

圖 18-52　中型馬力級電動車的電子控制

Q_2電晶體的射極電阻 VR_2來控制，而Q_2電晶體的放大器的輸出係充電 UJT的電容器C_2。倘若增加VR_2的電阻值，則電容器充電較慢，故SCR_1導電時間較長，故馬達轉速增高。UJT振盪器的輸出脈波經由緩衝放大器Q_3而推動Q_4電晶體，當Q_3電晶體導電時，即可推動Q_4電晶體導電而迫使功率電晶體Q_1進入飽和狀況。當Q_1電晶體變爲飽和時，即有12V的脈衝電壓加於電容器C_1上，由於電容器端壓不能作瞬時變化，故此12V脈衝電壓即傳送至SCR_1的陰極，如此，即提升了SCR的陰極電位而迫使陽極電流低於維持電流I_H的準位，故 SCR 發生斷路。此 SCR 將一直維持斷路狀態，直到從導通控制弛張振盪器有脈波加於變壓器T_1時，SCR_1才再開始導電，如此週而復始的動作。

18-12-2　大型馬力電動車速度控制

　　大馬力級電池操作的車輛，如叉式起重卡車和目前正在研究的電動汽車。此種控制電路大都採用主動元件的斷路電路，以使斷路電路的功率損失最小。通常均利用圖 18-44 所示的鐘斯電路加以改良來使用。圖 18-53 所示即爲使用鐘斯應用電路的電動車速度控制電路。

　　在主控制開關放置於"跑"位置之前，應先將方向開關放置於"F"(順向前進)或"R"(逆向前進)才可以。當主開關放置於"飽"位置時，電流使得順向繼電器FR或逆向繼電器PR動作，而其接點即可控制場繞組中的電流方向。倘若觸發脈波首先觸發大電流 SCR Q_1，則流經變壓器T_1初級圈的增加電流，將使次級圈產生一正電壓而使電容器C_1充電，其充電極性如圖 18-53 中所標示。此時，觸發脈波再使Q_2 SCR 觸發導電。由於Q_2 SCR 的導電而使得電容器C_1的正電壓端變成接地，因爲，電容器電壓不能作瞬間變化，所以Q_1 SCR 的陽極變成負電壓而產生截流。馬達的速度控制可藉改變Q_1 SCR 的脈波激發時間來調整。由於觸

發 Q_1 SCR 與 Q_2 SCR 的時間間隔一定，故脈波的寬度一定。圖 18-54 所示為此控制電路中的觸發脈波產生電路。

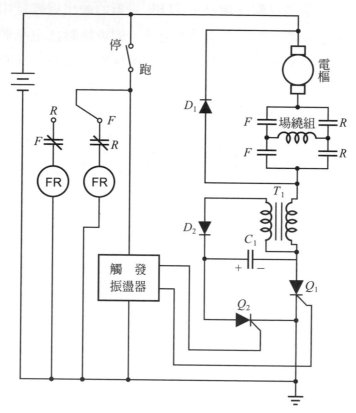

圖 18-53　電動車的鐘斯速度控制電路

當主控制開關閉合時，電源即供給圖 18-54 所示的觸發脈波產生電路，使得電容器 C_1 經 R_1 電阻器而充電；此時 C_2 電容器，因 Q_9 SCR 截流而無法充電。當 C_1 電容器被充電至 Q_5 UJT 射極轉態電壓時，Q_8 UJT 導電而產生電流流入 Q_9 SCR 的閘極，以促使 Q_9 SCR 導電，如此，即有部份電流經 Q_9 而流入 Q_1 SCR 的閘極，去啟動馬達運轉。當 Q_9 SCR 導電時，電流經 R_4 電阻器而使 Q_{12} 電晶體產生偏壓而導電，因此，Q_{12} 的集極電流即經R_6而向C_2電容器充電。當C_2電容器充電至Q_{10} UJT 的射極轉態電壓時，Q_{10} UJT 導電，此時即有部份電流流入Q_2 SCR 的閘極，以阻斷電流自電池供給馬達。亦有部份電流自Q_{10} UJT 進入Q_{11} SCR 的閘極而觸發Q_{11}，當Q_{11} SCR 導電時，電容器C_2即經R_4電阻器而充電，致使Q_9 SCR 的陽極電位下降至接地電位而截流。故Q_{12}電晶體即截流，而C_2電容器經R_7電阻器而放電。此即完成一週的工作。

　　大部份的車輛尚有加速控制、煞車控制、電池充電及避震等控制，圖 18-53 電路僅作為速度控制的基本元件。

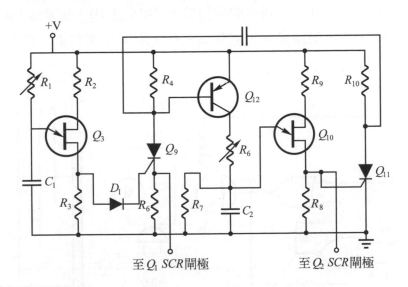

圖 18-54　圖 18-53 中的觸發脈波產生電路

18-13 液位控制電路

　　液位控制電路通常使用於檢測水塔水位的高低，以控制抽水馬達之動作，若水位低到某一位準，由電路檢測後，驅動馬達動作而抽水。當到達滿水位時，電路使馬達停止抽水。

18-13-1　電子自動液位控制電路

　　圖 18-55 所示為電子自動液位控制電路之方塊圖，ABC代表水塔內之三根銅棒。若滿水位時，ABC三銅棒均有水，則圖中之ABC均為 Hi(設有水時為 Hi)，則③輸出為 Lo，故Q_1不工作。馬達停止抽水，當水位下降到中間位置時，B為 Lo，A、C則為 Hi，因此⑤點為 Hi，而使③點維持在 Lo，故馬達停止抽水，當水位再下降到C棒以下時，則A為 Hi，B和C均為 Lo，而使③點為 Hi，則Q_1導通而令繼電器激能，接點閉合而令馬達抽水，此時水位上升到中間位置時，A和C為 Hi，而B為 Lo，使③點維持在 Hi，馬達繼續抽水，直到滿水時，ABC又都有水，則令馬達停止抽水動作恢復到原來之狀態。

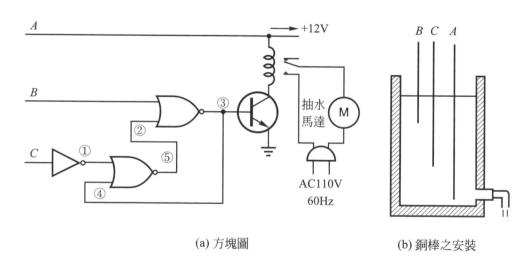

(a) 方塊圖　　　　　　　　　　　　(b) 銅棒之安裝

圖 18-55　自動液位控制電路方塊圖

　　圖 18-56 為電子自動液位控制之電路實例，Q_1為 NOT 閘，Q_2、Q_3為 NOR 閘，Q_4、Q_5亦為 NOR 閘，Q_6、Q_7差動放大器以推動 UJT 弛張振盪電路，產生脈波激發 TRIAC「ON」與「OFF」。

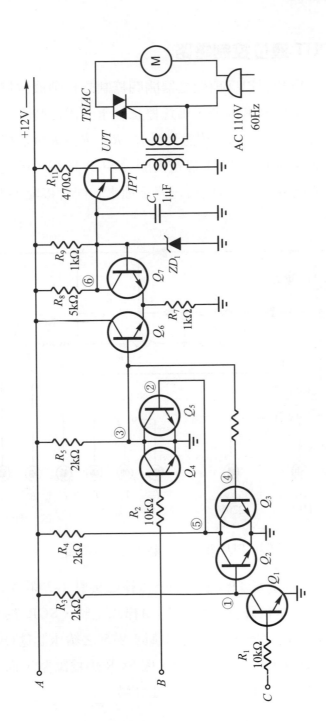

圖 18-56　電子自動液位控制電路

18-13-2　PUT 液位控制電路

　　圖 18-57 所示為利用 PUT 與繼電器開關控制之自動液位控制電路。當水位達到 B 時 PUT 及 SCR 導通，馬達停止抽水。因此時 A、B、C 成短路狀態，電流由變壓器 T 之二次側送到 $D_2 1$、R_1、R_2、B-A 銅棒返回二次側變壓器成一通路，因而令 PUT 導電而觸發 SCR 導電，因此 R_Y 線圈被激能，接點 8-5 跳開到 8-6。而使馬達停止抽水。同時接點 1-3 接通。

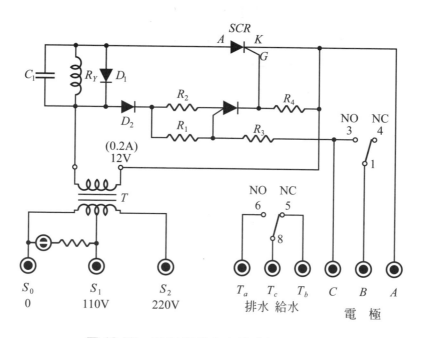

圖 18-57　PUT 觸發之自動液位控制電路

　　當水位低於 B 棒而高於 A 棒時，因 B、C 棒之接點 1-3 閉合而使 SCR 繼續維持導通。直到水位降低至 C 棒以下 A 棒以上時，SCR 陰極因無通路而「OFF」，此時 R_Y 除能，因此接點跳回 8-5 之給水狀態(馬達抽水)與 1-4 狀態(使抽水到 C 棒與 B 棒中間時，因 SCR 仍為斷路，而可繼續抽水)，一直到水位上升到 B 棒時馬達才停止運轉。

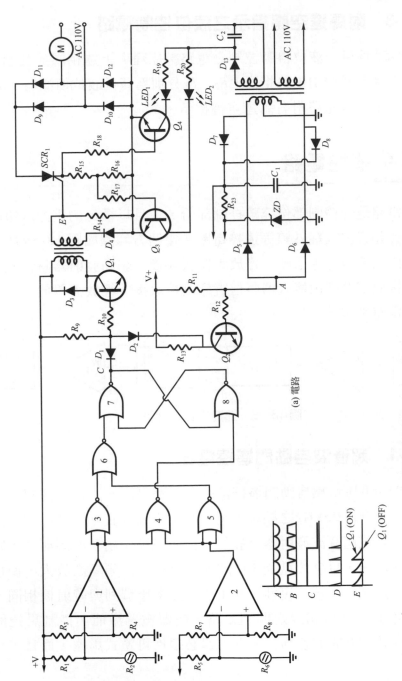

(a) 電路

圖 18-58 附馬達空轉指示之液位控制電路

18-13-3　附馬達空轉指示之液位控制電路

圖 18-58 為另一液位自動控制之電路，原理與上述相同。其邏輯控制電路與自動溫度控制電路相同，R_2、R_6 分別為高低液位偵測器。圖(b)為其動作波形，該電路附有馬達空轉指示。

18-14 遙控電路

遙控電路是受控制部份遠離控制部份，並且以極低的電力或電壓加以控制，如超音波或紅外線等遙控電路。電路方塊圖如圖 18-59 所示，發射部份由振盪器產生信號，經放大器放大後，驅動發射器將信號予以發射。而接收部份則由接收器將信號感測接收後，經放大器放大後，再推動開關電路動作。

圖 18-59　遙控電路方塊圖

18-14-1　超音波自動門遙控電路

如圖 18-60 所示為自動門遙控電路，電路是由一對電晶體組成之振盪器，產生超音波 25kHz 之頻率，將信號由方向性良好，匹配容易的號角形高音喇叭或超音波發射器來發射。接收機則由超音波感測器，將超音波信號接收後，以 Q_1、Q_2 與 LC 調諧電路作特定頻率之放大，使接收機具良好之選擇性及抗干擾性，故 LC 之頻率應調到與發射機相同。經 D_1 檢波後推動 $Q_3 Q_4$ 所組成之開關電路，使繼電器激能，控制馬達開或關。由於同時控制開與關動作，則馬達必須為可逆式馬達，而且需再加控制邏輯。

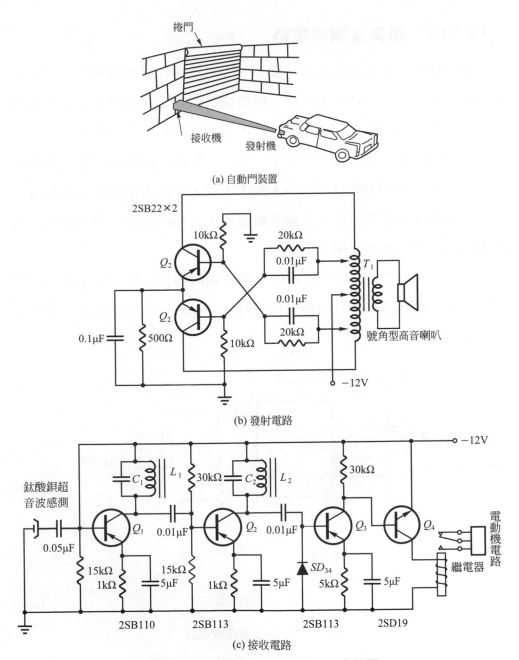

(a) 自動門裝置

(b) 發射電路

(c) 接收電路

圖 18-60　超音波自動門遙控電路裝置

18-14-2 超音波遙控電路

超音波遙控電路如圖所示，圖 18-61(a)為超音波發射裝置，利用定時器IC555組成40kHz振盪電路。振盪信號由IC的第3腳輸出加在換能器SQ-40T上，即可將此振盪電壓信號轉換成音波信號發射出去。

圖 18-61(b)是超音波接收裝置，SQ-40R 換能器將超音波信號轉換成電壓信號，經MOSFET式OPA CA3130放大，放大後經D_1、D_2整流，C_6濾波後接至電晶體基極，以推動繼電器，因而繼電器之接點即可作為控制負載或警報裝置之用。

CA3130 運算放大器所接的C_4為相位補償電容，R_2、R_3及C_3、C_5則構成回授電路為通40kHz的濾波器，對40kHz的放大倍數較高，以減少外界雜音之干擾。

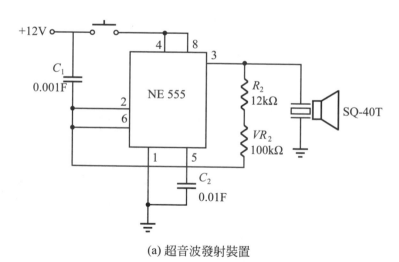

(a) 超音波發射裝置

圖 18-61 超音波遙控電路

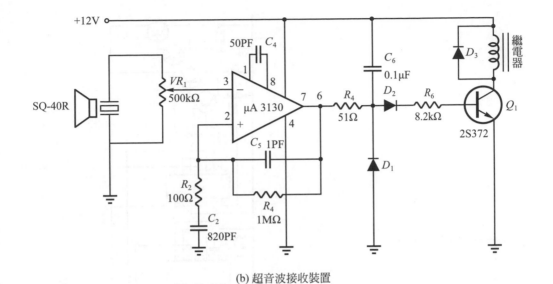

(b) 超音波接收裝置

圖 18-61　超音波遙控電路(續)

18-14-3　紅外線遙控電路

　　圖 18-62 所示為紅外線控制系統裝置。包括有發射機與接收機兩部份。發射電路是由定時器 555 接成不穩態多諧振盪器所構成。開關S_1及S_2分別選擇電阻R_1及R_2，因而引起電路各別振盪於 33kHz 及 25kHz。當555 定時器輸出近於 0V 時，紅外線就受順向偏壓，經歷大約 2.5μs 之短時間。因此，在二極體中的平均功率消耗甚低，而不需用電阻器串聯。

　　接收電路是由運算放大器IC_2，兩個鎖相迴路IC_3及IC_4，一個雙合單穩IC_5及一個雙合式 JK 正反器IC_5所構成。其目的是當光二極體D_2接收來自發射機的紅外線波時，將主線繼電器予以控制。運算放大器接成非反相式電容耦合放大器，其增益取於電阻器R_5、R_8之比率。放大後的信號經由電容器C_5送至兩相鎖環(IC_3及IC_4)的輸入第 3 腳。IC_3的外加組件VR_1及C_{11}和IC_4的VR_2及C_{12}決定相鎖環的選補頻率，VR_1用以調諧至25kHz，而VR_2調諧至 33kHz。

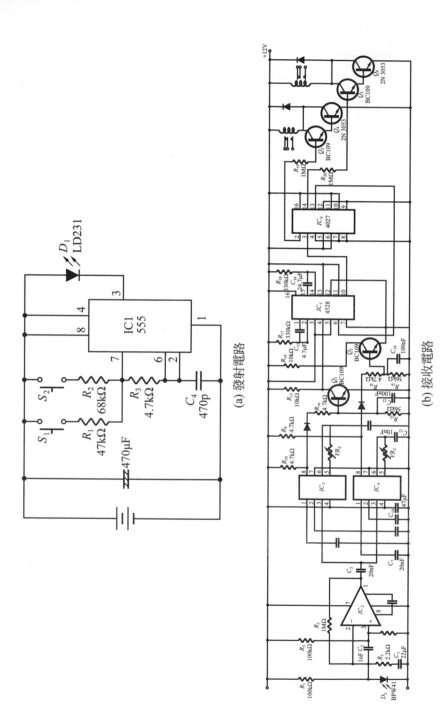

(a) 發射電路

(b) 接收電路

圖 18-62　紅外遙控電路

當電容器C_5傳送 25kHz 的信號頻率至 IC$_3$時，IC$_3$第 8 腳的輸出電壓就急降至零。同樣的情形，若在 IC$_4$收到一頻率為 33kHz 的信號，在 IC$_4$第 8 腳的電壓也急降。此急降的電壓使電晶體Q_2或Q_3 OFF，因而其集極電壓上升。此兩急升電壓中之任一將引發雙合式單穩 IC$_5$。R_{17}與C_{15}及R_{18}與C_{16}各組件在第 6 及 10 兩腳供給一正性信號，歷時大約 0.5 秒之久。來自此單穩器的調變脈波將正反器的兩輸出部先定置於高，然後又低，藉以控制電晶體Q_3及Q_5集極負載中的繼電器。於是，就可藉兩繼電器的控制接點而將電源主線之負載開路或關掉。

18-15 超音波洗滌電路

人耳可感覺出來之音頻為 15Hz～20kHz，超過 20kHz 的音波稱來超音波(Ultrasonic Waoe)，超音波洗滌機之功能，從工業上一貫作業所實施的大規模洗淨設備，乃至鐘錶業、眼鏡業及銀樓業等貴重金屬等洗淨用的小型裝置，甚至餐館內洗盤等作業上無不加以應用。

超音波洗淨的原理，就是利用強力超音波發射到液體中，使之產生空腔(Covitation)現象，而許多小氣泡，迫使氣泡中具有擦傷能力的小質點，做高速短距離的運動，進而發揮洗淨的功能。

在液體中發射超音波，因為超音波是屬於疏密波(縱波)，所以在液體中的某點，觀察它的壓力就如圖 18-63 所示的曲線A，以靜壓P_S為中心，形成壓力的增減曲線，若將超音波強度增強，則如曲線B所示，有負壓產生，但實際上不可能有負壓的存在，因而將液體拉裂，造成真空孔蝕(渦凹)，此渦凹為真空或極近真空的低壓，在下一壓縮相位再崩潰，因此，液體分子間激烈的碰撞，產生強大的衝擊壓力，造成機械性擾動，這種現象稱為空腔現象。

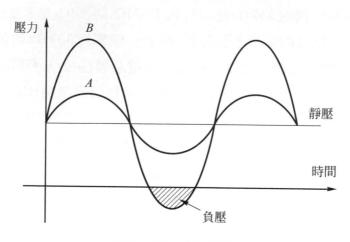

圖 18-63　空腔現象

　　空腔現象本來是指推進器或唧筒等高速運動之後方所形成的真空狀態而言。至於液體因強力超音波的作用產生空腔現象，是因超音波和一般聲波一樣，是一種可壓縮波(Compressable Wave)，在固體被洗物與洗滌液的接觸面附近，洗滌液因超音波的正半週之正壓力而密度增高；在負半週時，因負壓力而造成空腔氣泡。因為空腔氣泡起於液體與固體的界面，因此造成超音波的洗滌效果。

18-15-1　超音波洗滌機電路(一)

　　圖 18-64 所示是超音波洗滌機的電路圖，其振盪頻率為 29kHz，有 150W 的輸出以驅動肥粒鐵磁伸縮振動子。

　　電路中，振盪電路由 2SC373 擔任，電壓放大級由 2SC490 擔任，其輸出為次級有中間抽頭的變壓器，以供功率放大級作推挽式放大。功率放大級因為是C類放大，故基極未加偏壓。

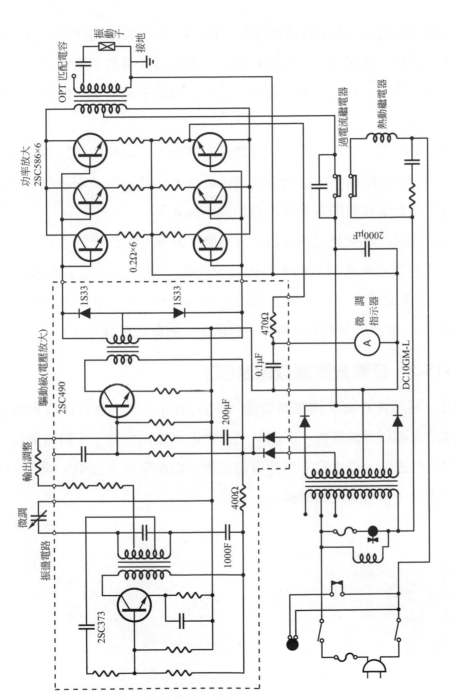

圖 18-64　超音波洗滌機電路

振動子的機械諧振Q值高達 200～1000，所以振盪電路的振盪頻率與振動子的機械諧振頻率一定要相同，本電路可使用微調電容調整振盪頻率。當頻率一致時，振動子的阻抗最大，射極電流最小，因此可由微調指示計觀察出。

為了把振盪器輸出的電力有效地送入振動子，最好能消除其中的感抗成分而變成純電阻性，為抵消此感抗成分，遂於振動子電路串聯一匹配電容器，此電容器的容量視感抗的大小而定。

值得注意的是空腔現象在超音波強度 $0.35W/cm^2$ 以上時才會發生。因此，洗滌槽的面積須與輸出相配合。例如，圖 18-64 電路的輸出為 150W，其洗滌槽內有效洗滌面積為 125×125mm，則超音波強度約為 $1W/cm^2$。一般情形 100W 的輸出，可使用 1 加侖的洗滌液。

18-15-2　超音波洗滌機電路(二)

另一種超音波洗滌機電路如圖 18-65(b)所示，Q_1 及 T_1 組成振盪電路，產生之高頻振盪信號，經 Q_2 予以放大後，加到振動子，將電氣振盪轉換為彈性振動，以水為介質傳導超音波，而產生洗淨效果。圖 18-66 所示為振動子構造圖及結構圖。

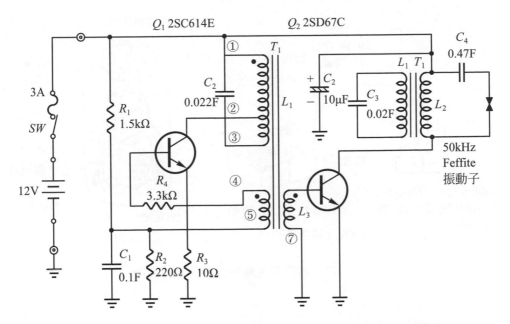

(a) 電路

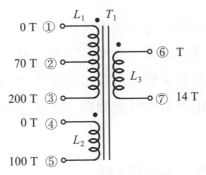

L_1 L_2 L_3 使用 0.2ϕ PVF 線

(b) 振盪線圈

圖 18-65 超音波洗滌機電路

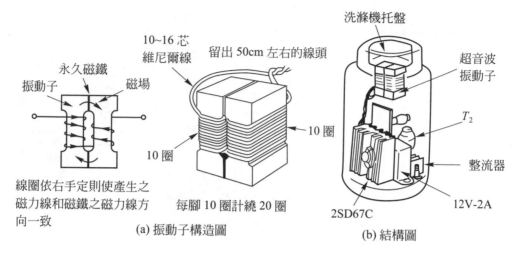

(a) 振動子構造圖　　　　(b) 結構圖

圖 18-66　超音波洗滌機振動子及結構圖

18-16 金屬探測器

　　金屬探測器可測出埋於地下金屬之位置，如水管或煤氣管等，或是遺失於草欉中，鬆土裡或沙中之錢幣。若無金屬存在時，則從金屬探測器上聽到聲頻信號。當有金屬出現時，則聲頻音調會改變或完全截止。一般探測器只是找出地下是否有金屬物，而無法測知金屬的大小及其所埋深度。

18-16-1　電晶體金屬探測器

　　電晶體金屬探測器之電路圖如圖 18-67。此電路包括二個振盪器，第一個振盪器Q_1，工作頻率約為 300kHz，此頻率由電感器L_1及電容器C_2及C_{11}所決定；第二個振盪器Q_2，工作於C_8及尋跡線圈所決定的頻率。調整L_1振盪之頻率接近於尋跡線圈之振盪頻率。振盪器的輸出經C_5及C_6

饋送至一乘積檢波器，此乘積檢波器在當二振盪器之頻率不同時，會產生一種聲頻訊號。頻率會有差別是因為當尋跡線圈靠近金屬物體時，其電感改變，因此其振盪頻率亦改變。乘積檢波器之聲頻輸出加至 Q_3 基極，將其放大至可聽得見的準位。

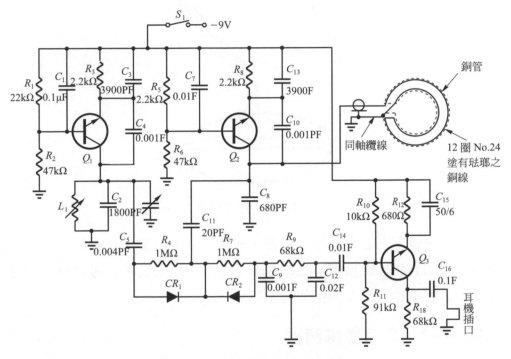

圖 18-67　電晶體金屬探測器電路

　　金屬偵測器最主要之零件為尋跡線圈。此線圈包含有 12 No.24 塗有琺瑯質的導線，其裝在一個直徑 1 呎的 1/4 吋銅管環內。在開始製作此尋跡線圈時，此銅環之端點應當有 2 吋的間隔，而不可以連接起來。要在銅管內繞此線圈，將 No.24 導線的一端插入銅管的一端，一直地推此導線，直到其在另一端露出為止。導線的端點再插入銅管內，同前面一樣地再推此導線。此種過程一直地重覆，直到在銅環內有 12 圈的導線為止。當此工作完成時，此銅環必須靠緊，使其端點間只有1/4吋的間隔。要使此銅環靠緊，必須將此銅環內之導線端點拉緊。導線的一端與同軸電纜之隔離導體應當連接到銅環的一端。導線的另一端應該連接到同軸電纜之中心導線上。圖 18-68 所示為尋跡線圈。

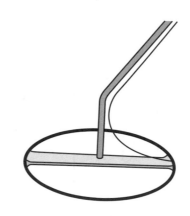

圖 18-68　尋跡線圈

在尋跡線圈上必須連接一握把，如圖 18-68 所示。在線圈上面不可使用金屬固定物。此偵測器之電路部份要儘可能安裝在與尋跡線圈相隔越好；最好的位置是在握把的最上端。

18-16-2　IC 金屬探測器

圖 18-69 所示為 IC NE565 金屬探測器電路；電晶體Q_1連接探知用的尋跡線圈及C_1、C_2，組成考爾畢茲振盪器電路，振盪輸出經由 $0.1\mu F$ 的電容耦合到 IC NE565k 的輸入端，IC 的輸出用以推動差動放大電晶體Q_4及Q_5，放大電流推動指示表之指針。

一旦有非磁性的物體靠近探知圈時，Q_1的振盪頻率上升，表上指針便往正偏轉，而如有非磁性的金屬靠近探知線圈時，Q_1的振盪頻率便下降，表上指針便往負偏轉。IC 中的 VCO 的振盪頻率則由Q_3的電流及第

9 腳所接電容 $0.047\mu F$ 所決定。Q_4 及 Q_5 射極上所接的 500Ω 可變電阻是用以調整指針歸零用的。$5k\Omega$ 的可變電阻則用以調整當沒有任何金屬在尋跡線圈附近時，IC 的第 6 腳及第 7 腳間電壓應調到 0V。Q_2 只是供給 Q_3 偏壓用的。

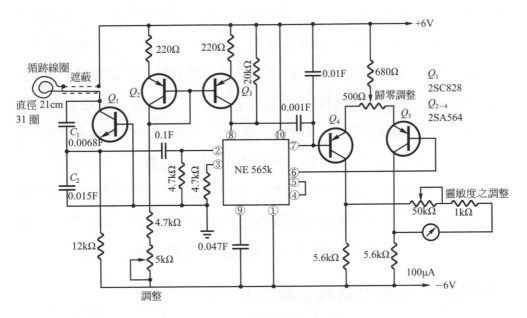

圖 18-69　IC 金屬探測器電路

18-17 材料計數器電路

生產設備上，不論於生產或作產品檢驗時，通常必須計算材料數量之多寡或是預先設定材料之數量，再控制機器裝置如馬達之開啟或停止操作，以達到管制產品數量的目的。此種控制電路即為材料計數器電路。

18-17-1　材料計數器電路(一)

如圖 18-70 所示為材料計數器電路，係利用遮光作用將通用材料的數量轉換成計數脈衝(Clock)信號，再送到編碼器IC-7490編成BCD碼，然後將此碼送到IC-7485(4位元比較器)之A_0～A_3端，與B_0～B_3預設定之BCD　4位元碼做一比較，比較結果將顯示在其輸出的三端，即$A < B$、$A = B$及$A > B$等三種情況，若其中之一被偵測到時則使輸出為 "1" 其他為 "0"。利用此種邏輯狀態可用以控制材料傳輸帶之馬達是否運轉以及是否開啟或關閉孔道。其中顯示器 "1" 為預設定數，其大小由SW₁來決定，而顯示器 "2" 為正在計測材料之數目的顯示。

調整 500kΩ，可設定光電晶體之受光靈敏度。若將光電晶體改接成紅外線接收二極體，則其動作電壓準位不會受外界雜散光線影響。根據此電路原理，可設計出 2 位數或 3 位數之材料計數器電路。

18-17-2　材料計數器電路(二)

利用 IC4028 預先設定材料的計數。以紅外線發射及接收電路作為材料感測裝置，當材料計數到預先設定數目時，由兩個 NAND 閘組成 RS 正反器控制馬達停止。因此可設計成生產線上材料應有多少個包裝組成一個單元的計數電路。圖 18-71 所示即為材料計數器電路圖。

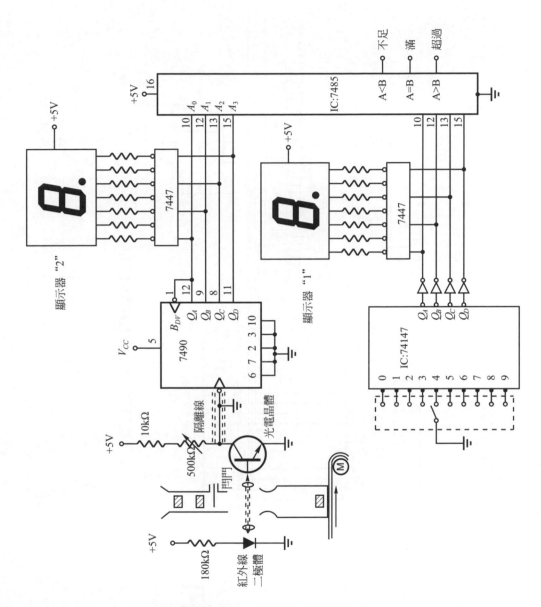

圖 18-70 材料計數器電路(一)

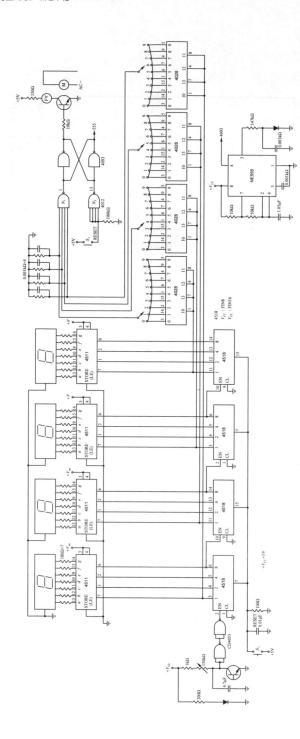

圖 18-71　材料計數器電路(二)

IC4093 之樞密特觸發電路可改善輸入不穩定現象。材料通過光電晶體，由於遮光產生一脈波信號送到 4093 的 NAND 閘，觸發輸出一穩定的脈波信號，送入 4518 編碼後，饋入 4511 去解碼驅動七段(Seven Segment)顯示器顯示數字。

S_1作為數字重置歸零用，當按下S_1時，$+V_{CC}$送到 4518 第 7 腳及第 15 腳，執行重置歸零工作。4028 上之數位開關，是可預先設定數字。首先按下S_2使 4093 組成之 RS 正反器輸出為零，致使繼電器R_Y不動作，當計數與數位開關設定數相同時，則N_1的輸出為 "0"，使 RS 正反器輸出為 "1"，電晶體導通則推動R_Y激磁而動作，促使控制馬達停止，而不再送達任何材料作計數工作。馬達串接之繼電器為常閉(N.C)接點型。

若須重新作計數工作，必須啟動馬達，則只須同時按下S_1及S_2，電晶體截止使繼電器R_Y失磁，常閉(N.C)接點還原，馬達接通電源又開始運轉。

電路上之 555 振盪電路為檢修計數電路用。其振盪較高頻率可提供給紅外線發光二極體，讓數字用較快速化頻率來顯示，可檢驗整個電路性能是否良好。檢驗時，可將 555 振盪器的輸出第 3 腳經限流電阻接到紅外線二極體上。可變電阻 750kΩ為靈敏度調整電阻。

18-18 防盜監視警報器

防盜裝置如圖 18-72 所示，於房屋的門前之欄柵上，可在欄柵的一端設置一個發射器，而在另外一端設置一個接收器，當有竊賊侵入時，因其遮蔽了發射器送到接收器之信號，或是使電路發生感應變化，而啟動電路動作，帶動警示備，達到防盜之作用。

警鈴

接收器

發射器

圖 18-72　防盜裝置圖

18-18-1　超音波防盜電路

　　利用超音波信號來控制開關電路之防盜開關如圖 18-73 所示。圖(a)
是可產生 40kHz，1W 輸出的超音波發射器。電晶體 2SC38 組成推挽放
大，輸出端接上的是壓電式換能器。該換能器上附設有兩個可產生回授
訊號的電極P和S，因此藉耦合變壓器T_1接電晶體的基極便得到足夠的正
回授，因而電路從放大的狀態變成了振盪，不斷地使換能器發出超音
波。在圖(b)中的接收器採用了超音波微音器(Micro Phone)作聲一電轉
換器，其後經兩級電壓放大，並由二極體D整流，再去控制繼電器驅動
電路。接收機的動作原理是當有連續超音波輸入時，經放大後的訊號電
流被二極體整流送到 2SB189 的基極(圖中之A點)，因而抵消了順向偏壓
電流，使 2SB189 處於截止狀態，繼電器靜止不動。反之若超聲波被遮
斷，即訊號輸入突減少或無時，A點變為有約 0.5V 的偏壓。因而繼電器
動作。因此調整A點上之 100kΩ 可變電阻可改變繼電器的動作靈敏度。

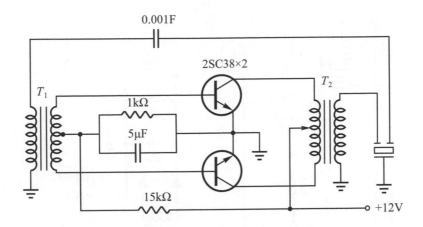

(a) 1W40kHz 超音波發射機電路

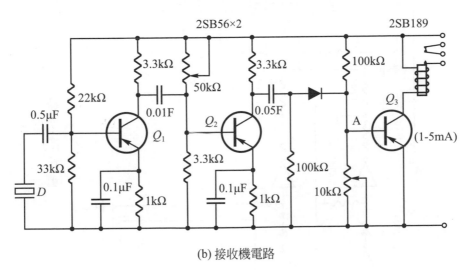

(b) 接收機電路

圖 18-73　超音波防盜電路

18-18-2　靜電開關防盜電路

　　接近開關係利用金屬接近振盪線圈而改變振盪頻率之原理作成的裝置。而金屬以外的物體者作成接近開關，可用來作防盜裝置。此即以靜電容變化來設計的靜電開關防盜電路。

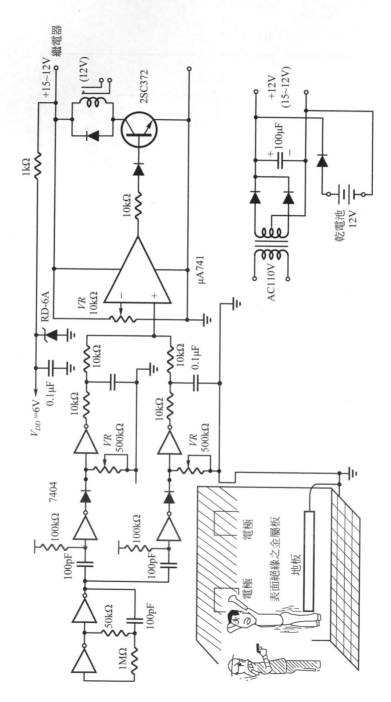

圖 18-74　靜電接近開關防盜電路

　　此電路可防止人體接近,深夜裡在放置保險櫃的房屋入口處安裝電極。當人接近時,對電極而言相當於與地愈接近,靜電容增加,引起單穩態多諧振盪器脈波寬度發生變化,利用此一原理,可使繼電器激磁導通,發出警報聲來作為防護措施。如電視上可看到盜匪搶劫銀行時,突然拔出手槍,喝令全體行員舉手站立。此時,若預先在某一牆上安置電極板,然後在站立時,技巧地靠向牆壁,便可使警鈴大作。

　　圖 18-74 所示為靜電開關防盜電路,電極係用表面絕緣的金屬板埋在牆壁中,電路裝置則可安置於牆壁後面,如果地板的接地情形不佳,則須另埋一片接地板於牆壁中。

　　電路裝置中使用 6 個反相器,作成二組單穩態多諧振盪器,直接上 2 個電極。這兩個電極隨著靜電容的增大,會使輸出電壓增加。電路上由運算放大器構成的比較器(Comparator),用來比較此電壓與 VR 10kΩ 之參考電壓,如果大於參考電壓,繼電器即導通,而帶動警報設備,產生防盜效果。若靈敏度不夠,可用 2 級運算放大器。電源使用 AC110V,如考慮到停電時的需要,可使用乾電池。通常交流電源產生的電壓略高,因此乾電池不會有電流流出,就不會有消耗。一旦停電,即由乾電池供電。至於這一防盜電路裝置的效果,取決於電極的安裝是否得當。

18-19 感應控制電路

　　感應控制電路,係利用線圈感應原理,使感測器發生阻抗的變化,進而達到控制作用。常用於磁性及非磁性金屬的淪測,或偵測金屬絲線的有無,如塑膠射出機、線圈繞線機等應用。

　　感應控制電路有三種類型:

1. 高頻式：利用高頻(500kHz)之振盪電路，當物體接近時，令感測線圈發生阻抗之變化而使振盪停止，可作磁性金屬(鐵)及非磁性金屬(銅)之感應控制。

2. 差動線圈式：係利用被檢測物體接近時，產生差動電流，其使用低頻信號激磁，當非磁性金屬的中間媒體通過時，可檢測出磁性金屬。

3. 磁力式：利用磁鐵的吸引力，驅動磁簧開關(Reed Switch)動作，其構造簡單，不用電力動作，僅檢出磁性金屬。

感應控制電路如圖 18-75 所示，IC_1 組成 50kHz 之韋恩電橋振盪器，其輸出約為 0.5V 之電壓準位，經 IC_2 予以放大。IC_2 輸出有二，若被檢測物體遠離感應線圈 L_1 時，V_b，故 IC_3 無輸出。若有磁性金屬物體靠近感應線圈 L_1 時，因導磁係數為正，則使 L_1 電感量增加，使得 $V_b > V_a$，故 IC_3 之輸出為 $V_o = -V_v(V_b - V_a)$，若為非磁性金屬物體接近感應線圈 L_1 時，因導磁係數為負，令 L_1 電感量減少，使得 $V_b < V_a$，則 IC_3 之輸亦為 $V_o = -A_v(V_b - V_a)$。故不論 $V_b > V_a$ 或 $V_a > V_b$，IC_3 均有輸出，其輸出信號經過 D_1 檢波及 C_3 濾波後，送至 IC_4 比較器與參考電壓 V_R 作比較。當 IC_3 無輸出時，比較器 IC_4 有信號電壓輸出去推動 Q_1 產生 24V 的輸出。當 IC_3 有輸出且達到某一準位時，則 IC_4 無輸出去推動 Q_1，而使輸出為 0V。

由於 $C_1 = C_2$ 及 $R_1 = R_2$ 故 IC_1 之振盪頻率約為 50kHz。而 R_8、R_9 及 L_1 組成之差動電橋平衡回路，作物體感應電路。比較器 IC_4 之參考電壓 V_R 係可設定感應距離之靈敏度大小，通常其壓準位為：

$$V_R = 12\text{V} + 12\text{V} \left(\frac{R_{16}}{R_{15}} + R_{16} \right) = 13.56\text{V} \ldots\ldots\ldots\ldots\ldots (18\text{-}3)$$

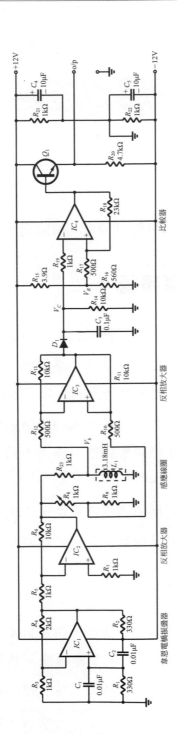

圖 18-75　感應控制電路

而當 IC_3 無輸出時

$$V_C = (0V - V_R)\ \frac{R_{17} + R_{15}//R_{16}}{R_{18} + R_{17} + R_{15}//R_{16}} \doteqdot 13V \ldots\ldots\ldots\ldots (18-4)$$

IC_3 有輸出時

$$V_C = (24V - V_R)\ \frac{R_{17} + R_{15}//R_{16}}{R_{18} + R_{17} + R_{15}//R_{16}} \doteqdot 14V \ldots\ldots\ldots\ldots (18-5)$$

R_{21}、R_{22} 並聯 C_4、C_5 為交流旁路(By Pass)，消除交流對電路之干擾。

18-20 瓦斯煙霧警報器

　　液態天然瓦斯在今日的大眾生活裡可說是不可或缺的能源之一，它為人類的生活帶來便利，與無污染的危機。雖然它一直被廣泛應用，但瓦斯也並非絕對安全的能源，由於其所含的一氧化碳(CO)氣體對人體會產生毒害，並且有爆炸的危險，故也常對人的生命造成威脅，甚至形成不可收拾之災變。因此，瓦斯煙霧警報器可提供人們監視瓦斯洩漏，以避免傷害的安全保證。

　　本電路對一般可燃性之瓦斯偵測極為靈敏，性能極為安定，能應用於各種工業機器上之自動控制及檢測。其瓦斯感測器之電阻值與瓦斯濃度之間成一指數函數關係，適合於低濃度之瓦斯檢測用。檢測瓦斯之現象係將瓦斯吸著於感測電極上，利用導電率之變化，將瓦斯之濃度直接轉換為電氣訊號，再經電路予以放大處理，產生警示效果。

　　圖 18-76 為瓦斯感測器結構圖，其電熱線圈，被包於半導體內，半導體材料以鍍有金屬電極之陶瓷管支持著，各引線接於鎳腳上，六支鎳

腳固定於樹脂製成的基座上。外蓋有百目金屬網，可阻隔外來雜物並維持內部的恒溫作用，且具有防爆的功能。

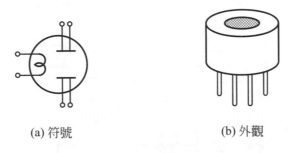

(a) 符號　　　　　　　　　　　(b) 外觀

圖 18-76　瓦斯感測器結構

電路如圖 18-77 所示，D_1、D_2 及 C_1 構成電源整流及濾波網路，提供電路直流電源。LED_1 及 R_1 為電源指示電路。C_2、R_2、R_3 及 Q_1 為延遲電路，C_2 充電之時間常數為 R_2C_2。當 C_2 充電至 Q_1 導通時，電流流入感測器電極。此延遲電路可阻止信號在非穩定狀態期間內進入警示電路，而造成誤動作。

感測器之訊號經 R_4 及 R_5 分壓後，輸入開關電晶體 Q_2。當 Q_2 導通後，提供電流給 Q_3 及 Q_4 所組成之雙穩態多諧振盪器，其輸出推動蜂鳴器 BZ 之驅動電晶體 Q_5 導通，使蜂鳴器產生音響，造成警示作用。

R_{10} 電阻回授電壓以設定蜂鳴器動作之斷續時間，使蜂鳴器作有規律的鳴叫，R_{10} 阻值愈大，鳴叫間隔愈短，若 R_{10} 阻值愈小，則鳴叫時間愈長。C_6 及 C_7 為高頻抑制電容器。而 LED_2 及 R_{11} 為警報器指示電路，與蜂鳴器並聯，以產生閃爍效果。

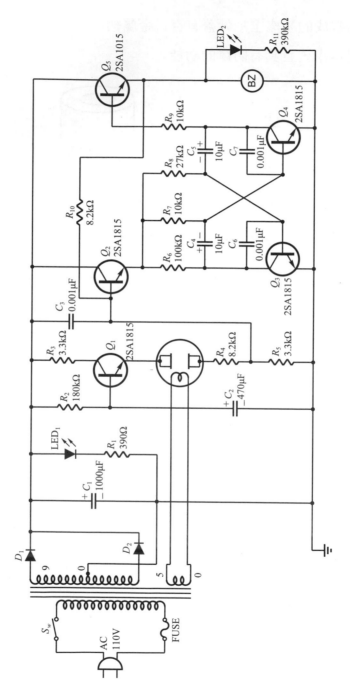

圖 18-77　瓦斯警報器電路

18-21 有線對講機電路

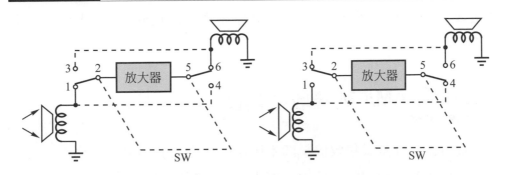

圖 18-78　有線對講機電路方塊圖

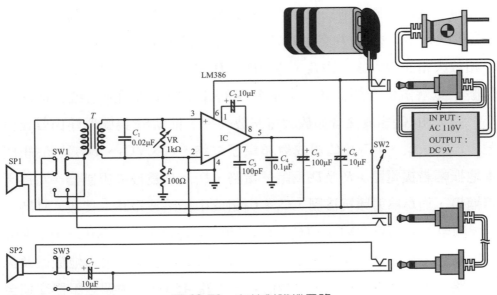

圖 18-79　有線對講機電路

　　電路為應用 IC LM386 作為聲頻功率放大器，T為耦合變壓器，兩只揚聲器可作發話器及受話器。從方塊圖中可知 SW_1 及 SW_3 為同步開關，若A向B發話時，如圖 18-78(a)所示，B向A發話則如圖 18-78(b)所示，可作半雙工通訊。VR_1為音量控制器，當C_2不接時，電路增益為 26dB 若C_2接上時，可使增益控制在 20～200 之間(46dB)。C_1與 T 變壓器組成並聯諧振電路，以產生一聲音頻率，作為呼叫(Call)之用，圖 18-78 為電路方塊圖。

18-22 AM/FM 接收機電路

電路為超外差式接收機，即本地振盪頻率高於外來接收頻率一個中頻。當接收某一頻率時，於本地振盪頻率差頻，經中頻放大再做檢波及濾波後，將聲頻放大以推動功率放大電路，使聲頻輸出。接收 FM88-108MHz 頻率時，經Q_1基極接地式射頻放大電路放大後，於Q_2本地振盪及混波產生差頻 10.7MHz，由T_1交連 10.7MHz 之中頻至Q_3、T_2、Q_4、T_3及Q_5之中頻放大電路放大後，由T_4、T_5及D_4、D_5組成之頻率鑑別電路，將 FM 信號予以解調為音頻信號，交連至 VR_1音量控制器調節信號振幅之大小，送入由IC_1組成之音頻放大電路放大後，推動 SP 揚聲器輸出聲頻信號。L3V、C_1、TC_1及C_6組成射頻諧振電路，L_5、VC_2、TC_2及C_{12}組成本地振幅諧振電路，R_3及D_2為阻尼電路，D_1及D_3為波幅限制器，L_1為天線補償，而L_2為射頻抗流圈，C_4、C_8組成中頻陷波電路。接收 AM 時，信號饋至 ANT 線圈及VC_3、TC_3及C_{28}射頻諧振電路，將 535kHz～1650kHz 信號交連至Q_6射頻放大電路與T_9、VC_4、TC_4及C_{30}組成之本地振盪及混波電路，輸出差頻 455kHz 中頻信號，經T_6 455kHz 中週變壓器交連至Q_4、T_7及Q_5組成之中頻電路放大後，再經T_8及D_6檢波，由C_{26}、R_{28}及C_{27}組成 LPF 電路濾波後，由 VR_1音量控制器交連至 IC_1組成之音頻放大電路放大後，將聲頻由喇叭輸出。

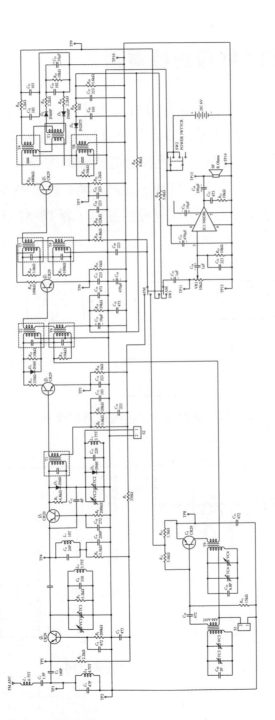

圖 18-80　AM/PM 接收機電路

18-23 無線 AM 發射機電路

電路原理爲聲音經電容式麥克風輸入轉變爲音頻信號，經C_1交連電容器耦合Q_1及Q_2組成之直接交連放大器予以放大，其放大率約爲 50 倍。信號放大後由C_4耦合至 TR_3之高頻振盪電路予以調變，振盪線圈T與Q_3組成哈特萊式振盪電路。C_9使用 33PF，其振盪頻率約爲 950kHz～1300kHz之間，調線圈中心之鐵粉心，可改變發射頻率，圖 18-81 爲電路方塊圖。

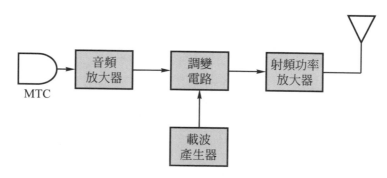

圖 18-81 無線 AM 發射機電路方塊圖

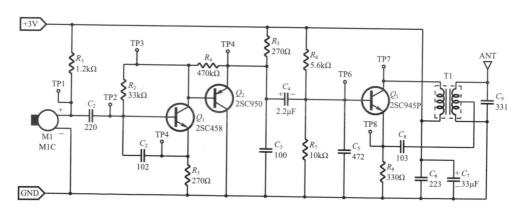

圖 18-82 無線 AM 發射機電路

18-24 無線麥克風電路

　　本電路實為無線 FM 發射機電路，電路之原理為麥克風將聲音轉變為音頻信號，由C_2交連至Q_1之載波振盪及調變電路。其為利用電晶體極際電容變化之柯爾匹茲型振盪電路。調諧電路之電容計有C_4、5PF、Q_1之輸出電容(集極與基極之極際電容)及Q_1之 Cbe 電容。Q_1之基極電流隨著音頻信號變化，而振盪頻率也隨之變化，作 FM 之調變。Q_2為射頻功率放大電路，天線直接接在Q_2之集極電路上，使FM信號由ANT發射出去，圖 18-83 為電路方塊圖。

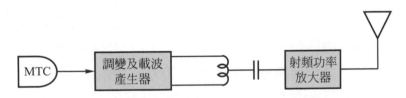

圖 18-83　無線電麥克風電路方塊圖

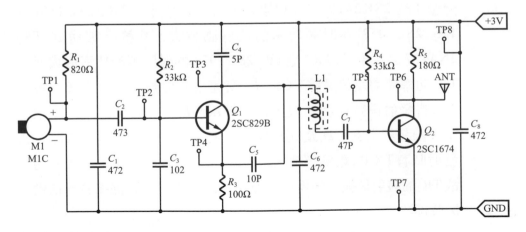

圖 18-84　無線電麥克風電路

18-25 145MHz 無線電收發機電路

圖 18-83 爲 145MHz 無線電收發機電路方塊圖，電路基本原理分發射機電路及接收機電路二部份加以闡述。

1. 發射部份

本振盪電路中 TR8 2SC2668-0 負責，且由 SW$_4$ 切換頻道，其輸出送至 TR$_7$ SC22668-0 之基極。TR$_7$ 爲振盪輸出之緩衝放大電路，且大爲 9 倍頻，其輸出信號交連至 T_3 上。手握式 MIC 內部有一放大器，將 MIC 信號放大，經 SW$_2$(CALL TONE 開關)切換後，送到 VR$_1$(10K)作 MOD 大小調整，而後送到 IC$_2$ LM386 放大，再經由 C_{72}、R_{21}、C_{73} 交連至 TR19 2SC2458GR 壓控電晶體，再送到水晶體作調變。而 CALL TONE 信是由 TR$_{14}$ 2SC828S 作振盪，經 SW$_2$ 開關切換後，其路徑由 MIC 之信號相同。調變後之信號經 TR$_8$ 之基極，再經 TR$_7$ 緩衝電路爲 9 倍頻放大後，經 T_3 交至 TR$_6$ 2SK241Y 作高頻放大，再經 T_1 交連至 TR$_4$ 2SC4308，TR$_3$ 2SC2053 作射頻功率前置驅動放大，其輸出被送到 TR$_2$ 2N4427 之基極。2TR2 是 TR$_1$ 2SC1971 的射頻驅動功率放大級。TR$_2$ 功率驅動電路是將 VC$_4$、L_{11} 交連來的信號加以放大後，推動 TR$_1$ 將發射信號作功率放大後，經 L_3、L_2、L_1 低通濾波電路耦合至天線發射出去。D_1 及 D_2 爲控制收或發射之二極體開關電路，當發射時有 TX B$_+$ 電壓經 R_1、L_5、D_1、L_4 及 D_2 接地，這使 D_1 導通，故 TR$_1$ 的發射信號可通過 D_1 至濾波電路，再送至天線端發射信號。

2. 接收部份

接收時，TX B$_+$ 爲零電壓，D_1 不導通，天線接收信號可經濾波電路至 C_7、L_4、C_8、C_{10} 及 T_4 交連至接收之射頻放大級 TR$_9$

2SK241GR。接收時之射頻微弱信號經TR_9射頻放大級加以放大後，經T_5交連至 TR_{10} 2SK241GR 與本地振盪信號作混頻。本地振盪是由 TR_{112} 2SC268-0 負責之閘極，且作 9 倍倍頻，頻率選擇由 SW$_4$開關切換。由 TR_{10}混頻出來的信號是 21.4MHz 第一中頻信號，經過 21M15C 極窄的水晶濾波器濾波後，經T_7送入 TR_{12} 3SK122M 作第一中頻放大及檢波後，由第九腳輸出端輸入AF聲頻信號，由VOLUME VR(音量調整電阻器)作音量調整，而後交連至 IC$_4$ TDA2003 作低頻放大，才輸出至喇叭。雜訊靜音SQ作用是從 IC$_1$第九腳輸出音頻及雜訊信號，同時交連至 IC$_1$第十腳，經放大後雜訊由第十一腳輸出，且放大之雜訊交流信號被D_3及D_4整流產生負電壓，而後送至IC$_1$第十二腳，IC$_1$第十二腳收到負電位後，由於其為一反向放大特性，故於第十三腳輸出電位(PIN 12 LOW 則 PIN 13 HIGH)會使 TR_{13} 2SC945P 導通，造成基極接地，同時也使IC$_4$之第 2 腳接地，此會使AF聲頻被靜音。TR_{14} 2SC828S為RC相移振盪電路，當開關置於CALL位置時，產生一約低於 1kHz 之音頻，此作電碼通訊呼叫之用。TR_{15} 2SC945P 及 TR_{16} 2SC945P為電表驅動電路，指示接收信號之大小。TR_{15}作電壓放大，而 TR_{16}作電流放大。另發射功率大小之指示是由D_7 IN60 作檢波後，才送到錶頭。TR_{17} 2SA950Y 及 TR_{18} 2SA950P 組成電源開關電路。當手握 MIC 置於 PTT 發射位置時，TR_{18}導通，則為接收時，TR_{17}會導通，則集極可供應接收電路之 B ＋電路。供應 TX B$_+$電源，在接收 TX B ＋電源來時，會同時使TR$_{14}$ 2SC945P及TR$_{20}$ 2SC945P導通，會使IC$_4$ TDA2003因第 2 腳接地而靜音(MUTE)。另 TR_{20}會使 IC$_1$ MC3361 之第 9 腳輸出，經R_{50}被接地，產生靜音效果(MUTE)。此專為防止發射電波之諧波干擾而設計的雙重靜音系統。

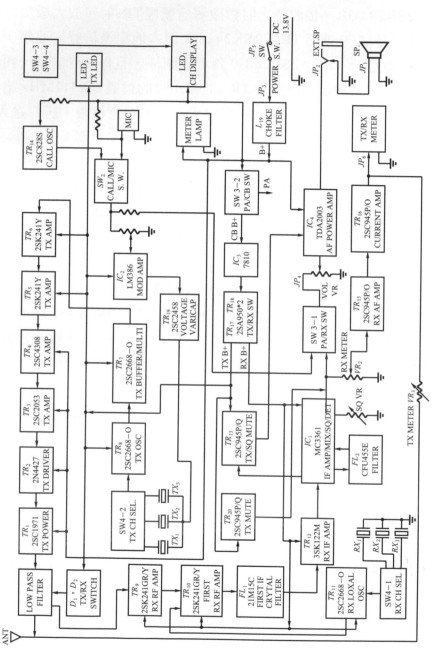

圖 18-85　145MHz 無線收發機電路方塊圖

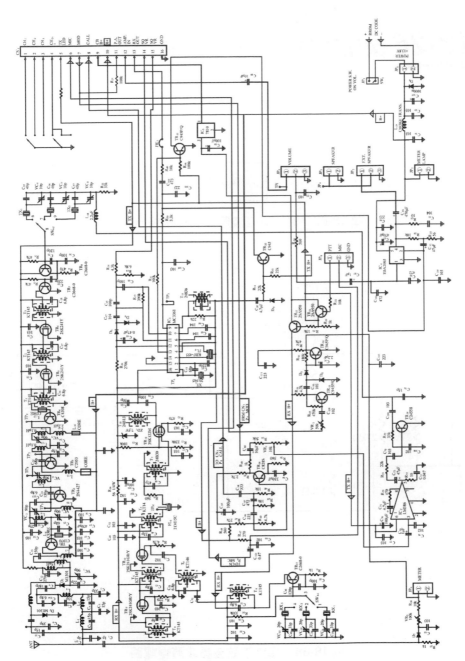

圖 18-86　145MHz 無線收發機電路圖

18-26 類比正弦波之脈波調變

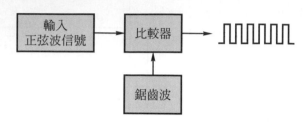

圖 18-87 類比正弦波脈波調變電路方塊圖

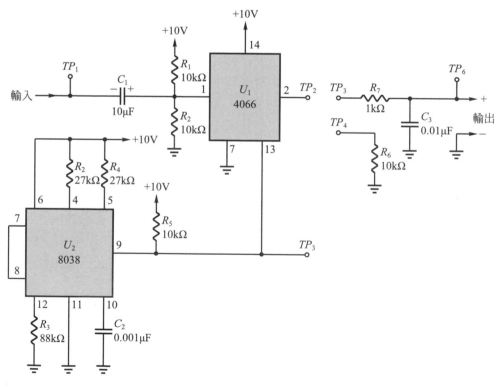

圖 18-88 類比正弦波脈波調變電路

類比正弦波調變電路為 PAM 電路，其 PAM 的產生如圖 18-87 方塊圖所示，其中載波之脈波頻率須遠高於資訊信號頻率，才能取得不失真的取樣信號。本電路是利用 U2 8038 產生載波脈波，輸出脈波送入 U1 4066 類比開關電路做調變。由 TP_3 產生 PAM 信號輸出。此振幅調變電路，載波信號和音頻信號都是屬於單端(single-ended)輸入。載波信號由第 10 腳輸入，音頻信號由第 1 腳輸入，R_8 決定本電路的增益，R_9 決定本電路的偏流大小，若改變 VR_1 或是音頻信號之振幅，則可改變振幅調變信號的調變百分比。

18-27 數據之正弦波調變

本數據之正弦波調變電路為 PSK 電路，PSK 調變器基本架構圖，與 ASK 調變器的架構相似，兩者的不同僅在於 PSK 調變器需先將單極性的資料信號經一轉換器轉變成雙極性的資料信號後再輸入至平衡調變器中，藉由平衡調變器可達成相位調變的目的，而帶通濾波器可濾除高頻部份使 PSK 信號波形更理想。本電路使用 MC1496 來製作平衡調變器，圖 18-89 為 MC1496 內部電路圖，其 D_1、R_1、R_2、R_3、Q_7 及 Q_8 構成電流源，提供 Q_5 及 Q_6 直流偏流(DC biac current)，Q_5 及 Q_6 構成差動組合，用來推動 Q_1、Q_2、Q_3 及 Q_4 所組成的雙差動放大器，資料信號由第 1 腳和第 4 腳輸入，載波信號由第 8 腳和第 10 腳輸入，平衡調變器的增益是由第 2 腳及第 3 腳間外接的電阻所控制；放大器的偏壓大小由第 5 腳外接電阻所決定。電路為 2 位元相移鍵控調變電路，載波信號和資料信號都是屬於單端(single-ended)輸入，載波信號由第 10 腳輸入，資料信號經由 74HCU04、74HC126、3904、3906、D_1、D_2、D_3 與 R_1 至 R_8 所組成的單極性／雙極性轉換器，將單極性之訊號轉變成雙極性之訊號後，再由

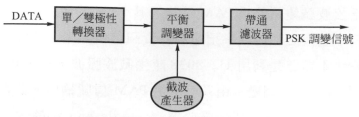

圖 18-89　PSK 調變電路方塊圖

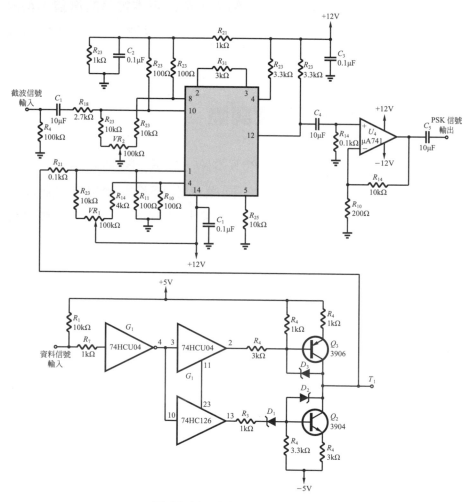

圖 18-90　PSK 調變電路圖

MC1496 第 1 腳輸入，R_{22}決定本電路的增益，R_{23}決定本電路的偏壓大小，若改變VR_1或是資料信號之振幅，則可避免相移鍵控調變信號的失真，μA741、C_4、C_6、R_{26}、R_{27}及R_{28}所構成的濾波器濾除平衡調變器所產生之高頻部份訊號，使PSK之輸出訊號會更佳，電路方塊圖如圖 18-89 所示。

18-28 分時多工調變與解調變電路

電路為四通道TDM電路，其調變及解調電路方塊圖，如圖 18-91 所示。

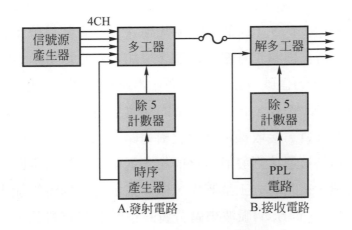

圖 18-91　TDM 調變與解調方塊圖

電路使用 MC14051B 當多工器，它是含有八組類比開關的 IC，每一組開關均有一個輸入、一個輸出及一個控制端，經過多工技術後，形成八個輸入輸出端，三個選擇線，一個禁致(inhibit)線。每一開關是一個 FET，有些 IC 內含可由邏輯脈波觸發的閘極，一個含有四個開關及邏輯反相器的 IC，將四種不同的信號源分別加在開關的輸入端，每個

(組)將被傳輸的信號，均被分配一小段時間透過傳輸媒體來傳送信號。早期是，利用馬達驅動接觸來連接每一組信號源，現在則使用IC來完成多工交替連接的工作。每組的一連串信號先被轉換成單脈波(隨時間分配長短而定)取樣信號串，亦即在取樣週期中，信號被傳送到輸出端，這些信號可以是直流、交流、AM、FM、PWM、PCM或任何型態的信號。而取樣率(sampling rate)並非固定不變的，取樣率由系統頻率的高低來決定，取樣率至少要是發射調變信號頻率的兩倍，這點非常重要的。至於電話的聲音信號發射就需要 8kHz 或更高的取樣率，因為通常電話線載波信號的頻寬從300到3400Hz，且每一相鄰傳送通道間隔為600Hz。在 8000Hz 的時脈中，每一聲音框(frame)的取樣時間為125μs，而每一聲音框有24聲音通道，因此每一聲音通道的取樣時間為5.2μs，在實際的電路中均利用少於5.2μs 的取樣率來傳送每一音頻信號；若有更多的聲音通道加入時，則頻帶寬度必須隨之增加，以使基頻(fundamental)及其諧波(harmonics)信號得以順利通過。本電路取樣率是用約 400kHz，當系統頻寬超過1MHz，若選用較窄的頻寬，將使傳送的脈波消失，且將使取樣資料失真。接收機電路與發射電路的通道同步選擇是非常重要的，當資料信號被連接到發射電路的第一通道時，接收電路亦必須被選擇在第一通道，在劃時分工系統中，同步信號必須同時被加入。通常需要傳送一個標誌(marker)脈波來區分資料信號與其它訊號，這標誌信號可以是較大的振幅或較寬的波寬，以便區分，但是它的波形是否陡峭倒不重要，只要此信號能使發射電路及其同步的接收電路認可(recognized)即可。在電話聲音傳送方式中，每一聲音通道的時序均參照其個別的聲音框的時序起始點或結束點到達接收電路。本電路標誌脈波的振幅較大於四種音頻信號，由一部函數信號產生器來產生信號源，且順序的輸出。當輸入端 A 被觸發後，SI開關的閘極變成正電壓，則在 1～2 兩端間的電阻立即由$10^{12}\Omega$阻抗掉至100Ω左右，因此FET導通，信號立即從1端至2端，而信號傳送的時間，就是開關被觸發導通的時間。電路之A、B、C、D四組輸入觸發端連接到漣波計數器(ripple counter)，而取樣率就決定於其振盪器之頻率時脈的多寡。另外，在這裏特別強調U_1 MC14051B是8對1多工器，它的工作頻率可以到達65MHz，且當每一個開關通道導通時的電阻只有60Ω以下。圖18-91(a)所示是一個多工發射電路，其中U_1是八輸入類比開關，它只用了五個輸入端，特別注意其第1腳連接到第16腳，這樣的連接使其通道5直接接到＋5V電源；當數位取樣信號促使此閘導通時，一個5V快速上升脈波直接在輸出端形成，此正脈波是用來作接收電路的同步信號。而發射電路的四個輸入端(通道1～4)均被加入類比或脈波信號，它們只有在5V的同步信號出現時才分別會有振幅產生。這些信號組成的混合信號會在第3腳出現(TP_9)，然後再被送到光驅動器的輸入端，這時光調變的信號是輸入通道(1～4)的組合信號。U_2是一個7490二進制十進位(BCD)計數器，它提供數位取樣脈波給U_1的控制輸入端(因第14腳接地，只有1～5種二進位碼產生)A、B、C。分別啟動U_1的通道1～4，第5腳衝做為同步，第六個脈衝來臨時，又是一個循環的開始。而U_2計數器的取樣率是由U_3 LM555計數器(U_3)所形成的時脈控制，此時脈的頻率約400kHz，它可以隨被控制之通道信號的頻寬高低而作增減。電晶體Q_1提供100到400ns的禁致脈波於每一個閘導通週期間，這樣短暫的禁致可以防止通道間的信號彼此造成串音(cross-talk)。U_8是利用LM566提供一個函數信號產生器來展示四種不同波形信號，它利用不同的RC濾波器產生模擬的方波、三角波、正弦波、尖波等信號，再利用開關S_1到S_4來個別選擇。圖中，立體聲(stereo)接頭可以連接FM收音機的信號，即為雙聲道多工裝置。在接收電路方面，從光纖電纜傳送過來的信號，經光檢測器及解多工器(demutiplexer)

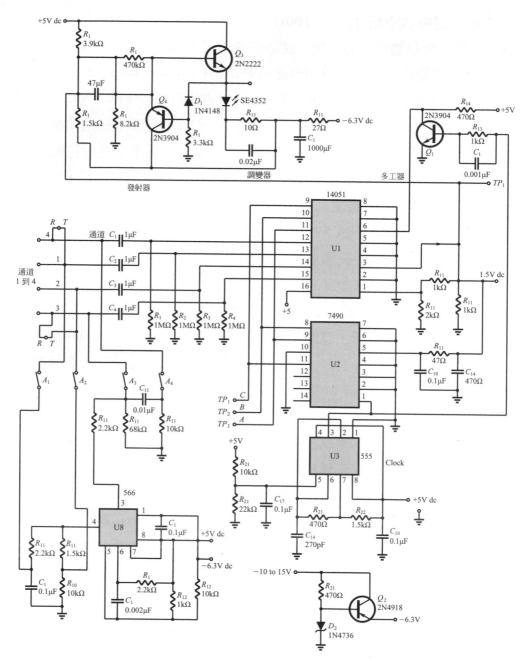

圖 18-92　TDM 發射電路圖

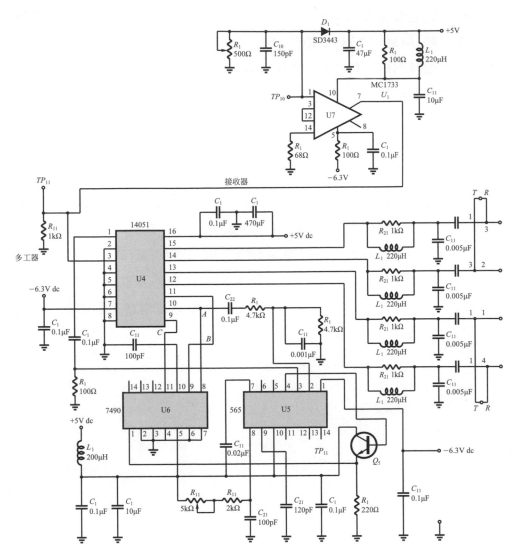

圖 18-93　TDM 接收電路圖

的選擇，將接收各種不同的信號予以放大，圖中光信號被光檢測二極體接收後，經U_7(MC1733)寬頻帶 IC 放大(增益 10，頻寬 120MHz)，此調變的組合信號繼續送往解多工器U_4的輸入端。7490 (U_6)是除 5 計數器，A、B、C控制輸入選擇，同時U_6的B輸出端與通道 5 的輸出端均送到鎖相迴路(phase lock loop，PLL)U_5的輸入端，當兩個電壓有差異時，會促使U_5的振盪頻率改變(Vcf 特性)，也就是利用兩個電位差來改變接收電路VCO的輸出頻率。當系統鎖定時(接收與發射同步時)，來自發射電路的正向脈波會經通道 5 使接收電路同步，此時通道 1 會的輸出相同的信號，並回授到發射電路的通道 1；通道 2、3、4 亦然。R_{16}用以修正接收電路振盪頻率。若是要同時傳送 50 到 100 組的信號(或更多)，則需增加多工器的通道量，並適度的提升時脈的工作頻率。此外，R_{18}、C_{15}與L_1構成的濾波電路，而L_6、C_5、L_6組成電源反交連電路，對雜訊的隔離有明顯的助益。

習題

1. 請繪圖說明改良磁滯現象之調光電路工作原理。
2. 繪汽車車燈自動照明電路，並請說明其原理。
3. 試繪圖說明 SCR 光電開關之原理。
4. 試說明溫度 ON-OFF 控制之基本原理。
5. 何謂磁控管，其作用為何？試說明之。
6. 試繪方塊圖說明數位式電子溫度計之原理。
7. 何謂定時電路，其動作原理為何？請說明之。
8. 試述電動車速度控制電路改變加於場繞組及電樞的平均電壓方法有那幾種。
9. 請繪圖說明 PUT 液位控制電路之原理。
10. 試述遙控電路之基本原理，請以方塊圖說明之。
11. 請說明空腔現象之原理。
12. 試說明金屬探測器之原理。
13. 試述材料計數器之基本原理。
14. 請敘述超音波防盜電路之原理。
15. 請列舉感應控制電路之基本方式。
16. 試述瓦斯感測器之結構，並說明其動作原理。
17. 請說明有線對講機原理。
18. 試繪 AM/FM 接收機電路方塊圖。
19. 分別以方塊圖說明 AM 及 FM 發射機電路原理。
20. 試繪 FM 145kHz 收發機電路方塊圖，並簡述其原理。
21. 列舉脈波調變之種類。
22. 請分別說明數據之正弦波調變電路之分類。
23. 試繪 TDM 調變及解調電路方塊圖，並簡述其原理。

國家圖書館出版品預行編目資料

電子電路：控制與應用 / 葉振明編著. -- 三版.
-- 新北市：全華圖書, 2020.01
面；　公分
ISBN 978-986-503-321-7(平裝)

1. CST: 電子工程　2.CST: 電路

448.62　　　　　　　　　　　　　108022839

電子電路－控制與應用

作者 / 葉振明

發行人 / 陳本源

執行編輯 / 張曉紜

出版者 / 全華圖書股份有限公司

郵政帳號 / 0100836-1 號

印刷者 / 宏懋打字印刷股份有限公司

圖書編號 / 0597002

三版二刷 / 2022 年 05 月

定價 / 新台幣 500 元

ISBN / 978-986-503-321-7 (平裝)

全華圖書 / www.chwa.com.tw

全華網路書店 Open Tech / www.opentech.com.tw

若您對本書有任何問題，歡迎來信指導 book@chwa.com.tw

臺北總公司(北區營業處)
地址：23671 新北市土城區忠義路 21 號
電話：(02) 2262-5666
傳真：(02) 6637-3695、6637-3696

南區營業處
地址：80769 高雄市三民區應安街 12 號
電話：(07) 381-1377
傳真：(07) 862-5562

中區營業處
地址：40256 臺中市南區樹義一巷 26 號
電話：(04) 2261-8485
傳真：(04) 3600-9806(高中職)
　　　(04) 3601-8600(大專)

歡迎加入

全華會員

● 會員獨享

會員享購書折扣、紅利積點、生日禮金、不定期優惠活動…等。

● 如何加入會員

掃 QRcode 或填妥讀者回函卡直接傳真 (02) 2262-0900 或寄回，將由專人協助登入會員資料，待收到 E-MAIL 通知後即可成為會員。

如何購買

全華書籍

1. 網路購書

全華網路書店「http://www.opentech.com.tw」，加入會員購書更便利，並享有紅利積點回饋等各式優惠。

2. 實體門市

歡迎至全華門市（新北市土城區忠義路 21 號）或各大書局選購。

3. 來電訂購

(1) 訂購專線：(02) 2262-5666 轉 321-324
(2) 傳真專線：(02) 6637-3696
(3) 郵局劃撥（帳號：0100836-1　戶名：全華圖書股份有限公司）

※ 購書未滿 990 元者，酌收運費 80 元。

OpenTech 全華網路書店 .com.tw

全華網路書店 www.opentech.com.tw
E-mail: service@chwa.com.tw

※ 本會員制如有變更則以最新修訂制度為準，造成不便請見諒。

親愛的讀者：

感謝您對全華圖書的支持與愛護，雖然我們很慎重的處理每一本書，但恐仍有疏漏之處，若您發現本書有任何錯誤，請填寫於勘誤表內寄回，我們將於再版時修正，您的批評與指教是我們進步的原動力，謝謝！

全華圖書 敬上

勘　誤　表

書　號		書　名		作　者
頁　數	行　數	錯誤或不當之詞句		建議修改之詞句

我有話要說：（其它之批評與建議，如封面、編排、內容、印刷品質等⋯）